电子元器件与电路识图

入门视频精讲

胡 斌　胡 松◎编著

人民邮电出版社

北　京

图书在版编目（CIP）数据

电子元器件与电路识图入门视频精讲 / 胡斌，胡松
编著. -- 北京 ：人民邮电出版社，2020.8
ISBN 978-7-115-53802-4

Ⅰ．①电… Ⅱ．①胡… ②胡… Ⅲ．①电子元器件—
基本知识②电路图—识图 Ⅳ．①TN6②TM02

中国版本图书馆CIP数据核字(2020)第061280号

内 容 提 要

本书采用视频与图书相结合的方式，对电子爱好者必须掌握的常见电子元器件识别与基础电路知识进行精讲。主要内容包括：常用的电阻类元器件、电容器类元器件、电感类元器件、二极管和三极管等重要特性的讲解；串联电路、并联电路和分压电路工作原理，RCL 实用电路工作原理，直流电源电路工作原理和音频功率放大器电路工作原理的讲解；逻辑门电路基础知识的讲解。

本书知识点丰富，内容实用性强，书中附赠大量的精讲视频，扫码即可观看，视频内容具有讲解清晰、通俗易懂等特点，书中结构安排符合学习规律。本书适合电子技术人员学习使用，也适合作为职业院校和社会培训机构的电子元器件及其应用教学参考用书。

◆ 编　著　胡　斌　胡　松
责任编辑　黄汉兵
责任印制　彭志环

◆ 人民邮电出版社出版发行　北京市丰台区成寿寺路 11 号
邮编　100164　电子邮件　315@ptpress.com.cn
网址　https://www.ptpress.com.cn
天津画中画印刷有限公司印刷

◆ 开本：787×1092　1/16
印张：15.75　　　　　　2020 年 8 月第 1 版
字数：402 千字　　　　2020 年 8 月天津第 1 次印刷

定价：79.00 元

读者服务热线：(010)81055493　印装质量热线：(010)81055316
反盗版热线：(010)81055315
广告经营许可证：京东市监广登字 20170147 号

本书是零起点学电子读者的电子元器件分析快速和轻松入门读本，它的快速和轻松入门主要体现在本书免费配套的、系统的视频辅导和图文细说上。这是作者全力创新打造的系列图书之一。书中主要内容包括：电阻器、电容器、二极管、三极管，常用基础电路——串联、并联、分压电路，以及 RCL 实用电路、直流电源电路、音频功率放大器与逻辑门电路。

1. 本书特点

本书配套视频共有 230 段，约 1100 分钟，视频课程具有系统性，为电路识图的读者入门学习提供了方便，减轻了读者的入门难度。对初学者而言，视频辅导可以帮助读者提高学习效率。

本书在讲解元器件知识和电路分析知识的同时，讲解了许多电路分析方法和思路，这是学习电路识图的核心知识。

2. 本书写作方式

在每一章的每一节讲解之前，给出相关的视频辅导课程，让读者先学习视频内容，再学习图文内容，目的是降低学习的难度，从而可以实现轻松和快速的入门。

3. 本书核心知识

零起点读者所需要的元器件和电路分析基础知识。核心知识主要包括：

（1）常用元器件知识的讲解，讲解的主要元器件有电阻类元器件、电容类元器件、电感类元器件、二极管和三极管等。

（2）串联电路、并联电路和分压电路工作原理的详细讲解。

（3）RCL 实用电路工作原理的详细讲解。

（4）直流电源电路工作原理的详细讲解。

（5）音频功率放大器电路工作原理的详细讲解。

4. 本书读者对象

初学电子技术的各类人群，包括大学、中职、技校的初学电子技术课程的学生，也包括电子技术爱好者，还包括电子类整机厂职工等。

5. 本书同步读本

在阅读本书前或同期，可以阅读与本书同期出版的《电子技术快速入门视频精讲》，可以拓展读者的知识面和培养扎实的动手能力。

编者
2020.6

目录

第1章 常用元器件核心知识

电阻器到底是什么呢？

在电子电路中，电阻器起着"阻碍"电流的作用，也可以理解成电阻器是一种可以给电流提供"阻力"的元件。通俗地讲，电路中多了电阻器后其电路中的电流会减小。

1.1 初步认识电阻类元器件

所谓电阻类元器件就是指电阻特性相关或相近的元器件。

电阻器通常可简称为电阻。

1-1 视频讲解：快速认识电阻类元器件

友情提示

电阻类元器件主要有：普通电阻器、特殊电阻器、敏感电阻器、可变电阻器和电位器等。

1.1.1 轻松了解电阻类元器件种类

重要提示

了解电阻类元器件种类的目的是做到心中有数，电阻类元器件有多少？它们的基本情况如何？有利于学好电阻类元器件和分析电阻类电路工作原理。

1 **电阻类元器件种类**

图 1-1 是电阻类元器件种类示意图。

2 **电阻器使用量最大**

1-2 视频讲解：电阻器种类

普通电阻器为最常用的电阻器，也是电子电路中使用量最多的电阻器。

精密电阻器的阻值更为精密，熔断电阻器具有过流保护功能，可变电阻器的阻值可在一定范围内改变，电位器的阻值也可改变（与可变电阻器类似），敏感电阻器在受光或磁等影响下阻值也可改变，排阻将一个电阻网络集成于一体。

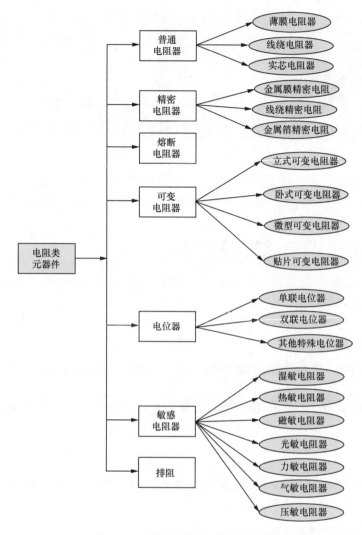

图 1-1　电阻类元器件种类示意图

1.1.2　快速认识众多电阻类元器件实物

1　普通电阻器实物示意图

表 1-1 是部分普通电阻器实物示意图。

表 1-1　部分普通电阻器实物示意图

碳膜电阻	氧化膜电阻器	金属膜电阻器

续表

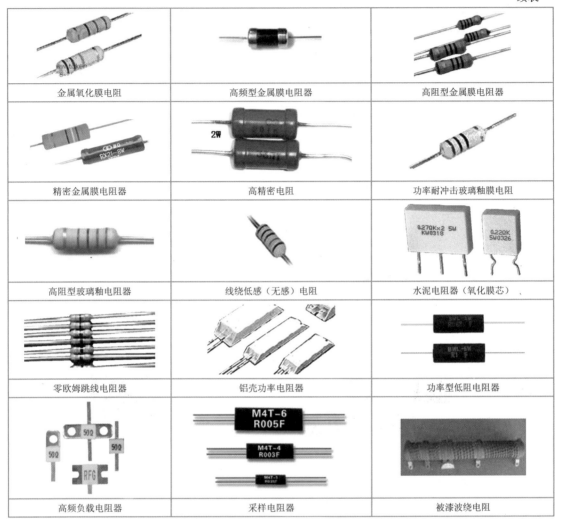

金属氧化膜电阻	高频型金属膜电阻器	高阻型金属膜电阻器
精密金属膜电阻器	高精密电阻	功率耐冲击玻璃釉膜电阻
高阻型玻璃釉电阻器	线绕低感（无感）电阻	水泥电阻器（氧化膜芯）
零欧姆跳线电阻器	铝壳功率电阻器	功率型低阻电阻器
高频负载电阻器	采样电阻器	被漆波绕电阻

2　熔断电阻器实物示意图

表 1-2 是几种熔断电阻器实物示意图。

表 1-2　几种熔断电阻器实物示意图

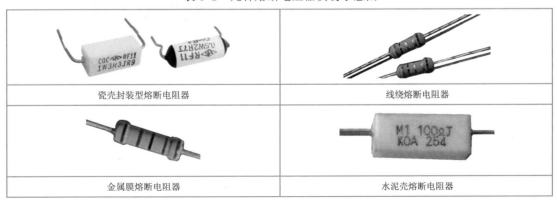

瓷壳封装型熔断电阻器	线绕熔断电阻器
金属膜熔断电阻器	水泥壳熔断电阻器

3 **低阻电阻器实物示意图**

表 1-3 是部分低阻电阻器实物示意图。

表 1-3   部分低阻电阻器实物示意图

| 康铜丝 | 采样电阻、分流电阻、毫欧电阻 |

4 **网络电阻实物示意图**

表 1-4 是部分网络电阻实物示意图。

表 1-4   部分网络电阻实物示意图

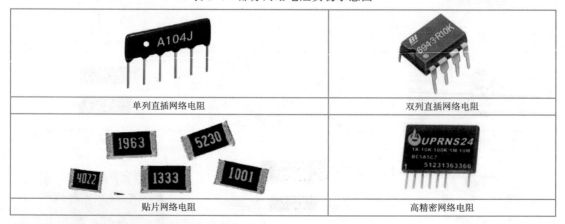

| 单列直插网络电阻 | 双列直插网络电阻 |
| 贴片网络电阻 | 高精密网络电阻 |

5 **敏感电阻器实物示意图**

表 1-5 是部分敏感电阻器实物示意图。

表 1-5   部分敏感电阻器实物示意图

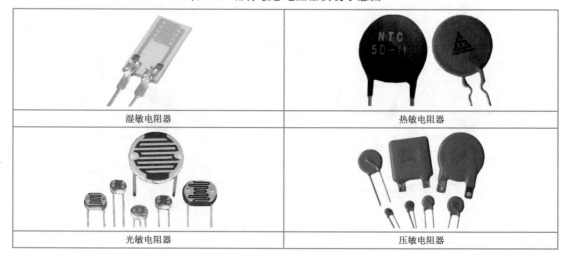

| 湿敏电阻器 | 热敏电阻器 |
| 光敏电阻器 | 压敏电阻器 |

续表

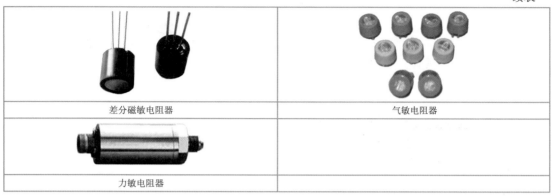

差分磁敏电阻器	气敏电阻器
力敏电阻器	

6 可变电阻器实物示意图

表 1-6 是可变电阻器实物示意图。

表 1-6　可变电阻器实物示意图

膜式可变电阻	线绕式可变电阻器
卧式可变电阻	立式可变电阻
小型可变电阻器	精密可变电阻器

7 电位器实物示意图

表 1-7 是电位器实物示意图。

表 1-7　电位器实物示意图

直滑式单联电位器	旋转式单联电位器

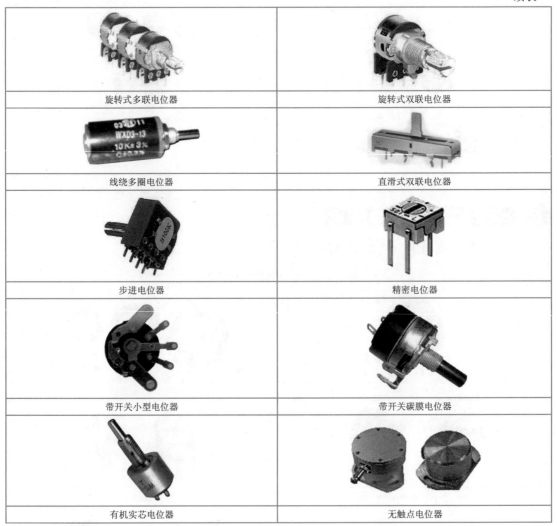

旋转式多联电位器	旋转式双联电位器
线绕多圈电位器	直滑式双联电位器
步进电位器	精密电位器
带开关小型电位器	带开关碳膜电位器
有机实芯电位器	无触点电位器

学习方法提示

　　最有效的元器件识别方法是走进一家电子元器件专卖店，店内琳琅满目的电子元器件可以让我们"大饱眼福"。电子元器件通常按类放置，各种电子元器件旁边都标有它们的名称，实物与名称快速而且方便地对应，我们的感性认识会很强。这样的视觉信息输入具有学习效率高、信息量大的优点，过了若干年还让人记忆犹新。

　　对于初学者，建议要走进电子元器件专卖店进行实践活动，这种实践活动会让你收获很大。

1.2　掌握普通电阻器主要特性

1-3 视频讲解：掌握元器件重要特性

重要提示

　　每一种电子元器件在电路图中都有一个电路图形符号，国家标准是有统一规定的，一些元器件还会有厂标的电路图形符号，此外国外的电子元器件符号也会与国内有所不同。

1.2.1　了解普通电阻器电路图形符号

1 认识众多普通电阻器电路图形符号

表 1-8 所示是普通电阻器的电路图形符号。

1-4 视频讲解:
电阻器电路图形
符号中识图信息

表 1-8　普通电阻器的电路图形符号

电路图形符号	名称	说明	
─[⎕]─	普通电阻器		
R ─[⋀⋀]─	线绕电阻器电路图形符号	它的额定功率很大,体积大,用于一些电流很大的场合,电子管放大器常用	
─[⟋⟋]─	标注额定功率的电路图形符号	1/8W	符号中同时标出了该电阻器的额定功率,通常电子电路中使用的普通电阻器的额定功率都比较小,常用的是 1/8W 或 1/16W,电路图形符号中不标出它的额定功率,一般在额定功率比较大时需要在电路图中标注额定功率
─[⟋]─		1/4W	
─[—]─		1/2W	
─[▢]─		1W	
─[▢▢]─		2W	
─[▢▢▢]─		3W	
─[Ⅳ]─		4W	
─[Ⅴ]─		5W	
─[Ⅹ]─		10W	
R ─[⋀⋀⋀]─	另一种电路图形符号	这种电路图形符号有时在进口电子设备的电路图中出现,也是国家标准中允许使用的电路图形符号	

2 熟悉电路图中电阻器电路图形符号

　　图 1-2 是电路图,图 1-2 (a) 中有较多的电阻器电路图形符号。电路中的 R1、R2 和 R3 是 3 只电阻器,其中 R1 上还标有星号"＊","＊"表示这只电阻的阻值允许在一定范围内调整大小。电路图中的电阻器符号通常不标出电阻器的功率,但是在一些电子管放大器电路图中的电阻器,会采用标出功率的电阻器符号,如图 1-2 (b) 所示。

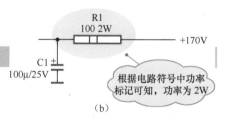

1.2.2　掌握普通电阻器主要特性

1 电阻器基本特性

　　电阻器基本特性是耗能,当电流流过电阻器时,电阻器因消耗电能而发热。当然,电阻器在正常工作时所发出的热是有限的。

图 1-2　电路图

2 直流和交流电路的电阻特性相同

　　在直流或交流电路中,电阻器对电流所起的阻碍作用一样,即电阻器对交流电流和直流电流的阻碍作用"一视同仁"。所以,电阻器对直

1-5 视频讲解:
电阻器主要特性讲解

流电和交流电的作用一样，这大大方便了对电阻电路进行分析。电路分析时，只需要分析电阻大小对电流、电压大小的影响，如图 1-3 所示。

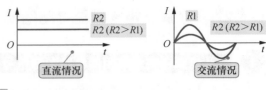

图 1-3　电阻对电流影响示意图

 重要提示

当电路中电阻 R1 的阻值不同时，流过 R1 的直流电流或交流电流不同；当 R1 阻值增大时，流过 R1 的直流电流或交流电流都要减小。

③　不同频率下电阻特性相同

在交流电路中，同一个电阻器对不同频率信号所呈现的阻值相同，不会因为交流电的频率不同而出现电阻值的变化，这是电阻器的一个重要特性。

电路分析方法提示

分析交流电路中电阻器工作原理时，可不必考虑交流电频率高低对电路工作的影响。

④　不同类型信号电阻特性相同

电阻器不仅在正弦波交流电的电路中阻值不变，在脉冲信号、三角波信号处理和放大电路中所呈现的电阻也一样。

电路分析方法提示

电阻的这种阻值不变特性非常有利于进行电路分析，即分析电阻电路时不必考虑信号的特性。

1.3　学会分析电阻器典型电路

友情提示

在所有元器件的应用电路中，电阻器的应用电路最简单，电路工作原理最容易理解，所以掌握电阻器电路工作原理是分析其他元器件应用电路的基础。

1.3.1　掌握电阻器的两个基本应用电路工作原理

电阻器在电子电路中的基本工作原理可以从两个方面去理解。

①　为电路中某点提供电压

如图 1-4 所示，电阻 R1 为电路中 B 点提供直流电压。

电阻 R1 在电路中的 A 点与 B 点之间构成了一个支路，电阻 R1 将 A 点的直流电压 +V 加到了电路中的 B 点，使 B 点也有直流电压。显然，电阻 R1 用来给电路中某点建立与直流电压 +V 之间的联系。

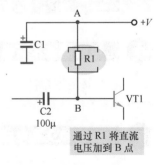

通过 R1 将直流
电压加到 B 点

图 1-4　电阻为电路中
某点提供电压

重要提示

　　如果电路中的某点需要直流电压，就可以在该点与直流电压 +V 端接一只电阻。当然电阻也可以为电路中的某点提供交流信号电压。

2　为电路提供一个电流回路

　　如图 1-5 所示，电阻 R3 为电路提供一个电流回路。电阻 R3 连接在 VT1 发射极与地端之间，电路中的 A 点与 B 点通过 R3 接通，这样 VT1 发射极输出的电流可以通过 R3 流到地端，从而构成了一个电流回路。

　　如果电路中需要一个电流回路，就可以接入一只电阻。

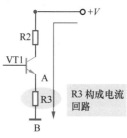

图 1-5　电阻为电路
提供电流回路

3　电阻电路分析的关键要素

　　电阻电路分析的关键要素是：电阻器阻值大小对电路工作的影响。

电路分析提示

　　电路分析中，有时只是需要进行定性分析，即分析电路中有没有电压，或是有没有电流，但是有时则需要进行进一步的定量分析，即有电压时这一电压有多大，有电流时这一电流有多大。

1-6 视频讲解：电阻
电路分析方法

　　图 1-6 所示的电路可以说明电阻电路分析的一般过程和思路。从图中可以看出，直流电压 +V 等于 R1 两端电压加上基极电压。直流电压 +V 是不变的，当 R1 的阻值大小改变时 R1 两端的电压在改变，从而 VT1 基极电压大小在改变。

　　电阻 R1 的阻值大小变化有两种情况，电路分析时先假设它们的变化，然后分析电路相应变化的结果。

　　（1）**R1 阻值增大分析**。如果 R1 阻值增大，那么 R1 两端的电压会增大，导致 VT1 基极电压下降。

理解和记忆方法提示

　　采用极限理解方法，假设 R1 阻值增大到开路状态，如图 1-7 所示，这时 +V 端与 VT1 基极之间没有联系，直流电压 +V 就没有加到 VT1 基极，VT1 基极电压为 0V，所以当 R1 阻值增大时，VT1 基极电压是下降的。电路分析中会时常用到这种极限理解的方法。

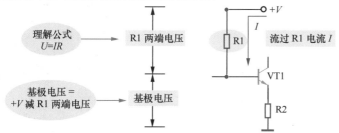

图 1-6　电阻电路分析举例

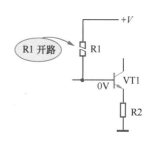

图 1-7　R1 阻值增大到
开路时的等效电路

（2）**R1 阻值减小分析**。如果 R1 阻值减小，那么 R1 两端的电压会减小，导致 VT1 基极电压增大。

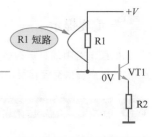

理解和记忆方法提示

同样采用极限的分析方法，假设 R1 阻值不断减小，直到减小至零时，就是 VT1 基极与 +V 端接通，如图 1-8 所示，显然这时 VT1 基极电压就等于直流电压 +V，VT1 基极电压为最高状态。所以，当 R1 阻值减小时 VT1 基极电压会增大。

图 1-8　R1 阻值减小到零时的等效电路

1.3.2　电阻限流保护电路是常见电路

重要提示

电阻限流保护电路在电子电路中应用广泛，它用来限制电路中的电流不能太大，从而保证其他元器件的工作安全。

1 发光二极管电阻限流保护电路

图 1-9 所示是典型的电阻限流保护电路。在直流电压 +V 大小一定时，电路中加入电阻 R1 后，流过发光二极管 VD1 的电流减小，防止因为流过 VD1 的电流太大而损坏 VD1。电阻 R1 阻值越大，流过 VD1 的电流越小。

重要提示

电阻 R1 与 VD1 串联起来，流过 R1 的电流等于流过 VD1 的电流，R1 使电路中的电流减小，所以可以起保护 VD1 的作用。

2 故障检测方法

图 1-10 是测量电路中 R1 两端直流电压接线示意图，对于这一电路检查限流电阻 R1 的简单方法是测量其两端的直流电压。

1-7 视频讲解：电阻限流保护电路分析

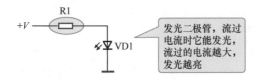

发光二极管，流过电流时它能发光，流过的电流越大，发光越亮

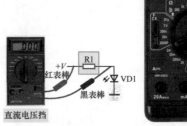

图 1-9　典型的电阻限流保护电路　　图 1-10　测量电路中 R1 两端直流电压接线示意图

检测分析提示

对 R1 两端测量电压结果分析如下：

（1）测量的 R1 两端直流电压等于直流工作电压 +V，说明 R1 开路。

（2）测量的 R1 两端电压等于 0V，说明 VD1 与地端之间的回路开路，如果这时 VD1 发光很亮，则是 R1 短路。

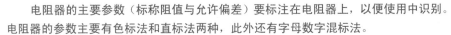

1.4　了解普通电阻器参数和掌握识别方法

 友好提示

电阻器的一些常用参数会用多种形式表现出来，这时就要通过识别来了解这些参数，这是初学者应该过的一个基础关，好在这些识别方法比较简单，也无须进行记忆，因为多次练习后就能"自然而然"地记住了。

电阻器的主要参数（标称阻值与允许偏差）要标注在电阻器上，以便使用中识别。电阻器的参数主要有色标法和直标法两种，此外还有字母数字混标法。

1-8 视频讲解：电阻器主要参数讲解

1.4.1　了解电阻器参数

1　**电阻器标称阻值系列**

在使用中，我们最关心的是电阻器的阻值有多大，这一阻值称为电阻器的标称阻值。例如，某电阻器标称阻值是 9kΩ。

 重要提示

生产厂家为了使用的需要，生产了很多阻值的电阻器。为了方便生产和使用，国家标准规定了一系列阻值作为产品的标准，即标称阻值系列。

表 1-9 所示是我国 E6、E12、E24 电阻器标称阻值系列。

表 1-9　我国 E6、E12、E24 电阻器标称阻值系列

允许偏差		
±5%	±10%	±20%
E24	E12	E6
1.0	1.0	1.0
1.1		
1.2	1.2	
1.3		
1.5	1.5	1.5
1.6		
1.8	1.8	
2.0		
2.2	2.2	2.2
2.4		
2.7	2.7	

续表

允许偏差		
±5%	±10%	±20%
3.0		
3.3	3.3	3.3
3.6		
3.9	3.9	
4.3		
4.7	4.7	4.7
5.1		
5.6	5.6	
6.2		
6.8	6.8	6.8
7.5		
8.2	8.2	
9.1		

 重要提示

从表 1-9 中可以看出 E12 系列中找不到 1.1×10^n 电阻器，只能在 E24 系列中找到它。表中各数 $\times 10^n$ 可得到不同的电阻值。

例如：1.1×10^n（$n=3$）为 1.1kΩ 电阻器。n 是正整数或负整数。1×10 为 10Ω 电阻器。

2 电阻器允许偏差参数

在电阻器生产过程中，由于生产成本的考虑和技术原因不可能制造与标称阻值完全一致的电阻器，不可避免存在着一些偏差。所以，规定了一个允许偏差参数。

 重要提示

不同电路中，由于对电路性能的要求不同，也就可以选择不同误差的电阻器，这是出于生产成本的考虑，误差大的电阻器成本低，这样整个电路的生产成本就低。

常用电阻器的允许偏差为 ±5%、±10%、±20%。精密电阻器的允许偏差要求更高，如 ±2%、±0.5% 等。

3 电阻器额定功率参数

额定功率也是电阻器的一个常用参数。它是指在规定的大气压力下和特定的环境温度范围内，电阻器所允许承受的最大功率，单位用 W 表示，一般电子电路中使用 1/8W 电阻。通常额定功率越大，电阻器体积越大。

对于电阻器而言，它所能够承受的功率负荷与环境温度有关，其关系可用如图 1-11 所示的负载曲线来说明。图 1-11 中，P 为允许功率，P_R 为额定功率，t_R 为额定环境温度，t_{min} 为最低环境温度，t_{max} 为最高环境温度。

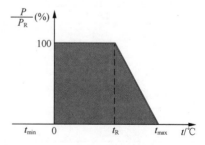

图 1-11 电阻器负载曲线

从曲线中可以看出，当温度低于额定环境温度时，允许功率 P 等于额定 P_R。当温

度高于 t_R 后，允许功率直线下降，所以，电阻器在高温下很容易烧坏。

4　温度系数

它是温度每变化 1℃ 所引起的电阻值的相对变化。阻值随温度升高而增大的称为正温度系数，反之称为负温度系数。温度系数越小，电阻的稳定性越好。

1-9 视频讲解：电阻器参数直标法和色标法讲解

5　噪声

它是产生于电阻器中的一种不规则的电压起伏，包括热噪声和电流噪声两部分，热噪声是由于导体内部不规则的电子自由运动使导体任意两点的电压不规则变化。噪声越小越好。

1.4.2　熟练掌握电阻器参数色环表示方法和识别方法

电子电路中的电阻器主要采用色标法，因为所用电阻器的功率多为 1/8W、1/16W，体积很小，只能采用色标法来标示阻值。色环电阻器分为 4 环电阻器和 5 环电阻器。

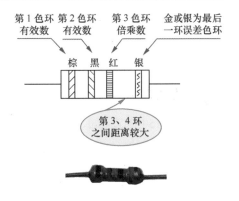

1　4 环电阻器标称值识别方法

图 1-12 是 4 环电阻器标注示意图。从 4 环电阻器色环位置示意图中可以看出，这 4 条色环表示了不同的含义，第 1、2 条分别为第 1 位和第 2 位有效数色环（有效数为两位），第 3 条为倍乘色环或是表示有效数有几个 0 的色环），第 4 条为允许误差等级色环。

图 1-12　4 环电阻器标注示意图

方法提示

从图 1-12 中可以看出，第 3 环与第 4 环之间的距离比较远，这样可以确定哪个色环是第 1 色环，哪个色环是第 4 色环。

图 1-13 所示是 4 个色点的电阻器，它的含义同 4 条色环电阻器是一样的，只是用色点来代替色环，这种表示方法目前已经不常见到了。

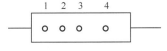

图 1-13　4 个色点的电阻器示意图

图 1-14 是 4 环电阻器中色码的具体含义解读示意图。

2　5 环电阻器标称值识别方法

图 1-15 是 5 环电阻器标注示意图。从有 5 条色环的色标电阻器示意图中可以看出，第 1、2、3 条分别表示 3 位有效数（精密电阻器用 3 位有效数表示），第 4 条为倍乘色环（有效数有几个 0 的色环），第 5 条为允许误差等级色环。

1-10 视频讲解：5 环电阻器参数识别方法

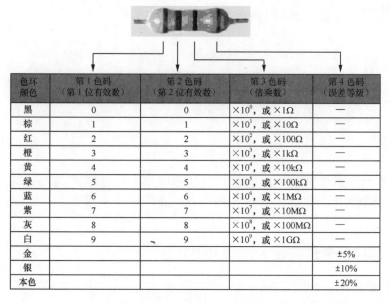

色环颜色	第1色码 （第1位有效数）	第2色码 （第2位有效数）	第3色码 （倍乘数）	第4色码 （误差等级）
黑	0	0	$\times 10^0$，或 $\times 1\Omega$	—
棕	1	1	$\times 10^1$，或 $\times 10\Omega$	—
红	2	2	$\times 10^2$，或 $\times 100\Omega$	—
橙	3	3	$\times 10^3$，或 $\times 1k\Omega$	—
黄	4	4	$\times 10^4$，或 $\times 10k\Omega$	—
绿	5	5	$\times 10^5$，或 $\times 100k\Omega$	—
蓝	6	6	$\times 10^6$，或 $\times 1M\Omega$	—
紫	7	7	$\times 10^7$，或 $\times 10M\Omega$	—
灰	8	8	$\times 10^8$，或 $\times 100M\Omega$	—
白	9	9	$\times 10^9$，或 $\times 1G\Omega$	—
金				±5%
银				±10%
本色				±20%

图 1-14　4 环电阻器中色码的具体含义解读示意图

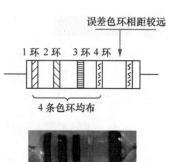

图 1-15　5 环电阻器标注示意图

方法提示

　　从图 1-15 中可以看出，第 4 环与第 5 环之间的距离比较远，这样可以确定哪个色环是第 1 色环，哪个色环是第 5 色环。

　　5 环电阻器多为精密电阻器。色标法中用色环的颜色表示 0 ～ 9。

　　图 1-16 是 5 环电阻器中色码的具体含义解读示意图。

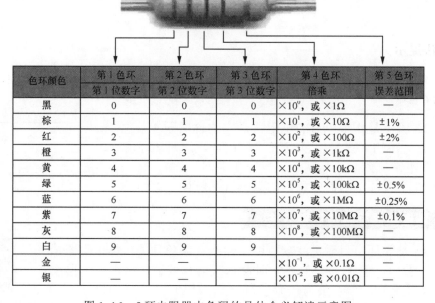

色环颜色	第1色环 第1位数字	第2色环 第2位数字	第3色环 第3位数字	第4色环 倍乘	第5色环 误差范围
黑	0	0	0	$\times 10^0$，或 $\times 1\Omega$	—
棕	1	1	1	$\times 10^1$，或 $\times 10\Omega$	±1%
红	2	2	2	$\times 10^2$，或 $\times 100\Omega$	±2%
橙	3	3	3	$\times 10^3$，或 $\times 1k\Omega$	—
黄	4	4	4	$\times 10^4$，或 $\times 10k\Omega$	—
绿	5	5	5	$\times 10^5$，或 $\times 100k\Omega$	±0.5%
蓝	6	6	6	$\times 10^6$，或 $\times 1M\Omega$	±0.25%
紫	7	7	7	$\times 10^7$，或 $\times 10M\Omega$	±0.1%
灰	8	8	8	$\times 10^8$，或 $\times 100M\Omega$	—
白	9	9	9	—	—
金	—	—	—	$\times 10^{-1}$，或 $\times 0.1\Omega$	—
银	—	—	—	$\times 10^{-2}$，或 $\times 0.01\Omega$	—

图 1-16　5 环电阻器中色码的具体含义解读示意图

识别方法提示

（1）色标法中用色环的颜色来表示某个特定的数字或倍乘、允许偏差等级，整个色码的颜色共有 12 种和 1 个本色（电阻器本身的颜色）。

（2）标称阻值单位为 Ω。

（3）当允许误差等级为 ±20% 时，表示允许误差的这条色环为电阻器本色，此时 4 条色环的电阻器实际只有 3 条。

4 环电阻器识别绝招

有的色标电阻器中的 4 条色环会均匀分布在电阻器上，这时确定色环顺序的绝招是：如图 1-17 所示，根据色码表可知，金色、银色色码在有效数中无具体含义，而只表示具体偏差值，所以金色或银色这一环必定为最后一条色环，根据这一点可以分辨各色环的顺序。

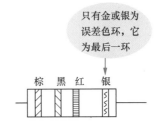

图 1-17　4 环电阻器识别示意图

③ **举例说明**

图 1-18 所示是 4 环电阻器，最右端为银色的色环，说明这是最后一条色环，因此这一电阻器的色环顺序为棕、黑、红和银。查表可以知道，棕和黑分别表示 1 和 0，这样有效数是 10。红色表示 2，倍乘为 2，即 10^2，银色表示误差为 ±10%。

所以，这一色环电阻器的参数为 $10×10^2\Omega$，即 1000Ω 或 $1k\Omega$，误差为 ±10%。

图 1-18　4 环电阻器举例

图 1-19 所示是另一种 4 环电阻器，最左端是银色的色环，这是误差色环，所以第 1 条色环为绿，依次为棕、金和银。经查表可知，这是一个 $51×10^{-1}\Omega$（即 5.1Ω）的电阻器，其误差为 ±10%。

图 1-19　另一种 4 环电阻器

图 1-20 是部分 4 环电阻器识别示意图。

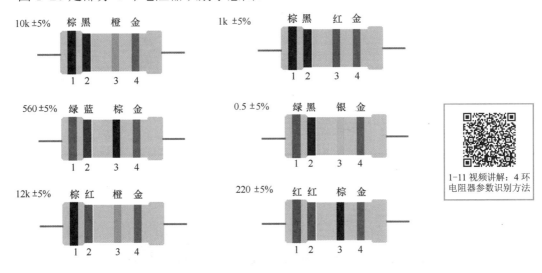

1-11 视频讲解：4 环电阻器参数识别方法

图 1-20　部分 4 环电阻器识别示意图

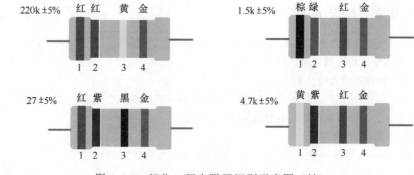

图 1-20　部分 4 环电阻器识别示意图（续）

1.4.3　掌握电阻器参数的其他表示方法

1　电阻器参数直标法

图 1-21 是直标法电阻器示意图。直标法主要用于体积较大（功率大）的电阻器，它将标称阻值和允许偏差直接用数字标在电阻器身上。例如，在某电阻器上标出 100Ω，允许偏差为 ±10%，显然这种表示方式更方便识别。

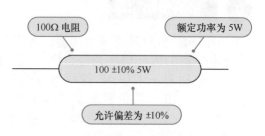

图 1-21　直标法电阻器示意图

2　电阻器参数字母数字混标法

在直标法中，5.7kΩ 的电阻器，若在印刷或使用中将小数点漏掉，5.7kΩ 的电阻可能会被误识别为 57kΩ 电阻。为此，可采用字母数字混标法来解决这一问题，将 5.7kΩ 电阻标注为 5k7，用 k 来表示小数点。

这里的 k 是借用的词头符号。电阻器的这种表示方法不常见到。表 1-10 给出了电阻器参数字母数字混标法的一些例子。

表 1-10　电阻器参数字母数字混标法举例

标称阻值	表示方式	标称阻值	表示方式
0.1Ω	R10	3.9MΩ	3M9
0.12Ω	R12		
0.59Ω	R59		
1Ω	1R0	1 000MΩ	1G
1.5Ω	1R5		
1kΩ	1k	3 300MΩ	3G3
3.3 kΩ	3k3	10^6MΩ	1T

图 1-22 是直标法电阻器的实物示意图，从图中可看出，一只为 10Ω 电阻，另一只为 0.5Ω 电阻。

3　电阻器参数 3 位数和 4 位数表示法

图 1-23 是贴片电阻器实物示意图，由于它体积非常小，没有引脚（只有两端的焊盘），采用了 3 位数表示方法。

图 1-22　直标法电阻器实物示意图　　　图 1-23　贴片电阻器实物示意图

图中贴片电阻器上标出 103 三个数字，它表示 $10×10^3Ω=10kΩ$。

 重要提示

在 3 位数表示法中，前 2 位为有效数，第 3 位是有效数后有几个零，单位是 Ω。

图 1-24 为 4 位数表示方法（精密电阻）示意图。

4 位数表示方法中前 3 位表示有效数字，第 4 位表示有多少个零，单位是 Ω，1502 即 15 000Ω=15kΩ。

图 1-24　4 位数表示方法示意图

4　电阻器误差表示法

电阻器中的误差表示有 3 种方式：一是直接用 % 表示，二是用字母来表示，三是用 Ⅰ、Ⅱ、Ⅲ 表示（Ⅰ 表示 ±5%、Ⅱ 表示 ±10%、Ⅲ 表示 ±20%）。表 1-11 所示是电阻器误差字母的具体含义。

1-14 视频讲解：3 种特殊色环电阻器参数识别方法

表 1-11　电阻器误差字母的具体含义

误差字母	A	B	C	D	F	G	J	K	M
误差 ±%	0.05	0.1	0.25	0.5	1	2	5	10	20

图 1-25 是两种误差表示方式的电阻器示意图。

5　实用电路中电阻器参数识别方法

如图 1-26 所示，电路中的 R1 和 R2 均在电路图中标出了标称值。

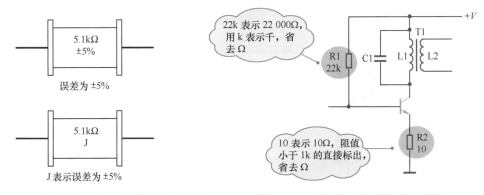

图 1-25　2 种误差表示方式的电阻器示意图　　　图 1-26　电路图中的电阻标注示例

重要提示

电阻器电路图中的标称参数标注要注意一点：当不标出 Ω（欧姆）单位时，标注值是 Ω，如图 1-26 中 R2 下面的 10 即为 10Ω。

1.5 认识形形色色的电位器

 重要提示

电位器与可变电阻器工作原理相近，只是结构更为牢固，在电路中的调整更为频繁。在电路中，电位器是用作分压电路，对信号进行分压输出。

1.5.1 快速了解电位器外形特征及部分电位器个性

1 电位器外形特征

电位器的体积比可变电阻器大得多，具体的电位器大小不一。各种电位器的具体特征有所不同。表 1-12 所示是几种常见电位器的外形特征说明。

表 1-12　几种常见电位器外形特征说明

名称	实物照片	说明
旋转式单联电位器		这是圆形结构的电位器，它有一根金属转柄，此柄长短在不同电位器中不同，有的很长，有的则很短，转柄可以在左右一定角度内旋转，但是不能 360° 转动。 这种电位器通常是 3 根引脚，有的是 4 根引脚，第 4 根是接外壳的引脚（接地引脚），在电路中用来接地端，以消除调整电位器时人体带来的干扰
直滑式单联电位器	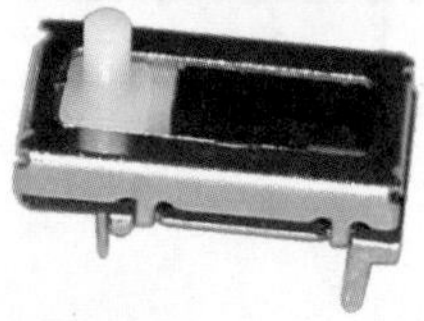	这是长方形结构的电位器，它有一根垂直向上的操纵柄，此柄只能直线滑动而不能转动，它的引脚在下部
旋转式双联电位器	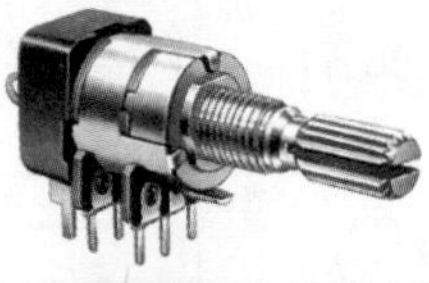	它与旋转式单联电位器相近，但是它有两个单联电位器，每个单联电位器特性相同，用一根转柄控制两个单联电位器的阻值调整，每个单联电位器各有 3 根引脚
旋转式多联电位器		这是一种有更多联的旋转式电位器，用 1 个转柄控制着所有联电位器的阻值调整
直滑式双联电位器		它与直滑式单联电位器相近，由两个直滑式单联电位器组成，用 1 根操纵柄控制两个单联电位器的阻值调整，每个单联电位器各有 3 根引脚

续表

名称	实物照片	说明
步进电位器		这种电位器由高精度特殊电阻组成，用于专业发烧功放中作为音量电位器
线绕多圈电位器		这种电位器的结构与普通电位器不同，它所能承受的功率比较大，可以大于 360°转动调节
精密电位器		这种电位器的调整精度高，用在一些精密电路中
带开关小型电位器		用于音量控制器中的电位器，它附有一个电源开关，在电位器刚开始转动时先接通电位器中的开关触点，再转动时才进行电位器调整。 这种带开关的电位器也有多种，图示是收音机中的音量电位器。附设开关用于直流电路中作为电源开关。 附有开关的电位器引脚比普通电位器多出两根，这两根引脚是电源开关的触点引脚
带开关碳膜电位器		这种电位器也用于音量控制器电路中，在电位器背面也带一个单刀开关，它与上一种小型电位器的不同之处是，它所带的开关通常控制整机电路中的 220V 交流电源，所以它是整机交流电源开关，使用中电位器背面的开关引脚要用绝缘套管套起来，以防止触电。 带开关电位器分为旋转式开关电位器、推拉式开关电位器等
有机实芯电位器		有机实芯电位器是一种新型电位器，它是用加热塑压的方法，将有机电阻粉压在绝缘体的凹槽内。 这种电位器与碳膜电位器相比具有耐热性好、功率大、可靠性高、耐磨性好的优点。但温度系数大、动噪声大、耐潮性能差、制造工艺复杂、阻值精度较差。在小型化、高可靠、高耐磨性的电子设备以及交、直流电路中用于调节电压、电流
无触点电位器	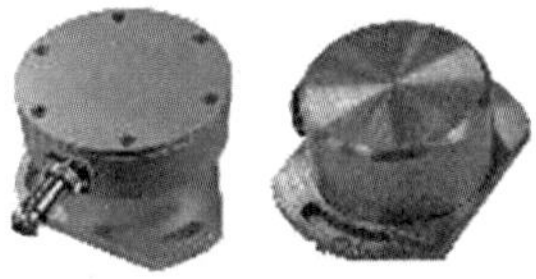	无触点电位器消除了机械接触，寿命长、可靠性高，分光式电位器、磁敏式电位器等
全封闭一体化电位器		整个电位器封闭在外壳内，长时间使用不会混入灰尘导致杂音，寿命较普通电位器长数倍
波段开关式电位器		这是一种用波段开关构成的电位器，主要用于一些高级音响设备中作为音量控制电位器

2　不同材料电位器个性说明

表 1-13 所示是不同材料电位器的个性说明，供读者电路设计和使用中参考。

表 1-13　不同材料电位器个性说明

名称	名称及实物照片	说明
合成碳膜电位器		合成碳膜电位器是目前应用最广泛的电位器，其电阻体是用经过研磨的碳黑、石墨、石英等材料涂敷于基体表面而成，工艺简单，成本低，广泛用于一般电路中。 优点是稳定性高、噪声小、分辨率高、阻值范围宽、寿命长、体积小。 缺点是电流噪声大、非线性差、耐潮性差、功率小以及阻值稳定性差。 阻值范围为 100Ω ～ 4.7MΩ
金属膜电位器		金属膜电位器的电阻体可由合金膜、金属氧化膜、金属箔等分别组成。 特点是分辨力高、耐高温、温度系数小、动噪声小、平滑性好
金属玻璃铀电位器		金属玻璃铀电位器用丝网印刷法按照一定的图形，将金属玻璃铀电阻浆料涂覆在陶瓷基体上，经高温烧结而成。 优点是阻值范围宽、耐热性好、过载能力强、耐潮性好、耐磨性好。 缺点是接触电阻大和电流噪声大
绕线电位器		绕线电位器是将康铜丝或镍铬合金丝作为电阻体，并把它绕在绝缘骨架上制成。 绕线电位器的优点是稳定性高、噪声小、温度系数小、耐高温、精度高、功率较大（可达 25W）和接触电阻小。 缺点是分辨力差、阻值偏低、高频特性差
导电塑料电位器		导电塑料电位器用特殊工艺将邻苯二甲酸二烯丙酯（DAP）电阻浆料覆在绝缘机体上，加热聚合成电阻膜，或将 DAP 电阻粉热塑压在绝缘基体的凹槽内形成的实心体作为电阻体。 特点是平滑性好、分辨力优异、耐磨性好、寿命长、动噪声小、可靠性极高、耐化学腐蚀。 可用于导弹、飞机雷达天线的伺服系统等

1.5.2　电位器的种类与识图

1 电位器种类

电位器的种类较多，表 1-14 所示是电位器种类说明。

1-15 视频讲解：
电位器种类讲解

表 1-14　电位器种类说明

划分方法及种类		说明
按操纵形式划分	旋转式（或转柄式）电位器	电位器中有一个阻值调节转柄，左、右旋转这一转柄可以改变电位器的阻值
	直滑式电位器	这种电位器的操纵柄不是旋转动作，而是在一定范围内做直线滑动来改变电阻值。直滑式电位器由于操作形式不同，要求有较大的安装和操作空间
按联数来划分	单联电位器	这种电位器的操纵柄只能控制 1 个电位器的阻值变化，电路中广泛应用的是这种电位器
	双联电位器	这种电位器的外形与单联电位器基本一样，但它有两个单联电位器，用一个操纵柄同步控制这两个电位器的阻值变化，这种电位器主要用于音响电路中
按有无开关划分	无附设开关的电位器	这种电位器中不带开关，电路中大量使用这种电位器
	设有开关的电位器	除电位器作用外，它还附有一只开关。这种电位器常用作音量电位器，其附设的开关用作电源开关
按输出函数特性划分	线性电位器	用 X 型表示，用于音响设备中，主要用作立体声平衡控制电位器
	对数式电位器	用 D 型表示，这种电位器用来构成音调控制器等电路，这是一种十分常用的电位器
	指数式电位器	用 Z 型表示，这种电位器常用来构成音量控制器等电路
	特殊型电位器	例如音响设备中专用的 S 型电位器
按调节精度划分	普通电位器	这种电位器的调节精度比较低，用于一些对调整精度要求不高的电路中，这是一种用得最多的电位器
	精密电位器	这种电位器的调节精度比较高，用于一些对调整精度要求高的电路中，如仪表电路，常见电路中一般不使用这种电位器

❷ 特殊电位器电路图形符号

表 1-15 所示是特殊电位器电路图形符号识图信息。

表 1-15　特殊电位器电路图形符号识图信息

名称	电路图形符号	说明
用作可变电阻器时的电路图形符号	RP　　RP	这一电路图形符号是电位器作为可变电阻器使用时的电路图形符号
半有效电气行程电位器电路图形符号	RP1-1　　RP1-2	这是一种特殊的双联同轴电位器，它不同于普通的双联同轴电位器，它只是两个单联的机械行程同步，在调节时，两个联的阻值是不同步的。 这种电位器只有一半的机械行程有阻值的变化，另一半是银带区，其阻值为零，在电路图形符号中用阴影表示无阻值的银带区。 当动片从中间位置向上滑动时，RP1-1 动片联进入银带区，而 RP1-2 进入变阻区；当动片从中间位置向下滑动时，RP1-2 动片联进入银带区，而 RP1-1 进入变阻区。 这种特殊特性的双联同轴电位器可以用于立体声平衡控制器电路（立体声音响设备中的一种控制器电路）
带中心抽头电位器电路图形符号	RP1	这种电位器比普通电位器多一根引脚，即抽头引脚，该抽头引脚设在电位器中间阻值处，抽头至两个定片之间的阻值相等。 也有抽头不设在中间位置的电位器

1.5.3　了解电位器结构和阻值调节原理

❶ 电位器结构

（1）碳膜电位器结构。图 1-27 是碳膜电位器结构示意图。

（2）多圈电位器结构。图 1-28 是多圈电位器结构示意图。

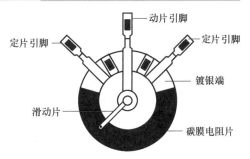

图 1-27　碳膜电位器结构示意图

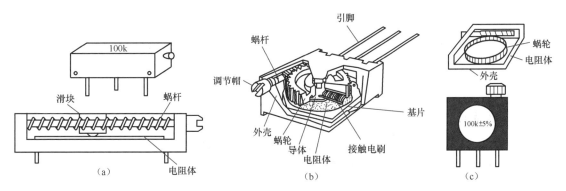

图 1-28　多圈电位器结构示意图

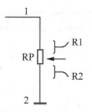

2 电位器调节电阻原理

转动电位器的转柄时，动片在电阻体上滑动，动片到两个定片之间的阻值大小在发生改变。

当动片到一个定片的阻值增大时，动片到另一个定片的阻值减小，如图 1-29 所示。当动片到一个定片的阻值减小时，动片到另一个定片的阻值增大。

图 1-29 电位器阻值变化示意图

电位器在电路中也相当于两个电阻器构成的串联电路，动片将电位器的电阻体分成两个电阻 R1 和 R2，如图 1-30 所示。

当动片向定片 1 端滑动时，R1 的阻值减小，同时 R2 的阻值增大。当动片向定片 2 端滑动时，R1 的阻值增大，同时 R2 的阻值减小。R1 和 R2 的阻值之和始终等于电位器的标称阻值。

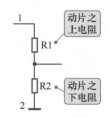

图 1-30 电位器等效电阻示意图

 重要提示

虽然电位器的基本结构与可变电阻器基本一样，但是在许多方面也存在着不同，主要有以下几点。

（1）电位器动片操作方式不同，电位器设有操纵柄。

（2）电位器电阻体的阻值分布特性与可变电阻器的分布特性不同，各种输出函数特性的电位器的电阻体的分布特性均不相同。

（3）电位器有多联的，而可变电阻器没有。

（4）电位器的体积大、结构牢固、寿命长。

1.5.4 了解几种常用电位器阻值特性

常用的电位器有 X 型、D 型、Z 型等多种。

1 X 型电位器（B 型）

X 型电位器称为线性电位器，阻值分布特性是线性的。图 1-31 所示是 X 型电位器阻值特性曲线。

从曲线中可以看出，动片从起始端均匀转动（或滑动）时，阻值在均匀增大。整个动片行程内，在动片触点移动的单位长度内，阻值变化量处处相等，即阻值变化是线性的，线性电位器由此得名。

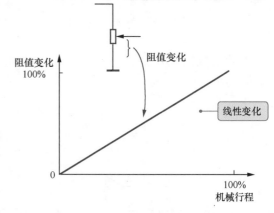

图 1-31 X 型电位器阻值特性曲线

 重要提示

在 X 型电位器中，当动片转动至一半机械行程处时，动片到两个定片的阻值相等。由于 X 型电位器是线性的，所以这种电位器的两个定片可以互换。

② Z 型电位器（A 型）

图 1-32 所示是 Z 型电位器阻值特性曲线。

Z 型电位器整个动片行程内，动片触点移动的单位长度内，阻值变化量处处不相等，随着动片的向上滑动，单位长度内阻值变化量增大。

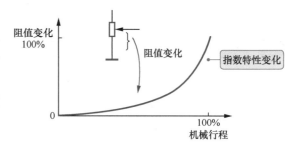

图 1-32　Z 型电位器阻值特性曲线

动片触点刚开始滑动（顺时针方向转动转柄）时，动片与地端定片之间的阻值上升比较缓慢，动片触点滑到后来阻值迅速增大，阻值分布特性同指数曲线一样，所以 Z 型电位器又被称为指数型电位器。

动片转动到最后时（全行程），动片到地端定片之间的阻值等于电位器的标称阻值。当动片转动至一半机械行程处时，动片到两个定片的阻值不相等，到地端定片的阻值远小于到另一个定片的阻值，根据这一特性可以分辨出两个定片中哪个是接地端的定片。

③ D 型电位器（C 型）

D 型电位器又称对数型电位器，它同 Z 型电位器一样属于非线性电位器。图 1-33 所示是 D 型电位器阻值特性曲线。

D 型电位器在动片触点刚开始滑动时阻值迅速增大，到后来阻值增大得缓慢。

🔧 重要提示

对于 Z 型和 D 型电位器，由于阻值分布特性的原因，它们的两个定片引脚不能相互接反，两个定片中有一个应接地，当动片逆时针方向转动到头后，动片与地端定片之间的阻值为零，通过测量动片与定片之间的电阻值可以分辨出两个定片中哪个是接地端的定片。

1-17 视频讲解：快速认识各类电容器

④ S 型电位器

图 1-34 所示是 S 型电位器阻值特性曲线。

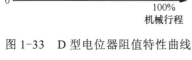

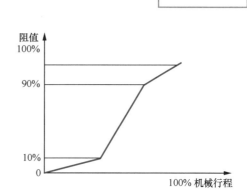

图 1-33　D 型电位器阻值特性曲线　　　　图 1-34　S 型电位器阻值特性曲线

从阻值特性曲线中可以看出，在转柄转动的起始部分和最后部分，阻值增大明显变缓，在中间部分阻值增大迅速。

这种电位器可以用在立体声平衡控制器电路中。

5 **半有效电气行程双联同轴电位器**

图 1-35 所示是半有效电气行程双联同轴电位器阻值特性曲线。实线是一个联的阻值特性曲线，虚线是另一个联的阻值特性曲线，它们的特性恰好相反。

从特性曲线可以看出，转柄转动时一个联的阻值在增大，另一个联的阻值为零。当转动到一半行程处时，一个联的阻值不再增大，而另一个联的阻值才开始增大。

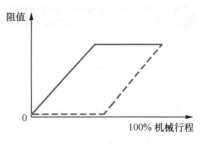

图 1-35　半有效电气行程双联同轴电位器阻值特性曲线

1.6　快速了解普通电容器、电解电容器、微调电容器和可变电容器

电容器是一种对交流信号进行处理时不可或缺的元器件，我们可以利用电容器对不同频率交流信号呈现的容抗变化，设计各种功能的电容电路。

上面这段您能看明白吗？实在很难用一两句话说清楚电容器在电子电路中的"巨大"作用。如果非要说的话，那就是，电容器的"性格"变化大，远比"老实"的电阻器要"滑头"得多，例如电容器对不同的信号呈现不同的"性格"，这一点往往会使初学者感到"头疼"，大呼"电容器呀，你太难学了"。

1.6.1　电容器种类和外形特征

电容器到底是一个什么样的元器件？

简单地讲，电容器像一个蓄电池，它能存储电荷，就像水桶能存储水，电容器则能存储电荷。只是我们常见的电容器因为容量小，它所能存储的电荷少，所以无法用于对像电灯泡这类功率大的照明元件进行供电。有种称为超级电容器的元器件，它充电后能供汽车行驶一段距离。

1 **电容器种类**

电容器的种类很多，分类方法也有多种。表 1-16 所示是电子电路中常用电容器种类概述。

表 1-16　电子电路中常用电容器种类概述

划分方法	种类及解说
按容量是否可变划分	固定电容器：容量固定不变，是用量最多的电容器
	可变电容器：容量在一定范围内可以改变，主要用于收音电路中
	微调电容器：容量也是可以调节的，但是容量可调范围很小
按电介质划分	有机介质电容器
	无机介质电容器
	电解电容器：这是一种常用电容器
	液体介质电容器，如油介质电容器
	气体介质电容器
按工作频率划分	低频电容器：用于工作频率较低的电路中，如音频电路中
	高频电容器：这种电容器对高频信号的损耗小，用于工作频率高的电路中，如收音电路中

图 1-36 是电容类元器件家族一览图。

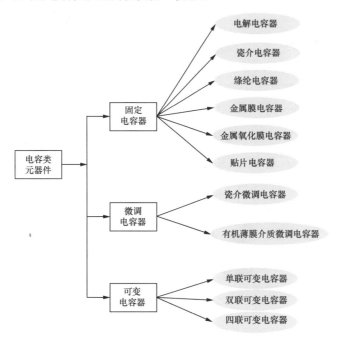

图 1-36　电容类元器件家族一览图

2　普通电容器实物示意图

表 1-17 是部分普通电容器实物示意图。

表 1-17　部分普通电容器实物示意图

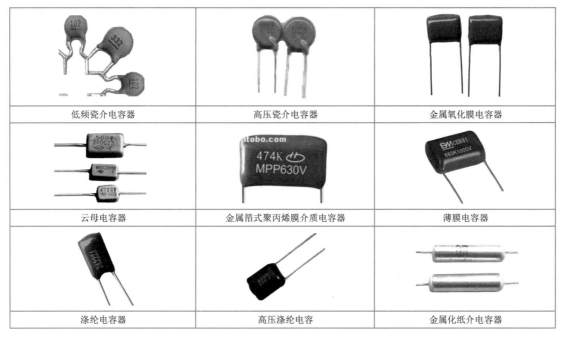

低频瓷介电容器	高压瓷介电容器	金属氧化膜电容器
云母电容器	金属箔式聚丙烯膜介质电容器	薄膜电容器
涤纶电容器	高压涤纶电容	金属化纸介电容器

续表

电容器	独石电容器	电磁炉电容器
有极性电解电容器	无性极电解电容器	穿心电容器
交流电机启动电容器	贴片电容器	空调电容器

3 可变电容器和微调电容器实物示意图

表 1-18 是部分可变电容器和微调电容器实物示意图。

表 1-18　部分可变电容器和微调电容器实物示意图

单联可变电容器	双联可变电容器
空气双联可变电容器	四联可变电容器
高频陶瓷微调电容器	微调电容器
微调电容器	片式微调电容器

4 好好认识电解电容器

1-20 视频讲解：微调和可变电容器种类

友情提示

　　电解电容器是电容器中的一个重要品种，它的具体品种比较多，使用广泛，电路中的具体作用变化较多，所以初学者应给予足够重视。

　　表 1-19 所示是有极性和无极性电解电容器说明。

　　通过对这些实物图片和解说文字的阅读，大体上可以了解形形色色的电容器，建立一个初步的感性认识。

表 1-19　有极性和无极性电解电容器说明

实物图	说明
	有极性电解电容器由于内部结构的原因，两根引脚有正、负极性之分，使用中不能相互接反，否则不能起到正常作用，还会引起爆炸。为减轻这种危害，这种电容器上设有防爆口。 有极性电解电容器的特点是容量可以做得很大，且容量越大，体积越大，漏电流也比较大
	无极性电解电容器是电解电容器的一种，又称双极性电解电容。由于它采用了双氧化膜结构，其引脚变成了无极性，同时又保留了电解电容器体积小、电容量大、成本低的优点。 音响中分频电路中的分频电容就是这种无极性电容

5 普通电容器、电解电容器、微调电容器和可变电容器外形特征说明

　　表 1-20 所示是普通电容器、电解电容器、微调电容器和可变电容器外形特征说明。

表 1-20　普通电容器、电解电容器、微调电容器和可变电容器外形特征说明

名称	说明
普通电容器	（1）普通固定电容器共有两根引脚，它的这两根引脚是不分正、负极的。 （2）普通固定电容器的外形可以是圆柱形、长方形、圆片状等，当电容器是圆柱形时，注意不要与电阻器相混淆。 （3）普通固定电容器的外壳是彩色的，有的直接在外壳上标出容量的大小，有的采用其他表示方式（字母、数字、色码）标出容量和允许偏差等。 （4）普通固定电容器的体积不大，有的体积比电阻器大些，有的小于电阻器。 （5）普通固定电容器在电路中可以是垂直方向安装，也可以是卧式安装，它的两根引脚是可以弯曲的
电解电容器	（1）电解电容器的外壳颜色常见的是蓝色，此外还有黑色等，其外形通常是圆柱形的。 （2）它有两根引脚，在有极性电解电容器中这两根引脚有正、负极之分，在外壳上会用"－"符号标出负极性引脚的位置。 （3）在无极性电解电容器中，它的两根引脚没有正、负极之分，没有表示极性的符号，根据这一特征可以分辨是有极性还是无极性电解电容器。 （4）电解电容器的容量一般均较大，在 1μF 以上（有些进口电解电容器的容量小于这个值），且常采用直标法标注。 （5）贴片电解电容器无长长的引脚
可变电容器和微调电容器	（1）可变电容器和微调电容器体积比较大，比普通电容器要大许多。 （2）有动片和定片之分。可变电容器的引脚有多根，一只微调电容器共有两根引脚，在多只微调电容器组合在一起时，各微调电容器的动片可以共用一根引脚。 （3）可变电容器和微调电容器动片可以转动，可变电容器通过转柄转动动片，微调电容器上设有调整用的缺口，可以转动动片。 （4）许多情况下，微调电容器固定在可变电容器上

1.6.2 电容器主要参数和识别方法

1 主要参数说明

电容器的参数较多，这里仅介绍几项常用的参数，表1-21所示是电容器参数说明。

表1-21 电容器主要参数说明

名称	说明
标称容量	电容器同电阻器一样，也有标称电容量参数，即表示某个具体电容器容量大小的参数。 标称电容量也分许多系列，常用的是E6、E12系列，这两个系列的设置同电阻器一样
允许偏差	电容器的允许偏差含义与电阻相同，即表示某具体电容器标称容量与实际容量之间的误差。 固定电容器允许偏差常用的是±5%、±10%和±20%，通常容量越小，允许偏差越小
额定电压	额定电压是指在规定温度范围内，可以连续加在电容器上而不损坏电容器的最大直流电压或交流电压的有效值。 额定电压是一个重要参数，在使用中如果工作电压大于电容器的额定电压，或电路故障造成加在电容器上的工作电压大于它的额定电压时，电容器将会被击穿
温度系数	一般情况下，电容器的容量量是随温度变化而变化的，电容器的这一特性用温度系数来表示。 温度系数有正、负之分，正温度系数电容器是指电容量随温度升高而增大，负温度系数电容器则是指随温度升高电容量下降。 在使用中，电容器的温度系数越小越好

电容器的容量单位是法拉，用F表示。法拉这一单位太大，平时多使用微法（用μF表示）和微微法或皮法（用pF表示），3个单位之间的换算关系如下：

$1\mu F = 10^6\ pF$；

$1F = 10^6\mu F = 10^{12}\ pF$。

电路图中，标注电容量时常将μF简化成μ，将pF简化成p。例如，3300p就是3300pF，10μ就是10μF，如图1-37所示。

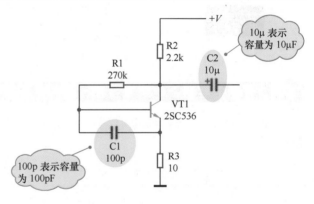

图1-37 电容量识别示意图

2 电容器直标法及识别方法

电容器的标注参数主要有标称电容量及允许偏差、额定电压等。

固定电容器的参数表示方法有多种，主要有直标法、色标法、字母数字混标法、3位数表示法和4位数表示法等多种。

直标法在电容器中用得最多，是在电容器上用数字直接标注出标称电容量、耐压（额定电压）等，直标法使电容器各项参数容易识别。

图1-38是采用直标法标注电容器示意图。

3 电容器3位数表示法及识别方法

电容器的3位数表示法中，用3位整数来表示电容器的标称电容量，再用一个字母来表示允许偏差。

在3位数字中，前2位数表示有效数字，第3位数表示倍乘数，即表示是10的n次方。3位数表示法中的标称电容量单位是pF。

图 1-39 所示的 3 位数是 272，它的具体含义为 $27 \times 10^2 \text{pF}$，即标称容量为 2 700pF。

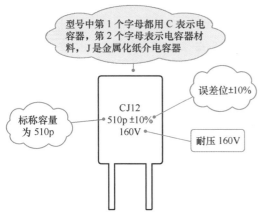

1-21 视频讲解：电容器主要参数

图 1-38　采用直标法标注电容器示意图　　　　图 1-39　3 位数表示法示意图

在一些体积较小的电容器中普遍采用 3 位数表示法，因为电容器体积小，采用直标法标出的参数字太小，容易看不清和被磨掉。

4　电容器 4 位数表示法及识别方法

1-22 视频讲解：电容器参数识别方法讲解

表 1-22 所示是电容器两种 4 位数表示法说明。

表 1-22　电容器两种 4 位数表示法说明

实物图		
说明	用小数（有时不足 4 位数字）来表示标称容量，此时电容器的容量单位为 μF。图中为 0.47μ 的电容器	用 4 位整数来表示标称容量，此时电容器的容量单位是 pF。图中为 6 800p 的电容器

5　电容器字母数字混标法及识别方法

电容器的字母数字混标法与电阻器的这一表示方法相同，表 1-23 为这种方法的举例说明。

表 1-23　电容器的字母数字混标法举例说明

表示方式	标称电容量	表示方式	标称电容量
p1 或 p10	0.1pF	μ33 或 R33	0.33μF
1p0	1pF	5μ9	5.9μF
5p9	5.9pF	1m	1 000μF
3n3	3 300pF	10n	10 000pF

注：有一个特殊情况，即 0.33μF 的电容器可表示成 R33，凡零点几微法的电容器，可在数字前加上 R 来表示。

1.6.3　深入掌握电容器主要特性

电容器的特性较多，这里主要了解下著名的隔直通交特性。

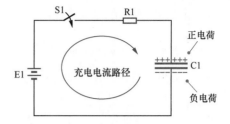

1 首先看看直流电对电容器充电特性

图 1-40 是直流电源对电容器充电示意图。电路中的 E1 为直流电源，为电路提供直流工作电压。R1 为电阻，C1 为电容，S1 为开关。

 友情提示

图 1-40 直流电源对电容器充电示意图

掌握直流电源对电容器的充电过程，是为了更好地掌握电容器对直流电的反应特性。

第 1 步。开关 S1 未接通之前，电容 C1 中没有电荷，电容两端（两根引脚之间）没有电压。

第 2 步。开关 S1 接通后，电路中的直流电源 E1 开始对电容 C1 充电，此时电路中有电流流动，充电电流的路径和方向如图 1-40 所示。

第 3 步。充电一段时间后，电容 C1 上、下极板上充有图 1-40 所示的电荷，即上极板为正电荷，下极板为负电荷。由于上、下极板之间绝缘，所以电容器 C1 上、下极板上的正、负电荷不能复合而被保留，故电容器能够存储电荷。电容上的电荷形成电容两极板之间的电压，这是电池对电容器的充电电压。

第 4 步。随着充电进行，电容器极板上的电荷越来越多，电容器两极板之间的电压也越来越高，这是充电过程。当充电到一定程度后，电容 C1 两极板上的电压（上正下负的直流电压）等于直流电源 E1 的电压时，不再有电流流过电阻 R1，说明没有电流对电容器 C1 充电了，这时充电结束，电路中没有电流流动。

电容 C1 充满电后，去掉充电电压，理论上电容 C1 两端保持所充到的电压，但是电容器存在着多种能量损耗，所以，就像一只漏水的水缸迟早要漏光水一样，电容器也会"漏"光所存储的电荷，而使电容两端的电压最终降为 0V。

第 5 步。充电结束后，由于电路中无电流，电阻 R1 两端的电压为 0V，电容 C1 处于开路状态（电阻 R1 是不会开路的），直流电流不能继续流动，说明电容具有隔开直流电流的作用，即电容器具有隔直的作用。

 重要提示

电容器对直流电流具有隔直作用，是指直流电源对电容器充电完成之后，电路中没有电流流动。在直流电流刚加到电容器上时，电路中有电流流动，但是这一电流流动的过程很快结束。

2 再看看电容器隔直通交特性

电容器的隔直通交特性非常著名，也是电容器最基本的特性。隔直通交特性就是电容器的隔直特性与通交特性叠加。

 重要提示

电容在直流电路中，由于直流电压方向不变，对电容的充电方向始终不变，待电容器充满电荷之后，电路中便无电流的流动，所以电容具有隔直作用。

电容器的隔直和通交作用往往联系起来，即电容器具有隔直通交作用，图 1-41 是电容器隔直通交特性示意图。输入信号 U_i 是一个由直流电压 U_1（图中虚线）和交流电

压 U_2（图中实线）复合而成的信号，U_1 和 U_2 相加得到输入信号 U_i 波形。电路分析过程中，借助于信号波形能够方便地理解电路的工作原理。

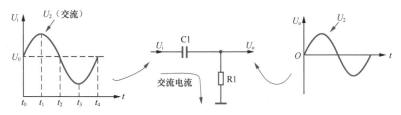

图 1-41　电容器隔直通交特性示意图

通过波形分解可知，U_i 所示的信号波形由一个直流电压 U_1 和一个交流电压 U_2 复合而成，这给下一步的电路分析提供了很大的帮助。输入信号 U_i 加到电路中，分析分成直流和交流两种情况。

（1）直流电压 U_1 加到电路中的分析。由于电容 C1 的隔直作用，直流电压不能通过 C1，所以在输出端没有直流电压，这是电容器的隔直特性在电路中的具体体现。

（2）交流电压 U_2 加到电路中的分析。由于电容 C1 具有通交作用，U_i 信号中的交流电压能够通过电容 C1 和电阻 R1 构成回路，在回路中产生交流电流，如图 1-41 所示，流过电阻 R1 的交流电流在 R1 两端的交流电压即为输出电压 U_o。所以，输出信号 U_o 中只有输入信号 U_i 中的交流信号成分 U_2，如图 1-41 输出信号 U_o 电压波形所示，没有直流成分 U_1，这样就实现了隔直通交的电路功能。

3　电容通交流等效理解方法说明

 友情提示

在分析电容交流电路时，如果采用充电和放电的分析方法那是十分复杂的，且不容易理解，所以要采用等效分析方法，很简捷，电路分析中大量采用这种分析方法，必须牢牢掌握。

很显然，这样的等效分析方法学得越多，掌握得越好，那对初学者是一种"幸运"，就可以更多更好地掌握化复杂为简单的电路分析方法了。

如图 1-42 所示，电容器 C1 两极板之间绝缘，交流电流不能直接通过两极板构成回路，只是由于交流电流的充电方向不断改变，使电路中有持续的交流电流流过，等效成 C1 能够让交流电流通过。

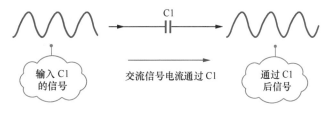

图 1-42　等效示意图

实际上交流电流并不是从两极板之间直接通过，电路分析中为了方便起见，将电容器看成一个能够直接通过交流电流的元器件。

1.7　了解电感类元器件

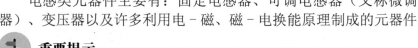

1-23 视频讲解：快速认识电感类元器件

电感类元器件主要有：固定电感器、可调电感器（又称微调电感器）、变压器以及许多利用电 - 磁、磁 - 电换能原理制成的元器件。

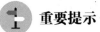 **重要提示**

电感器的许多重要特性与电容器"对着干"（相反），例如电容器隔直流通交流，电感器则非要对着干，

1-24 视频讲解：
电感器知识讲解

通直流阻交流；电容器的容抗是随频率升高而下降，电感器的感抗则随频率升高而升高。

电感器和电容器这对"活宝"的许多特性相反，为我们学习也提供了一些便利，我们可以先认真而仔细地学习电容器特性，然后学习电感器时记着哪些特性与电容器相反，那就 OK 了，多方便呀。

好的学习方法就是好，学习电子技术全过程中想"投机取巧"的话就重视这些学习小方法和小经验。

1.7.1　认识一下电感器实物

1　固定电感器实物示意图

表 1-24 是部分固定电感器实物示意图。

表 1-24　部分固定电感器实物示意图

 固定电感器	 带磁芯线圈	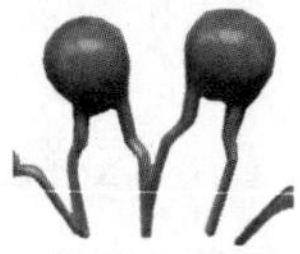 固定电感器
 工字型电感器	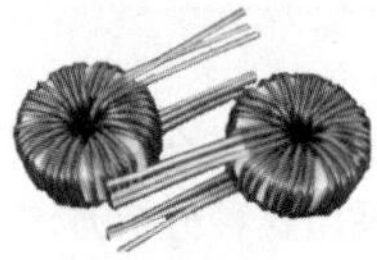 环型电感器	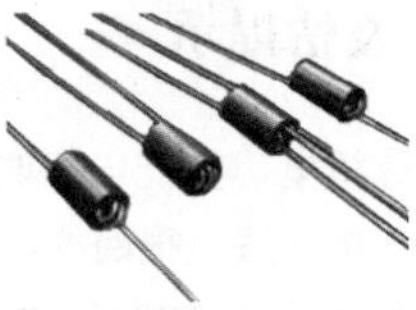 普通电感器
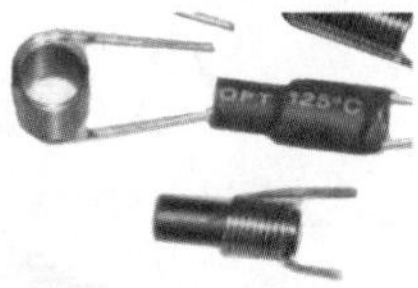 普通电感器	 功率电感器	 空心线圈
 卧式电感器	 固定电感器	 贴片电感器
 贴片功率电感器	 大电流贴片电感器	 普通电感器

2 微调电感器实物示意图

图 1-43 是部分微调电感器实物示意图。

1-25 视频讲解：电感器结构及工作原理

图 1-43　部分微调电感器实物示意图

1.7.2　快速认识变压器和电感类其他元器件实物

1 变压器实物图

变压器种类非常多，表 1-25 是部分变压器实物示意图。

1-26 视频讲解：变压器基础知识讲解

表 1-25　部分变压器实物示意

电源变压器	C 型变压器	高频变压器

EI 型变压器	ET 型变压器	R 型变压器

脉冲变压器	行输出变压器	灌封式变压器

2 部分电感类元器件应用实物示意图

图 1-44 是部分电感类元器件应用实物示意图，它们的共同特点是内部结构中有线圈。

重要提示

通过上面一些元器件的实物照片可知，电感类元器件的种类也是相当繁多的，外形也丰富多彩，通过系统地学习会一一认识和掌握它们的。

1-27 视频讲解：电感器和变压器电路图形符号中识图信息

电磁式继电器

动圈话筒

直流电机

动圈式扬声器

图 1-44　部分电感类元器件应用实物示意图

1.8 "众所周知"的二极管

重要提示

二极管可谓大名鼎鼎，最早的无线电通信中就出现了二极管，它用来检波，当然那时用的是真空二极管，现在则用晶体二极管。此外，二极管不只是用于无线电中的检波，更多的是用于各种电子电路中，例如用于开关电路中作为电子开关，用于电源电路中进行整流等。

二极管的具体种类有数十种，主要有普通二极管、发光二极管、稳压二极管、光敏二极管、变容二极管、开关二极管、瞬变电压抑制二极管、恒流二极管、双基极二极管、隧道二极管、快恢复和超快恢复二极管、变阻二极管、双向触发二极管、磁敏二极管、精密二极管、补偿二极管和温敏二极管等，二极管大家庭是不是人丁兴旺？

1.8.1　初步认识二极管

1-28 视频讲解：快速认识二极管

1　**部分二极管实物示意图**

表 1-26 是部分二极管实物示意图。

表 1-26　部分二极管实物示意图

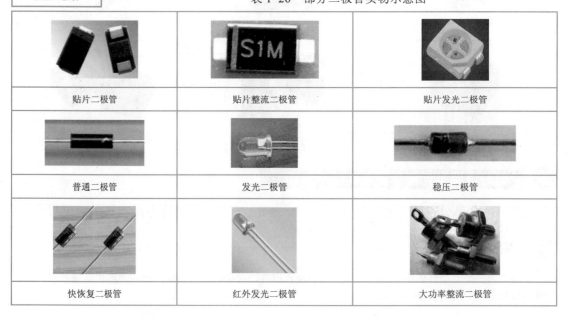

贴片二极管	贴片整流二极管	贴片发光二极管
普通二极管	发光二极管	稳压二极管
快恢复二极管	红外发光二极管	大功率整流二极管

续表

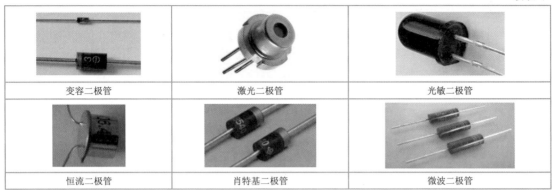

变容二极管	激光二极管	光敏二极管
恒流二极管	肖特基二极管	微波二极管

2　二极管外形特征

二极管共有两根引脚，通常两根引脚沿轴向伸出。常见的二极管体积不大，与一般电阻器相当。有的二极管外壳上会标出二极管的负极，有的还会标出二极管的电路图形符号。

1-29 视频讲解：
认识二极管

图 1-45 是装配在电路板上的二极管示意图，共有 4 只。

3　二极管种类综述

二极管是电子电路中的常用器件，它的分类方法有多种。

表 1-27 所示是二极管种类说明。

电路板上
的二极管

图 1-45　装配在电路板上的二极管示意图

表 1-27　二极管种类说明

划分方法及种类		说明
按照材料划分	硅二极管	硅材料二极管，常用的二极管
	锗二极管	锗材料二极管，使用量明显少于硅二极管
按照外壳封装材料划分	塑料封装二极管	大量使用的二极管采用这种封装材料
	金属封装二极管	大功率整流二极管采用这种封装材料
	玻璃封装二极管	检波二极管等采用这种封装材料
按功能划分	普通二极管	常见的二极管
	整流二极管	专门用于整流的二极管
	发光二极管	专门用于指示信号的二极管，能发出可见光；此外还有红外发光二极管，能发出不可见光
	稳压二极管	专门用于直流稳压的二极管
	光敏二极管	对光有敏感作用的二极管
	变容二极管	这种二极管的结电容比较大，并可在较大范围内变化
	开关二极管	专用于电子开关电路中
	瞬变电压抑制二极管	用于对电路进行快速过压保护，分双极型和单极型两种
	恒流二极管	它能在很宽的电压范围内输出恒定的电流，并具有很高的动态阻抗
	双基极二极管	它是两个基极一个发射极的三端负阻器件，用于张弛振荡等电路
	其他二极管	还有许多特性不同的二极管
按击穿类型划分	齐纳击穿型二极管	这是可逆的击穿，如稳压管二极管具有齐纳击穿特性
	雪崩击穿型二极管	这是不可逆的击穿，如普通二极管

4 二极管正、负引脚标注方法

二极管正极和负极引脚识别是比较方便的，通常情况下通过观察二极管的外形和引脚极性标记，能够直接分辨出二极管两根引脚的正、负极性。

（1）常见极性标注形式。图1-46是二极管常见极性标注形式示意图，这是塑料封装的二极管，用一条灰色的色带表示出二极管的负极。

（2）电路图形符号极性标注形式。图1-47是二极管电路图形符号极性标注形式示意图，根据电路图形符号可以知道正、负极，图中右侧为负极，左侧为正极。

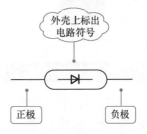

图1-46 二极管常见极性标注形式示意图

图1-47 二极管电路图形符号极性标注形式示意图

（3）贴片二极管负极标注形式。图1-48是贴片二极管负极标注形式示意图，在负极端用一条灰杠表示。

（4）大功率二极管引脚极性识别方法。图1-49是大功率二极管引脚极性识别示意图，这是采用外形特征识别二极管极性的方法示意图，图中所示二极管的正、负极引脚形式不同，这样也可以分清它的正、负极，带螺纹的一端是负极，这是一种工作电流很大的整流二极管。

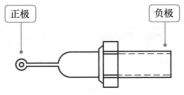

图1-48 贴片二极管负极标注形式示意图

图1-49 大功率二极管引脚极性识别示意图

1.8.2 了解二极管结构及基本工作原理

重要提示

二极管的最重要特性是单向导电性，即它只能从一个方向导通电流，电流只能从它的正极流向负极。要使二极管导通，还必须施加适当的正向偏置电压。

1 二极管正向导通工作状态说明

重要提示

二极管共有两种工作状态：截止和导通。二极管导通与截止需要有一定的工作条件。

如果给二极管正极加的电压高于负极电压，这是给二极管加正向偏置电压（简称正向偏压），图 1-50 是二极管正向偏置电压示意图及等效电路。

 重要提示

只要正向电压达到一定的值，二极管便导通，导通后二极管相当于一个导体，二极管的两根引脚之间的电阻很小，相当于接通。

二极管导通后，所在回路存在电流，这一电流流动方向从二极管正极流向负极，如图 1-50 中所示，电流不能从负极流向正极，否则说明二极管已经损坏。

二极管导通的条件有两个：正向偏置电压；正向偏置电压大到一定程度，对于硅二极管而言为 0.6V，对于锗二极管而言为 0.2V。

2 **二极管截止工作状态说明**

如果给二极管正极加的电压低于负极电压，这是给二极管加反向偏置电压（简称反向偏压），图 1-51 是反向偏置电压示意图及等效电路。

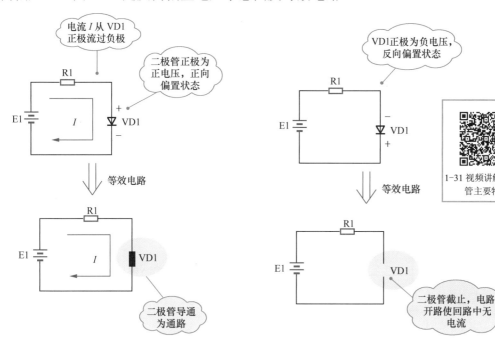

图 1-50　给二极管加上正向偏置　　　　图 1-51　给二极管加上反向偏置
　　　电压示意图及等效电路　　　　　　　　电压示意图及等效电路

 重要提示

给二极管加上反向偏置电压后，二极管处于截止状态，二极管两根引脚之间的电阻很大，相当于开路，见图 1-51 中的等效电路。

只要是反向偏置电压，二极管中就没有电流流动，如果加的反向偏置电压太大，二极管会被击穿，电流将从负极流向正极，这时二极管已经损坏。

3 二极管导通和截止工作状态判断方法

在分析二极管电路时，重要的一环是分析二极管的工作状态是导通还是截止，表 1-28 所示是二极管工作状态识别方法说明。

表 1-28 二极管工作状态识别方法说明

电压极性及状态		工作状态说明
▼ + −	正向偏置电压足够大	二极管正向导通，两引脚之间内阻很小
	正向偏置电压不够大	二极管不足以正向导通，两引脚之间内阻还比较大
▼ − +	反向偏置电压不太大	二极管截止，两引脚之间内阻很大
	反向偏置电压过大	二极管反向击穿，两引脚之间内阻很小，二极管无单向导电特性，此时二极管损坏

注：表图中的"+""−"表示加到二极管正极和负极上的偏置电压极性，符号"+"表示电压高，"−"表示电压低。

4 二极管在电路中的作用

表 1-29 所示是二极管在电路中的作用说明。

表 1-29 二极管在电路中的作用说明

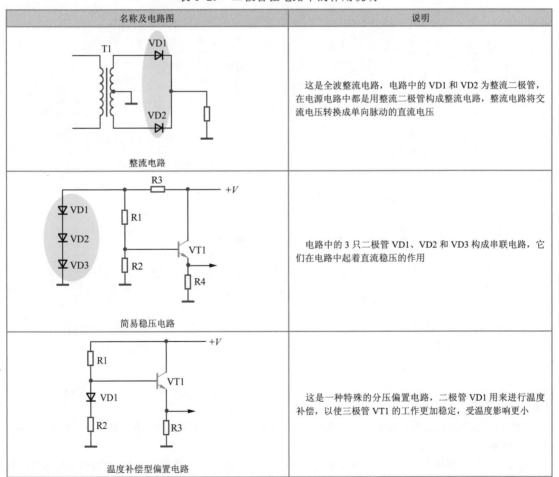

名称及电路图	说明
T1 VD1 VD2 整流电路	这是全波整流电路，电路中的 VD1 和 VD2 为整流二极管，在电源电路中都是用整流二极管构成整流电路，整流电路将交流电压转换成单向脉动的直流电压
R3 +V R1 VD1 VD2 VD3 R2 VT1 R4 简易稳压电路	电路中的 3 只二极管 VD1、VD2 和 VD3 构成串联电路，它们在电路中起着直流稳压的作用
R1 +V VT1 VD1 R2 R3 温度补偿型偏置电路	这是一种特殊的分压偏置电路，二极管 VD1 用来进行温度补偿，以使三极管 VT1 的工作更加稳定，受温度影响更小

续表

名称及电路图	说明
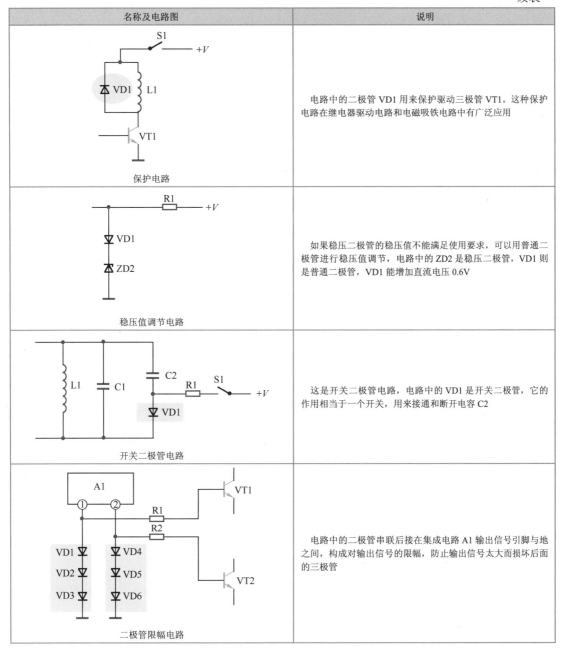保护电路	电路中的二极管 VD1 用来保护驱动三极管 VT1。这种保护电路在继电器驱动电路和电磁吸铁电路中有广泛应用
稳压值调节电路	如果稳压二极管的稳压值不能满足使用要求，可以用普通二极管进行稳压值调节，电路中的 ZD2 是稳压二极管，VD1 则是普通二极管，VD1 能增加直流电压 0.6V
开关二极管电路	这是开关二极管电路，电路中的 VD1 是开关二极管，它的作用相当于一个开关，用来接通和断开电容 C2
二极管限幅电路	电路中的二极管串联后接在集成电路 A1 输出信号引脚与地之间，构成对输出信号的限幅，防止输出信号太大而损坏后面的三极管

1.8.3　深入掌握二极管正向特性和反向特性

 重要提示

了解和掌握元器件特性是分析电路工作原理、设计电路的基础，所以应尽可能地用心学好，做到深入掌握那当然是最好的。

1-32 视频讲解：二极管伏－安特性曲线讲解

元器件的特性通常可以用特性曲线来表示，例如二极管的伏－安（U-I）特性曲线。

图 1-52 所示是二极管的伏－安（U-I）特性曲线，以此说明二极管正向和反向特性。

曲线中横轴是电压（U），即加到二极管两极引脚之间的电压，正电压表示二极管正极电压高于负极电压；负电压表示二极管正极电压低于负极电压。纵轴是电流（I），即流过二极管的电流，正方向表示从正极流向负极；负方向表示从负极流向正极。

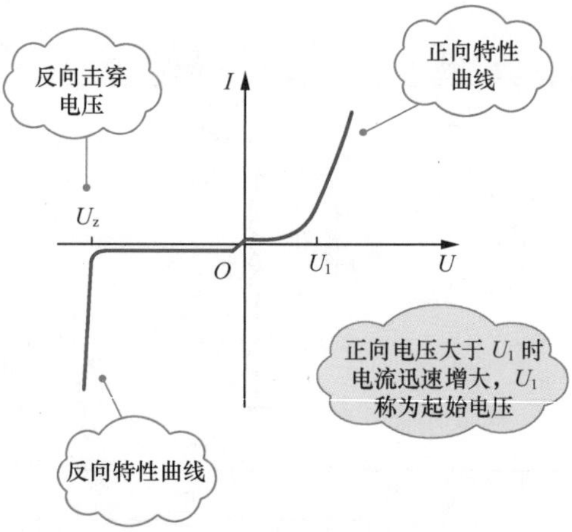

1 伏－安特性曲线

见正向特性曲线，给二极管加的正向电压

图 1-52 二极管的 U-I 特性曲线

小于一定值时，正向电流很小；当正向电压大到一定值时，正向电流迅速增大，并且正向电压稍许增大一点，正向电流就增大许多。使二极管正向电流开始迅速增大的正向电压 U_1 称为起始电压。

1-33 视频讲解：二极管单向导电特性讲解

见反向特性曲线，给二极管加的反向电压小于一定值时，反向电流始终很小；当所加的反向电压大到一定值时，反向电流迅速增大，二极管处于电击穿状态。使二极管反向电流开始迅速增大的反向电压称为反向击穿电压 U_z。

重要提示

当二极管处于反向击穿状态时，它便失去了单向导电特性。

2 电击穿

电击穿不是永久性的击穿，将加在二极管上的反向电压去掉后，它仍然能够恢复正常特性，二极管不会损坏，只是存在损伤。

3 热击穿

热击穿是永久性的击穿。当二极管较长时间处于电击穿状态时，由于流过二极管的反向电流很大，管内的 PN 结因为发热而导致损坏，此时去掉反向电压后，二极管也不会恢复正常特性。

4 导电方向性问题

一根导线、一个电阻器或电容器，它们能从两个方向流过电流，是双向导电的，电流能够从它的一根引脚流向另一根引脚，电流也能够反方向流动，但是二极管中的电流不允许这样双向流动，否则二极管会损坏。

5 **单向导电特性定义**

 重要提示

二极管最基本和重要的特性是单向导电特性。

何谓单向导电性？就是电流只能从一个方向流过，相反方向不能流过电流。我们生活中见到的绝大多数元器件不存在单向导电特性的，所以像二极管这样的元器件具有单向导电特性还是比较"可贵"的，我们利用这种特性可以做许多事情。

流过二极管的电流只能从正极引脚流向负极引脚，不能从负极引脚流向正极引脚，这就是二极管的单向导电特性，如图 1-53 所示。

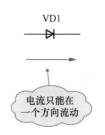

图 1-53 二极管的单向导电特性示意图

6 **单向导电特性对识图指导意义**

二极管电路图形符号中的三角形形象地表示了电流的流动方向，利用电路图形符号这一提示作用，在电路分析时可以方便地知道二极管电路中的电流流动方向，如图 1-54 所示。

 重要提示

分析直流电路中二极管工作原理时，因为使二极管导通的正电压只能从它正方向加到二极管正极，所以分析这一正电压从什么地方加来时，可以从二极管正极开始向直流电压供给方向寻找。

图 1-54 二极管电路中电流流动方向示意图

1.9 快速了解其他元器件

1.9.1 认识集成电路

集成电路的内部有一块小小的乌亮方片，是半导体硅芯片。硅芯片上装有许许多多的、用显微镜才能看清的亮晶晶小点，这些小点构成电路的三极管、电阻等元器件。

1 **集成电路种类**

1-34 视频讲解：认识集成电路

表 1-30 所示是集成电路的种类划分说明。

表 1-30 集成电路的种类划分说明

划分方法及种类		说明
按照集成度划分	普通集成电路	它又称小规模集成电路，用英文缩写字母 SSI 表示，元器件数目一般少于 100 只
	中规模集成电路	用英文缩写字母 MSI 表示，元器件数目在 100 到 1000 只之间
	大规模集成电路	用英文缩写字母 LSI 表示，元器件数目在 1000 至数万只
	超大规模集成电路	用英文缩写字母 VLSI 表示，元器件数目在 10 万只以上
按照处理信号划分	模拟集成电路	放大和处理连续信号（模拟信号）的集成电路，是常用集成电路。模拟集成电路又分成线性集成电路和非线性集成电路两种
	数字集成电路	放大和处理数字信号的集成电路

续表

划分方法及种类		说明
按照制造工艺及电路工作原理划分	双极型集成电路	内电路主要采用 NPN 型管，少量采用 PNP 型管，是目前电子电器中的主要类型
	单极型集成电路	它又称 MOS 集成电路，即金属－氧化物－半导体集成电路，由 MOS 晶体管构成电路。MOS 集成电路分为多种： N 沟道 MOS 集成电路，称为 NMOS 集成电路； P 沟道 MOS 集成电路，称为 PMOS 集成电路； NMOS 管和 PMOS 管互补构成的集成电路，称为 CMOS 集成电路

2　集成电路外形特征

　　集成电路明显特征是引脚比较多（远多于 3 根引脚），各引脚均匀分布。集成电路一般是长方形的，也有方形的，功率大的集成电路带金属散热片，小信号集成电路没有散热片，如图 1-55 所示。

1-35 视频讲解：集成电路知识综述

图 1-55　集成电路示意图

3　集成电路电路图形符号识图信息

　　集成电路电路图形符号所表达的含义很少，通常只能表达集成电路有几根引脚，至于各引脚的作用、什么功能集成电路，电路图形符号中均不能表示出来。

　　集成电路通常用 IC 表示，IC 是英文 Integrated Circuit 的缩写。在国产机器电路图中，还有用 JC 表示的。最新的规定分为几种：用 A 表示集成电路放大器，用 D 表示集成数字电路等。图 1-56 所示是 4 种集成电路的电路图形符号。

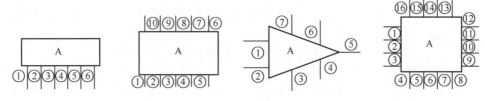

图 1-56　4 种集成电路的电路图形符号

图 1-57 所示是一种集成电路的实用电路，电路中的 A1 是集成电路，从图中可以看出，它共有 8 根引脚。

1.9.2　场效应晶体管

1　初识晶体管"兄弟"——场效应晶体管

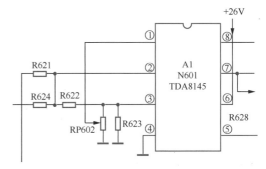
图 1-57　一种集成电路的实用电路

场效应晶体管（Field Effect Transistor, FET）简称场效应管。场效应管是一种半导体放大器件，它是 20 世纪 60 年代后发展起来的一种器件。

场效应管不仅具有晶体管的体积小、省电、耐用等优点，更具有输入阻抗很高（$10^8 \sim 10^9$W）、噪声小、热稳定性好、功耗低、动态范围大、抗辐射能力强、易于集成、没有二次击穿现象、安全工作区域宽等优点，这种场效应管的一些特性与电子管相似。

友情提示

晶体三极管的载流子为空穴和电子，所以晶体三极管又称为双极型晶体管。场效应管载流子只有空穴或只有电子，因此场效应管又称单极型晶体管。

2　场效应管外形特征说明

图 1-58 是几种场效应管外形图，场效应管外形特征主要有下列几点。

（1）它基本上与三极管的外形和体积大小相同，所以在没有场效应管型号时不易分清是哪种场效应管。

（2）场效应管有多种封装形式，如金属封装、塑料封装等。

图 1-58　几种场效应管外形图

（3）场效应管一般有 3 根引脚，还有 4 根引脚和 6 根引脚等多种外形。

1.9.3　电子管

电子管也称真空管。电子管按电极数划分有二极管、三极管、五极管、束射管、复合管等。电子管中的二极管是一种最简单的电子管，它的作用与晶体二极管一样，用来整流。

各种电子管的基本结构是相似的：一个密封的玻璃壳（有少数采用金属壳），壳内高度真空，内部设有电极、灯丝等。

1　电子管外形特征说明

图 1-59 是几种电子管实物图。关于电子管外形特征主要有下列几点。

图 1-59　几种电子管实物图

（1）电子管体积大小不一，大功率的电子管体积如同一只小口径的保温瓶胆，小的电子管体积比拇指还要小。电子管外壳通常是玻璃的。

（2）电子管有许多引脚，如同电视机中的显像管引脚一样。电子管插在底板上的专用管座中，其管座同电视机显像管的管座基本一样。

（3）电子管通电后可以看到管内灯丝的亮光。

2　电子管放大器技术性能指标与音色之间的"不和谐"

由电子管作为放大器件构成的放大器被称为电子管放大器，俗称"胆机"。

在音响发烧友范围内有个不是真理但接近真理的观点：声音最靓的功率放大器，不是性能指标最好的；性能指标最好的放大器，声音不是最靓的。

说句大实话，若只是从性能指标角度讲，胆机早就该回到博物馆中作为古董陈列了。胆机除静态互调失真一项指标优于晶体机外，其他均不及晶体机。

 重要提示

性能指标只能从一个侧面反映放大器的情况，它无法全面表现它的声音情况，而且测试条件与实际的重放情况也不相同。所以，国家标准规定对音响产品鉴定要有客观和主观两个方面，其中客观测试就是进行仪器测量，得到技术性能指标；主观评价就是组成专家组对产品进行听音，得到主观评价性能。

艺术品是没有什么标准可衡量的。音响产品的档次越高，其生产标准就越不严格，这是一个现实问题。高级音响就是一个准艺术品。

3　"裸"机

胆机从外形上分有两种：一是有外壳的机体，同晶体机一样；二是没有外壳，内部的电子管、变压器等裸露在外。从数量上讲，"裸"机多于外壳机。

"裸"机的流行原因有三个：一是外壳机给人冷峻感、严肃感，"裸"机给人温馨感，人情味足；二是点亮的电子管，其灯丝亮光给整套器材起到了画龙点睛的作用，更能体现胆机的迷人本色，使人机关系更亲近；三是现代电子产品追求色彩对比，线条明快，讲究起伏变化，外形艺术化，"裸"机恰好如此。

"裸"机的不足之处是便携不方便，难以"伺服"。

4　"胆王"845

闻名于世的直热式功放管845被誉于"胆王"，如图1-60所示。这种电子管作甲类功率放大时，推动的音箱音色华丽脱俗，大动态处犹如风嘶雷吼，浪骇涛惊，柔腻处恍若花垂露滴，鸟倦虫潜，是真正的"王"者之声。

845　　　　　"胆王"构成的胆机

图 1-60　"胆王"

5　"胆后" 7092

直热式功放管 7092 为大功率直热三极管，灯丝电压为 6.3V、电流为 35A，屏耗为 800W，原来为美国 RCA 制造。它被用作甲乙类推挽功率放大时，推动的音箱发出的音色最能体现迷人风采，纤细处丝丝入扣，高亢处宏伟华丽，该电子管被广大音响迷誉为"胆后"。

采用单个管单端放大设计时，能推动大型的低灵敏度现代音箱。图 1-61 是"胆后" 7092 的实物图。

6　"胆中白马王子" WE-300B

直接式三极电子管 WE-300B 是音频专用放大管，用它制成的胆机推出来的音质优美、动人，广大发烧友送它"胆中白马王子"雅号。图 1-62 是"胆中白马王子" WE-300B 的实物图。

图 1-61　"胆后" 7092 实物图

图 1-62　"胆中白马王子" WE-300B 的实物图

🚏 友情提示

我们这里介绍的元器件只是这个大家庭中的冰山一角，如果你不信的话可以走进一家电子元器件商店瞧瞧，那琳琅满目的元器件，形形色色，让你目不暇接。希望你有空去那里转一圈，对你的学习一定益处多多。

第2章 三极管核心知识

你可知道否？三极管可能在学电子的人群中人人皆知了，它的大名绝不逊色于名胜古迹中的泰山、长城，它的应用也是数不胜数，可以这么说吧，如果少了三极管，那电子电路就简单得没有什么好刻苦学习的了，因为电子电路中的许多元器件都是围绕着三极管设置，是"一心一意"为三极管正常、高效、卓越工作而服务的。

2.1 初步接触三极管

 重要提示

讲起电子电路、电子元器件当然离不开"主角"三极管。电子电路离开了三极管很多情况下就"一事无成"了，电路中的许多元器件也都是为三极管服务的。

值得提醒的是：虽然三极管主要功能是放大电信号，但是电子电路中许多三极管并不用来放大电信号，而是起信号控制、处理等多种多样的作用，这样的三极管电路分析比较困难。

图 2-1 是三极管示意图。三极管有 3 根引脚：基极（B）、集电极（C）和发射极（E），各引脚不能相互代用。

2-1 视频讲解：认识三极管

（a）实物图　　（b）电路符号

图 2-1　三极管示意图

 重要提示

3 根引脚中，基极是控制引脚，基极电流大小控制着集电极和发射极电流的大小。基极电流最小，且远小于另外两根引脚的电流，发射极电流最大，集电极电流略小于发射极电流。

2.1.1 了解三极管的种类和外形特征

史上元器件发明小传记——晶体管发明史

20 世纪 30 年代，从事电话业务的企业就希望能有一种电子元器件，它能够取代真空三极管，因为真空三极管有许多缺点令人头痛。

当时贝尔实验室主任 Kelly 根据 19 世纪以来关于半导体在光照下能产生电流，以及它和金属接触能起到整流和检波作用的现象，认为半导体有希望取代电子管。从 1936 年起开始招聘有关的尖端人才，组成研究小组。肖克利和布拉顿都是当时小组中的成员。

1945 年，固体物理研究小组成立，肖克利任组长。肖克利上任后做的第一件事就是聘用巴丁和其他一些科学家。

他们在一系列的实验中不断取得新发现。布拉顿在做实验时，发现金粒与半导体之间的电阻很小，二者几乎形成短路，即氧化层没有起绝缘作用。而当布拉顿在金粒和钨丝加上负电压后，发现没有输出信号。

激动人心的时刻到来了，布拉顿将钨丝电极移到金粒的旁边，加上负电压，而在金粒上加了正电压，突然间，在输出端出现和输入端变化相反的信号，巴丁和布拉顿立刻意识到一个历史性的新纪元开始了。

根据记录，晶体管的发明时间应该是1947年12月15日，根据小组成员对这项工作的贡献大小，推举巴丁和布拉顿为发明人，如图2-2所示。肖克利、巴丁和布拉顿人共同获得1956年诺贝尔物理学奖。

巴丁　　　　　布拉顿

图 2-2　巴丁和布拉顿

❶ 三极管种类

三极管是一个"大家族"，人丁众多，品种齐全。表2-1所示是三极管种类说明。

2-2 视频讲解：三极管种类和基本结构讲解

表 2-1　三极管种类说明

划分方法及名称		说明
按极性划分	NPN 型三极管	这是目前常用的三极管，电流从集电极流向发射极
	PNP 型三极管	电流从发射极流向集电极。这两种三极管通过电路图形符号可以分清，不同之处是发射极的箭头方向不同
按材料划分	硅三极管	简称为硅管，这是目前常用的三极管，工作稳定性好
	锗三极管	简称为锗管，反向电流大，受温度影响较大
按极性和材料组合划分	PNP 型硅管	最常用的是 NPN 型硅管
	NPN 型硅管	
	PNP 型锗管	
	NPN 型锗管	
按工作频率划分	低频三极管	工作频率比较低，用于直流放大器、音频放大器电路
	高频三极管	工作频率比较高，用于高频放大器电路
按功率划分	小功率三极管	输出功率很小，用于前级放大器电路
	中功率三极管	输出功率较大，用于功率放大器输出级或末级电路
	大功率三极管	输出功率很大，用于功率放大器输出级
按封装材料划分	塑料封装三极管	小功率三极管常采用这种封装
	金属封装三极管	一部分大功率三极管和高频三极管采用这种封装
按安装形式划分	普通方式三极管	大量的三极管采用这种形式，3 根引脚通过电路板上引脚孔伸到背面铜箔线路上，用焊锡焊接
	贴片三极管	三极管引脚非常短，三极管直接装在电路板铜箔线路一面，用焊锡焊接
按用途划分	放大管、开关管、振荡管等	用来构成各种功能电路

❷ 三极管外形特征

目前用得最多的是塑料封装三极管，其次为金属封装三极管。关于三极管的外形特征主要说明以下几点。

2-3 视频讲解：快速了解三极管种类

2-4 视频讲解：快速了解三极管外形特征

（1）一般三极管只有 3 根引脚，它们不能相互代替。这 3 根引脚可以按等腰三角形分布，也可以按一字形排列。各引脚的分布规律在不同封装类型的三极管中不同。

（2）三极管的体积有大有小，一般功率放大管的体积较大，且功率越大其体积越大，体积大的三极管约有手指般大小，体积小的三极管只有半个黄豆大小。

（3）一些金属封装的功率三极管只有两根引脚，它的外壳是集电极，即第 3 根引脚。有的金属封装高频放大管有 4 根引脚，第 4 根引脚接外壳，这一引脚不参与三极管内部工作，接电路中的地线。如果是对管，即外壳内有两只独立的三极管，则有 6 根引脚。

（4）有些三极管外壳上需要加装散热片，这主要是功率放大管。

❸ 初步认识常用三极管

表 2-2 所示是常用三极管实物图、名称和说明。

表 2-2 常用三极管实物图、名称和说明

实物图及名称	说明
金属封装大功率三极管	大功率三极管是指它的输出功率比较大，用来对信号进行功率放大。通常情况下，三极管输出的功率越大，其体积越大。 金属封装大功率三极管体积较大，结构为帽子形状，帽子顶部用来安装散热片，其金属的外壳本身就是一个散热部件。两个孔用来固定三极管。 这种金属封装的三极管只有基极和发射极两根引脚，集电极就是三极管的金属外壳
塑料封装大功率三极管	塑料封装大功率三极管有 3 根引脚，在顶部有一个开孔的小散热片。因为大功率三极管的功率比较大，三极管容易发热，所以要设置散热片，根据这一特征也可以分辨是不是大功率三极管
塑料封装小功率三极管	塑料封装小功率三极管也是电子电路中用得最多的三极管。它的具体形状有许多种，3 根引脚的分布也不同。 小功率三极管在电子电路中主要用来放大信号电压和做各种控制电路中的控制器件
金属封装三极管	这是金属封装的三极管
金属封装高频三极管	高频三极管的工作频率很高。 高频三极管采用金属封装，其金属外壳可以起到屏蔽的作用
带阻尼管的三极管	带阻尼管的三极管主要在电视机的行输出级电路中做行输出三极管，它将阻尼二极管和电阻封装在管壳内。三极管内基极和发射极之间还接入了一只 25Ω 的小电阻。 将阻尼二极管设在行输出管的内部，减小了引线电阻，有利于改善行扫描线性和减小行频干扰。基极与发射极之间接入电阻以适应行输出管工作在高反向耐压状态

实物图及名称	说明
带阻三极管	带阻三极管是一种内部封装有电阻器的三极管，它主要构成中速开关管，这种三极管又称为反相器或倒相器。 　带阻三极管按照三极管的极性划分有 PNP 型和 NPN 型两种，按照内置几只电阻分有含 R1 和 R2 两种电阻的带阻三极管和只含一只电阻 R1 的带阻三极管。按照封装形式分有 SOT-23 型、TO-92S 型和 M 型多种带阻三极管
达林顿三极管	达林顿三极管又称达林顿结构的复合管，有时简称复合管。这种复合管由内部的两只输出功率大小不等的三极管按一定接线规律复合而成。 　根据内部两只三极管复合的不同可构成 4 种具体的达林顿三极管，同时管内还会有电阻。它主要作为功率放大管和电源调整管
贴片三极管	贴片三极管与其他贴片元器件一样，3 根引脚非常短，安装在电路板的铜箔线路一面。 　左图是一只封装形式为 TO-263 的大功率贴片三极管

4　熟悉电路板上三极管

　　图 2-3 所示是电路板上的三极管。从图中可以看出，这块电路板上的三极管是采用的立式安装方式。

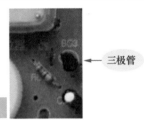

2.1.2　了解三极管结构和基本工作原理

图 2-3　电路板上三极管

1　三极管结构

　　（1）NPN 型三极管结构。图 2-4 是 NPN 型三极管示意图，三极管由三块半导体构成。对于 NPN 型三极管而言，由两块 N 型和一块 P 型半导体组成，P 型半导体在中间，两块 N 型半导体在两侧，这两块半导体所引出的电极名称如图中所示。

2-5 视频讲解：快速了解三极管结构

　　在 P 型和 N 型半导体的交界面处形成两个 PN 结，这个 PN 结与前面介绍的二极管 PN 结具有相似的特性。

　　（2）PNP 型三极管结构。图 2-5 是 PNP 型三极管示意图，它与 NPN 型三极管基本相似，只是用了两块 P 型半导体，一块 N 型半导体，也是形成两个 PN 结，但极性不同，如图中所示。

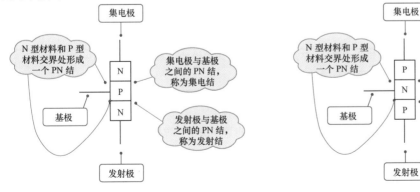

图 2-4　NPN 型三极管示意图　　　　　图 2-5　PNP 型三极管示意图

2 三极管3个电极电流

2-6 视频讲解：三极管各电极电流

重要提示

三极管共有3个电极，各电极的电流分别是：基极电流，用 I_B 表示；集电极电流，用 I_C 表示；发射极电流，用 I_E 表示。

表2-3所示是三极管各电极电流之间的关系说明。无论是NPN型还是PNP型三极管，3个电极电流之间关系相同，但是各电极电流方向不同。

表2-3　三极管各电极电流之间关系说明

电流关系	示意图	说明
$I_C = \beta I_B$ （集电极与基极之间电流关系）	NPN型	β 为三极管电流放大倍数。 集电极电流是基极电流的 β 倍，三极管的电流放大倍数 β 一般大于几十，由此说明只要用很小的基极电流，就可以控制较大的集电极电流
$I_E = I_B + I_C = (1+\beta) I_B$ （3个电极之间电流关系）	PNP型	3个电流中，I_E 最大，I_C 其次，I_B 最小。I_E 和 I_C 相差不大，它们远比 I_B 大

3 三极管能够放大信号的理解方法

三极管具有电流放大作用，它是一个电流控制器件。

所谓电流控制器件是指用很小的基极电流 I_B 来控制比较大的集电极电流 I_C 和发射极电流 I_E，没有 I_B 就没有 I_C 和 I_E。

在 $I_C = \beta \times I_B$ 中，β 是大于几十的，只要有一个很小的输入信号电流 I_B，就有一个很大的输出信号电流 I_C 出现。由此可见，三极管能够对输入电流进行放大。在各种放大器电路中，就是用三极管的这一特性来放大信号的。

 重要提示

在三极管电路中，三极管的输出电流 I_C 或 I_E 是由直流电源提供的，基极电流 I_B 则一部分由所要放大的信号源电路提供，另一部分由直流电源提供。

如果三极管没有电流 I_B，三极管就处于截止状态，直流电源就不会为三极管提供 I_C 和 I_E，I_C 和 I_E 都是由直流电源直接提供的（除了 I_E 中很小的 I_B 是基极输入电流）。

基极电流 I_B 由两部分组成：直流电源提供的静态偏置电流和由信号源提供的信号电流。

由上述分析可知，三极管能将直流电源的电流按照输入电流 I_B 的要求（变化规律）转换成相应的电流 I_C 和 I_E，并不是对输入三极管的基极电流进行直接放大，从这个角度上讲三极管是一个电流转换器件，即用基极电流来控制直流电源流过三极管集电极和发射极的电流，图 2-6 是三极管电流控制作用示意图。

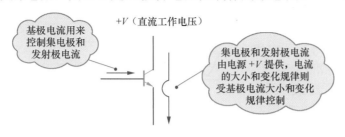

2-7 视频讲解：多种
方法理解三极管放大
原理和归纳小结

图 2-6 三极管电流控制作用示意图

 重要提示

所谓三极管的电流放大作用，就是将直流电源的电流，按输入电流 I_B 的变化规律转换成 I_C、I_E。由于基极电流 I_B 很小，而集电极 I_C 和发射极 I_E 电流很大，所以三极管具有电流放大作用。

4 **三极管三种工作状态电流特征**

2-8 视频讲解：初步
了解三极管 3 种
工作状态

三极管共有三种工作状态：截止状态、放大状态和饱和状态。用于不同目的，三极管的工作状态不同。

表 2-4 所示是三极管三种工作状态定义和电流特征说明。

表 2-4 三极管三种工作状态定义和电流特征说明

工作状态	定义	电流特征	说明
截止状态	集电极与发射极之间内阻很大	$I_B=0$ 或很小，I_C 和 I_E 也为零或很小	利用电流为零或很小的特征，可以判断三极管已处于截止状态
放大状态	集电极与发射极之间内阻受基极电流大小控制，基极电流大，其内阻小	$I_C=\beta I_B$，$I_E=(1+\beta)I_B$	有一个基极电流就有一个对应的集电极电流和发射极电流，基极电流能够有效地控制集电极电流和发射极电流
饱和状态	集电极与发射极之间内阻很小	各电极电流均很大，基极电流已无法控制集电极电流和发射极电流	电流放大倍数 β 已很小，甚至小于 1

2.1.3 三极管三种工作状态很有意思

1 **信号的放大传输**

图 2-7 是三极管在共发射极放大器中的信号放大和传输示意图，经过三极管放大器的放大后，输出信号幅度增大。在共发射极放大器中，原来的输入信号正半周变成了输出信号的负半周，原来的输入信号负半周变成了输出信号的正半周。

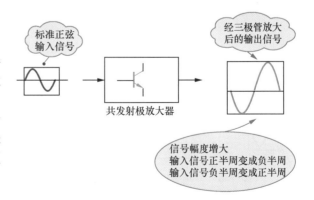

图 2-7 三极管在共发射极放大器中的信号
放大和传输示意图

② 信号的非线性失真

所谓非线性可以这样理解：给三极管输入一个标准的正弦信号，从三极管输出的信号已不是一个标准的正弦信号，输出信号与输入信号不同就是失真。图 2-8 是非线性失真信号波形示意图，输入信号是一个标准的正弦信号，可是经过放大器后的输出信号有一个半周产生了削顶，如图所示。

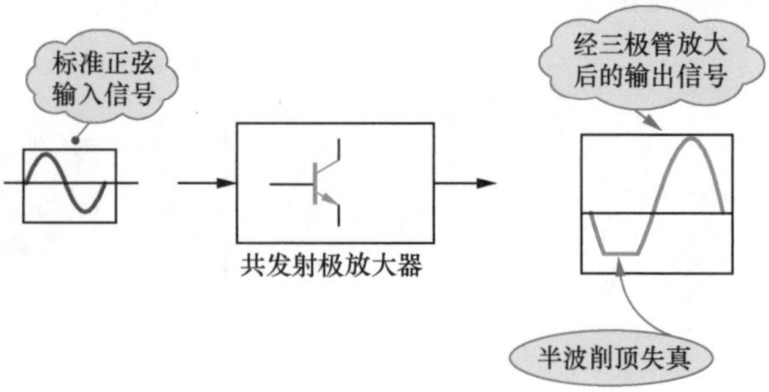

2-9 视频讲解：深入掌握三极管截止、饱和、放大状态

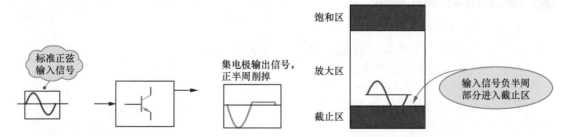

图 2-8 非线性失真信号波形示意图

重要提示

产生这一失真的原因是三极管的非线性，这在三极管放大器电路中是不允许的，需要通过三极管直流电路的设计来减小和克服失真。

③ 三极管截止工作状态

 重要提示

用来放大信号的三极管不应工作在截止状态。倘若输入信号部分进入了三极管特性的截止区，则输出信号会产生非线性失真。

如果三极管基极上输入信号的负半周进入三极管截止区，将引起削顶失真。注意，在共发射极放大器中，三极管基极上的负半周信号对应于三极管集电极的是正半周信号，所以三极管集电极输出信号的正半周被三极管的截止区去掉，如图 2-9 所示。

 重要提示

三极管截止区主要会引起三极管输入信号的负半周削顶失真，可以用图 2-10 所示三极管输入范围来说明，从图中可以看出，由于输入信号设置不恰当，其负半周信号的一部分进入三极管的截止区，这样负半周部分信号被削顶，出现非线性失真问题。

图 2-9 三极管截止区造成的削顶失真

图 2-10 输入信号进入截止区示意图

不过，当三极管用于开关电路时，三极管的一个工作状态就是截止状态。注意，开关电路中三极管不用来放大信号，所以不存在这样的削顶失真问题。

三极管放大工作状态

当三极管用来放大信号时，三极管工作在放大状态，输入三极管的信号进入放大区，如图 2-11 所示，这时的三极管是线性的，信号不会出现非线性失真。

 重要提示

在放大状态下，$I_C = \beta I_B$ 中 β 的大小基本不变，有一个基极电流就有一个与之相对应的集电极电流。β 值基本不变是放大区的一个特征。

在线性状态下，给三极管输入一个正弦信号，三极管输出的也是正弦信号，此时输出信号的幅度比输入信号要大，如图 2-12 所示，说明三极管对输入信号已有了放大作用，但是正弦信号的特性未改变，所以没有非线性失真。

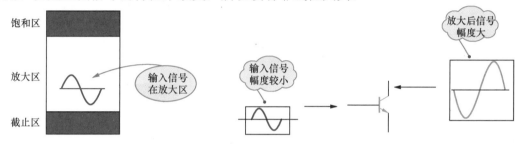

图 2-11　输入信号在放大区示意图　　　　　图 2-12　信号放大示意图

 重要提示

输出信号的幅度变大，这也是一种失真，称之为线性失真，在放大器中这种线性失真是需要的，没有这种线性失真放大器就没有放大能力。显然，线性失真和非线性失真不同。

要想三极管进入放大区，无论是 NPN 型三极管还是 PNP 型三极管，必须给三极管各个电极一个合适的直流电压，归纳起来是两个条件：给三极管的集电结加反向偏置电压，给三极管的发射结加正向偏置电压，图 2-13 是放大状态下两个 PN 结偏置状态示意图。

放大状态下，集电结反向偏置后，集电结内阻大，使三极管输出端的集电极电流不能流向输入端基极，如图 2-14 所示，使三极管进入正常放大状态。

图 2-13　放大状态下两个 PN 结偏置状态示意图　　图 2-14　输出端的集电极电流不能流向
　　　　　　　　　　　　　　　　　　　　　　　　　　　　　　输入端基极示意图

放大状态下，发射结正向偏置后，发射结内阻很小，使三极管基极输入信号电流

通过导通的发射结流入发射极，如图2-15
所示，使放大器进入正常放大状态。

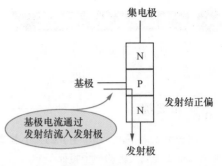

图 2-15　基极电流通过发射结流入
发射极示意图

5　三极管饱和工作状态

重要提示

三极管在放大工作状态的基础上，如果基极电流进一步
增大许多，三极管将进入饱和状态，这时的三极管电流放大
倍数 β 要下降许多，饱和得越深其 β 值越小，电流放大倍数
β 一直能到小于1的程度，这时三极管没有放大能力。

图 2-16　输入信号正半周进入饱和
区示意图

图2-16是输入信号进入三极管饱和区示意图，
通常是输入信号的正半周信号或是部分正半周信号
进入三极管饱和区。

在三极管处于饱和状态时，输入三极管的信
号要进入饱和区，这也是一个非线性区，图2-17
所示是三极管进入饱和区后造成信号的失真。它
与截止区信号失真不同的是，加在三极管基极信
号的正半周进入饱和区，在集电极输出信号中是
负半周被削掉，所以放大信号时三极管也不能进入饱和区。

当三极管进入饱和状态时，三极管发射结和集电结同时处于正向偏置状态，如
图2-18所示，这是三极管饱和状态的特征，这时基极电压高于发射极电压和集电极电压。

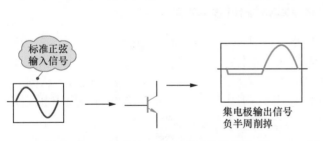

图 2-17　三极管进入饱和区后信号的失真

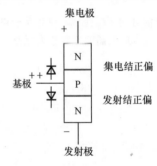

图 2-18　饱和状态下两个PN结偏置状态示意图

重要提示

在三极管开关电路中，三极管的另一个工作状态是饱和状态。由于三极管开关电路不放大信号，所以
也不会存在这样的失真。

三极管开关电路中，三极管从截止状态迅速通过放大状态而进入饱和状态，或是从饱和状态迅速进入
截止状态，不停留在放大状态。

2.1.4　了解三极管主要参数

三极管的具体参数很多，可以分成三大类：直流参数、交流参数和极限参数。

❶　直流参数

（1）共发射极直流放大倍数。它是指在共发射极电路中，没有交流电流输入时，集电极电流 I_C 与基极电流 I_B 之比。

（2）集电极反向截止电流 I_{CBO}。发射极开路时，集电结上加有规定的反向偏置电压，此时的集电极电流称为集电极反向截止电流。

（3）集电极 - 发射极反向截止电流 I_{CEO}。它又称为穿透电流。它是基极开路时，流过集电极与发射极之间的电流。

2-10 视频讲解：三极管主要参数讲解

❷　交流参数

（1）共发射极电流放大倍数 β。它是指三极管接成共发射极放大器时的交流电流放大倍数。

（2）共基极电流放大倍数。它是指三极管接成共基极放大器时的交流电流放大倍数。

（3）特征频率。三极管工作频率高到一定程度时，电流放大倍数 β 要下降，β 下降到 1 时的频率为特征频率。

❸　极限参数

（1）集电极最大允许电流。集电极电流增大时，三极管电流放大倍数 β 下降，当 β 下降到低中频段电流放大倍数一半或三分之一时所对应的集电极电流称为集电极最大允许电流。

（2）集电极 - 发射极击穿电压。它是指三极管基极开路时，加在三极管集电极与发射极之间的允许电压。

（3）集电极最大允许耗散功率。它是指三极管因受热而引起的参数变化不超过规定允许值时，集电极所消耗的最大功率。大功率三极管中设置散热片，这样三极管的功率可以提高许多。

2-11 视频讲解：快速了解各类电路中的三极管作用

2.2　牢记三极管主要特性

三极管电路种类极为繁多，三极管除了在电路中起基本放大作用外，还有许多的应用，表 2-5 所示是三极管在电路中主要作用说明。

表 2-5　三极管在电路中主要作用说明

电路图及名称	说明
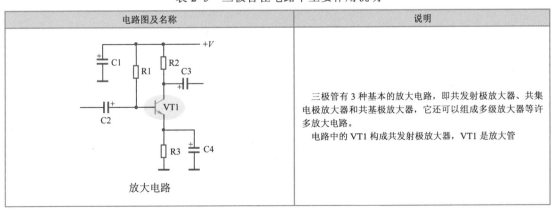 放大电路	三极管有 3 种基本的放大电路，即共发射极放大器、共集电极放大器和共基极放大器，它还可以组成多级放大器等许多放大电路。 电路中的 VT1 构成共发射极放大器，VT1 是放大管

续表

电路图及名称	说明
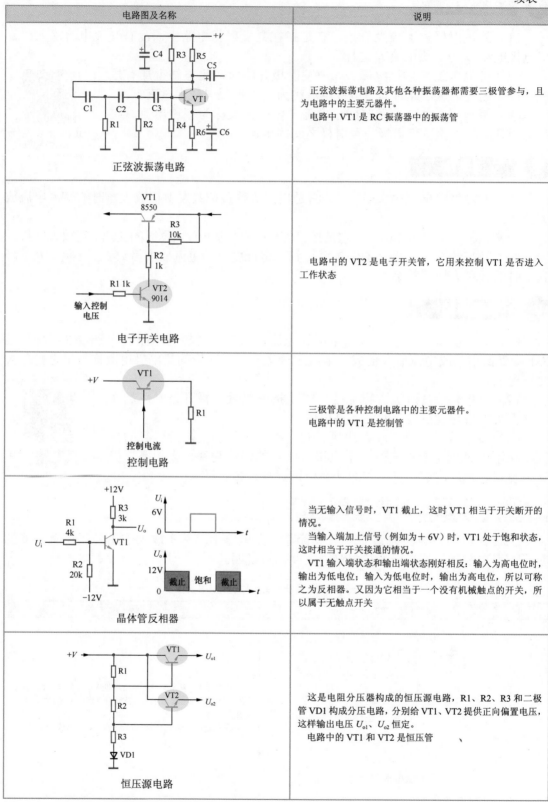 正弦波振荡电路	正弦波振荡电路及其他各种振荡器都需要三极管参与，且为电路中的主要元器件。 电路中 VT1 是 RC 振荡器中的振荡管
电子开关电路	电路中的 VT2 是电子开关管，它用来控制 VT1 是否进入工作状态
控制电路	三极管是各种控制电路中的主要元器件。 电路中的 VT1 是控制管
晶体管反相器	当无输入信号时，VT1 截止，这时 VT1 相当于开关断开的情况。 当输入端上信号（例如为 + 6V）时，VT1 处于饱和状态，这时相当于开关接通的情况。 VT1 输入端状态和输出端状态刚好相反：输入为高电位时，输出为低电位；输入为低电位时，输出为高电位，所以可称之为反相器。又因为它相当于一个没有机械触点的开关，所以属于无触点开关
恒压源电路	这是电阻分压器构成的恒压源电路，R1、R2、R3 和二极管 VD1 构成分压电路，分别给 VT1、VT2 提供正向偏置电压，这样输出电压 U_{o1}、U_{o2} 恒定。 电路中的 VT1 和 VT2 是恒压管

续表

电路图及名称	说明
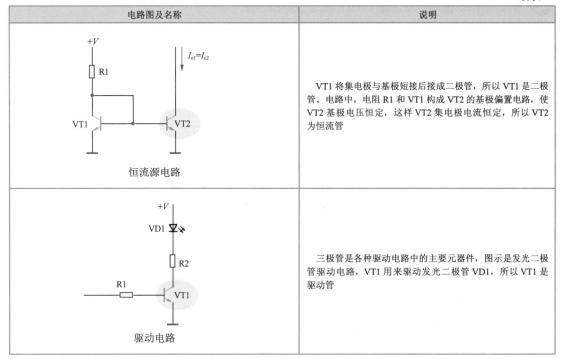	VT1 将集电极与基极短接后接成二极管，所以 VT1 是二极管。电路中，电阻 R1 和 VT1 构成 VT2 的基极偏置电路，使 VT2 基极电压恒定，这样 VT2 集电极电流恒定，所以 VT2 为恒流管
恒流源电路	
	三极管是各种驱动电路中的主要元器件，图示是发光二极管驱动电路，VT1 用来驱动发光二极管 VD1，所以 VT1 是驱动管
驱动电路	

2.2.1 掌握好三极管电流放大和控制特性

分析三极管电路工作原理，需要掌握三极管的重要特性，这样才能轻松自如地分析三极管电路。

 重要提示

三极管是一个电流控制器件，它用基极电流来控制集电极电流和发射极电流，没有基极电流就没有集电极电流和发射极电流。

2-12 视频讲解：快速掌握三极管电流控制特性

❶ 三极管电流放大特性

三极管电流放大能力很容易理解和记忆。只要有一个很小的基极电流，三极管就会有一个很大的集电极和发射极电流，这是由三极管特性所决定的。不同的三极管有不同的电流放大倍数，所以不同三极管对基极电流放大能力是不同的。

基极电流是信号输入电流，集电极电流和发射极电流是信号输出电流，信号输出电流远大于信号输入电流，说明三极管能够对输入电流进行放大。在各种放大器电路中，就是用三极管的这一特性来放大信号。

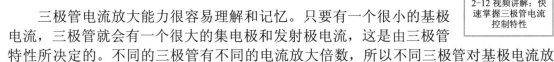 **重要提示**

三极管在正常工作时，它的基极电流、集电极电流和发射极电流同时存在，同时消失。

2 三极管基极电流控制集电极电流特性

重要提示

当三极管工作在放大状态时，三极管集电极电流和发射极电流由直流电源提供，三极管本身并不能放大电流，只是用基极电流控制由直流电源为集电极和发射极提供的电流，这样等效理解成三极管放大了基极输入电流。

图 2-19 所示电路可以说明三极管基极电流控制集电极电流的过程。电路中的 R2 为三极管 VT1 集电极提供电流通路，流过 VT1 集电极的电流回路是：直流工作电压 +V → 集电极电阻 R2 → VT1 集电极 → VT1 发射极 → 地端。

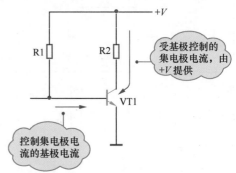

集电极电流由直流工作电压 +V 提供，但是集电极电流的大小受基极电流的控制，基极电流大则集电极电流大，基极电流小则集电极电流小，所以基极电流只是控制了直流电源 +V 为 VT1 集电极所提供电流的大小。

图 2-19　三极管基极电流控制集电极电流的过程

重要提示

综上所述，三极管能将直流电源的电流按照基极输入电流的要求转换成集电极电流和发射极电流，从这个角度上讲三极管是一个电流转换器件。所谓电流放大就是将直流电源的电流，按基极输入电流的变化规律转换成集电极电流和发射极电流。

2.2.2　深入理解好三极管集电极与发射极之间内阻可控和开关特性

1 三极管集电极与发射极之间内阻可控特性

图 2-20 所示是三极管集电极和发射极之间内阻可控特性的等效电路。

三极管集电极和发射极之间的内阻随基极电流大小变化而变化，当基极电流越大时，三极管的这一内阻越小，反之则大。利用三极管集电极和发射极之间的内阻随基极电流大小而变化的特性，可以设计成各种控制电路。

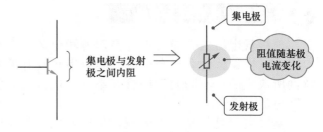

图 2-20　三极管集电极和发射极之间内阻可控特性等效电路

2 三极管开关特性

三极管同二极管一样，也可以作为电子开关器件，构成电子开关电路。当三极管用于开关电路中时，三极管工作在截止、饱和两个状态。

（1）开关接通状态。这时三极处于饱和状态，集电极与发射极之间内阻很小，图 2-21 是等效电路示意图。

重要提示

2-13 视频讲解：快速
掌握三极管内阻
可控特性

三极管基极是控制极，基极电流很大，三极管进入饱和状态。

（2）**开关断开状态**。这时三极管处于截止状态，集电极与发射极之间内阻很大，图 2-22 是等效电路示意图。

图 2-21　开关接通等效电路

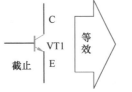

图 2-22　开关断开等效电路

重要提示

基极电流为零，三极管处于截止状态。三极管在截止、饱和状态时，集电极与发射极之间的内阻相差很大，可以用三极管作为电子开关器件。

2.2.3　深层次理解好发射极电压跟随基极电压特性

图 2-23 所示电路可以说明三极管发射极电压跟随基极电压特性。

三极管进入放大工作状态后，基极与发射极之间的 PN 结已处于导通状态，这一 PN 结导通后压降大小基本不变。这样，基极电压升高时发射极电压也升高，基极电压下降时发射极电压也下降，显然，发射极电压跟随基极电压变化而变化。

2-14 视频讲解：快速
掌握三极管发射极
电压跟随特性

重要提示

三极管的发射极电压跟随特性有一定条件，并不是在任何电压下均存在这一特性，只在基极与发射极之间的 PN 结处于导通状态时，发射极电压才跟随基极电压。

三极管的直流电路分析过程中用到这一特性。无论是 NPN 型还是 PNP 型三极管都具有这样的特性。

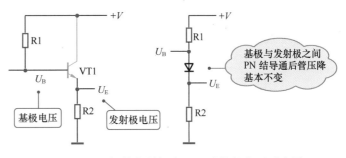

图 2-23　三极管发射极电压跟随基极电压示意图

2.3　必须掌握三极管偏置电路

重要提示

三极管工作离不开直流电路，若三极管直流电路工作不正常，就不可能使三极管交流电路正常工作。另外，由于业余测量条件的限制，对三极管电路的故障检查就是通过测量三极管各电极直流工作电压来进行的，用三极管直流电路工作状态来推理三极管的交流工作状态，所以掌握三极管直流电路工作原理是学习三极管电路的重中之重。

所谓三极管直流偏置电路是：为了使三极管工作在放大状态下，必须给三极管一定的工作条件，即给三极管各电极一个合适的直流工作电压，以使三极管各电极有适当的直流电流，三极管直流偏置电路就是提供这种直流工作电压和电流的电路。

2.3.1 学会三极管电路分析方法

2-15 视频讲解：了解三极管偏置电路作用

三极管有静态和动态两种工作状态。未加信号时，三极管的直流工作状态称为静态，此时各电极电流称为静态电流。给三极管加入交流信号之后的工作电流称为动态工作电流，这时三极管处于交流工作状态，即动态。

一个完整的三极管电路分析有四步：直流电路分析、交流电路分析、元器件作用分析和修理识图。

1 三极管直流电路分析方法

 重要提示

直流工作电压加到三极管各个电极上，主要是两条直流电路：

（1）三极管集电极与发射极之间的直流电路。

（2）基极直流电路。通过这一步分析可以搞清楚，直流工作电压是如何加到集电极、基极和发射极上的。

2-16 视频讲解：三极管电路分析四项主要内容

图 2-24 是放大器直流电路分析示意图。对于一个单级放大器而言，其直流电路分析主要是图中所示的三个部分。

在分析三极管直流电路时，由于电路中的电容具有隔直流特性，所以可以将它们看成开路，这样这一电路就可以画成图 2-25 所示的直流等效电路。用这一电路进行直流电路分析就十分简洁。

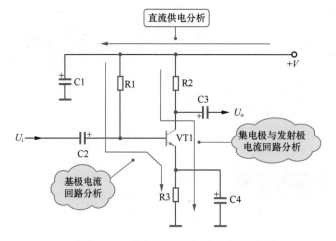

图 2-24　放大器直流电路分析示意图

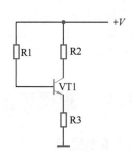

图 2-25　三极管直流等效电路

2 三极管交流电路分析方法

交流电路分析主要是交流信号的传输路线分析，信号从哪里输入到放大器中，信号在这级放大器中具体经过了哪些元器件，信号最终从哪里输出，图 2-26 是交流信号传输路线分析示意图。

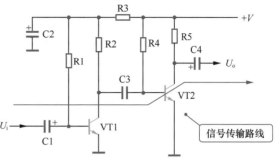

分析信号在传输过程中受到了哪些处理环节的处理，如信号在哪个环节放大，在哪个环节受到衰减，哪个环节不放大也不衰减，信号是否受到了补偿等。

这一电路中的信号经过了 C1、VT1、C3、VT2 和 C4，其中 C1、C3 和 C4 是耦合电容，对信号没有放大和衰减

图 2-26　交流信号传输路线分析示意图

作用，只是起着将信号传输到下级电路中的耦合作用；VT1 和 VT2 对信号起了放大作用。

3 元器件作用分析方法

（1）元器件的特性是电路分析关键。分析电路中元器件的作用时，应依据该元器件的主要特性来进行。例如，耦合电容器让交流信号无损耗地通过，同时隔断直流通路，这一分析的理论根据是电容器的隔直通交特性。

2-17 视频讲解：三极管直流电路分析

（2）元器件在电路中具体作用分析。电路中的每个元器件都有它的特定作用，通常一个元器件起一种特定的作用，当然也有一个元器件在电路中起两种作用的。在电路分析中要求搞懂每一个元器件在电路中的具体作用。

（3）元器件作用简化分析方法。对元器件作用的分析可以进行简化，掌握了元器件在电路中的作用后，不必每次对各个元器件都进行详细分析。例如，掌握耦合电容的作用之后，不必对每一个耦合电容都进行分析，只要分析电路中哪只是耦合电容即可，图 2-27 是耦合电容示意图。

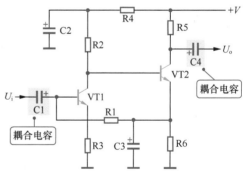

图 2-27　耦合电容示意图

4 三极管基极偏置电路分析方法

三极管基极偏置电路分析最为困难，掌握一些电路分析方法可以方便基极偏置电路的分析。

第 1 步。在电路中找出三极管的电路符号，如图 2-28 所示，然后在三极管电路符号中找出基极，这是分析基极偏置电路的关键一步。

2-18 视频讲解：三极管交流电路分析

第 2 步。从基极出发，将基极与电源端（+V 端或 -V 端）相连的所有元器件找出来，如电路中的 R1，再将基极与地端相连的所有元器件找出来，如电路中的 R2，如图 2-29 所示，这些元器件构成基极偏置电路的主体电路。

重要提示

上述与基极相连的元器件中，区别哪些元器件可能是偏置电路中的元器件。电阻器有可能构成偏置电路，电容器具有隔直作用而视为开路，所以在分析基极直流偏置电路时，不必考虑电容器。

第3步。确定偏置电路中的元器件后，进行基极电流回路的分析，如图 2-30 所示。基极电流回路是：直流工作电压 $+V$ → 偏置电阻 R1 → VT1 基极 → VT1 发射极 → VT1 发射极电阻 R3 →地端。

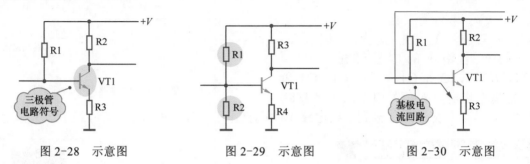

图 2-28　示意图　　　　图 2-29　示意图　　　　图 2-30　示意图

 重要提示

偏置电路小结：晶体三极管偏置电路中，基极偏置电压极性与集电极一致，无论何种偏置电路，集电极电压低于发射极电压时，基极电压也低于发射极电压；集电极电压高于发射极电压时，基极电压也高于发射极电压。

2.3.2　深入掌握三极管固定式偏置电路工作原理

 重要提示

2-19 视频讲解：
三极管基极偏置
电路分析

三极管偏置电路主要有三大类，每大类中都有多种变化，这些电路的变化是电路分析中的难点和重点。三大类电路是：

（1）固定式偏置电路。

（2）分压式偏置电路。

（3）集电极 - 基极负反馈式偏置电路。

固定式偏置电路是三极管偏置电路中最简单的一种电路。

 重要提示

固定式偏置电阻的电路特征是：固定式偏置电阻的一根引脚必须与三极管基极直接相连，另一根引脚与正电源端或地端直接相连。

① 典型固定式偏置电路

图 2-31 所示是经典的固定式偏置电路。电路中的 VT1 是 NPN 型三极管，采用正极性电源 $+V$ 供电。

（1）固定式偏置电阻。在直流工作电压 $+V$ 和电阻 R1 的阻值大小确定后，流入三极管的基极电流就是确定的，所以 R1 称为固定式偏置电阻。

（2）基极电流回路。从图 2-32 所示电路中可以看出，直流工作电压 +V 产生的直流电流通过 R1 流入三极管 VT1 内部，其基极电流回路是：直流工作电压 +V→固定式偏置电阻 R1→三极管 VT1 基极→ VT1 发射极→地端。

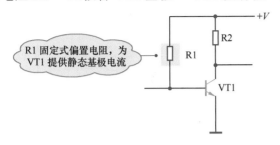

图 2-31 经典的固定式偏置电路

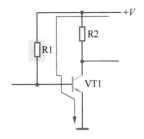

图 2-32 基极电流回路示意图

（3）基极电流大小分析。$I_B=(+V-0.6V)/R1$，式中的 0.6V 是 VT1 发射结压降。

2-20 视频讲解：三极管固定式偏置电路分析

 重要提示

无论是采用正极性直流电源还是负极性直流电源，无论是 NPN 型三极管还是 PNP 型三极管，三极管固定式偏置电阻只有一个。

2 **故障检测方法**

对于这一电路中偏置电阻 R1 的故障有效检测方法是测量三极管 VT1 集电极直流工作电压，图 2-33 是测量时接线示意图。测量结果 VT1 集电极电压等于直流工作电压 +V，说明 R1 开路；如果测量结果 VT1 集电极直流电压为 0.2V 左右，说明 R1 短路。

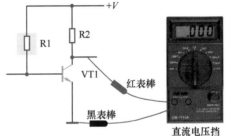

图 2-33 测量时接线示意图

2.3.3 高度重视三极管分压式偏置电路工作原理

分压式偏置电路是三极管另一种常见的偏置电路。这种偏置电路的形式固定，所以识别方法十分简单。

1 **三极管典型分压式偏置电路**

2-21 视频讲解：三极管分压式偏置电路分析

图 2-34 所示是典型的分压式偏置电路。电路中的 VT1 是 NPN 型三极管，采用正极性直流电压 +V 供电。由于 R1 和 R2 这一分压电路为 VT1 基极提供直流电压，所以将这一电路称为分压式偏置电路。

电阻 R1 和 R2 构成直流工作电压 +V 的分压电路，分压电压加到 VT1 基极，建立 VT1 基极直流偏置电压。电路中 VT1 发射极通过电阻 R4 接地，基极电压高于地端电压，所以基极电压高于发射极电压，发射结处于正向偏置状态。

流过 R1 的电流分成两路：一路流入基极作为三极管 VT1 的基极电流，其基极电流回路是：+V→R1→VT1 基极→VT1 发射极→R4→地端；另一路通过电阻 R2 流到地端。

（1）上偏置电阻和下偏置电阻。分压式偏置电路中，R1 称为上偏置电阻，R2 称为下偏置电阻，虽然基极电流通过上偏置电阻 R1 构成回路，但是 R1 和 R2 分压后的电压决定了 VT1 基极电压的大小；在三极管发射极电阻 R4 阻值大小确定的情况下，也就决定了基极电流的大小，所以 R1 和 R2 同时决定 VT1 基极电流的大小。

（2）分析基极电流大小的关键点。分析分压式偏置电路中三极管基极电流的大小时要掌握 R1 和 R2 对直流工作电压 +V 分压后，加到三极管基极，该直流电压的大小决定了该三极管基极直流电流的大小，基极直流电压大基极电流大，反之则小。

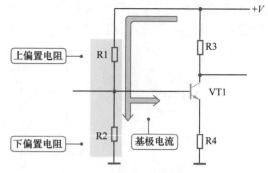

图 2-34　典型分压式偏置电路

 重要提示

无论是 NPN 型还是 PNP 型三极管，无论是采用正电源还是负电源供电，一般情况下，偏置电路用两个电阻构成，这一点对识别分压式偏置电路十分方便。

2 **故障检测方法**

对于电路中的偏置电阻 R1、R2 故障检测最好的方法是这样：测量三极管 VT1 集电极直流电压，图 2-35 是测量时接线示意图。如果测量结果 VT1 集电极直流电压等于直流工作电压 +V，说明三极管 VT1 进入了截止状态，可能是 R1 开路，也可能是 R2 短路，通常情况下，R2 发生短路情况可能性很小。

第二步测量三极管集电极与发射极之间的电压降，图 2-36 是测量时接线示意图。如果测量结果是 0.2V，说明三极管 VT1 进入了饱和状态，很可能是 R2 开路，或 R1 短路，但是 R1 短路的可能性较小。

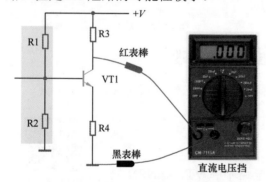

图 2-35　测量三极管集电极直流
电压时接线示意图

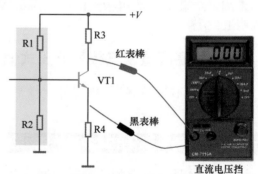

图 2-36　测量三极管集电极与发射极之间
电压降时接线示意图

2.3.4　熟练掌握三极管集电极 – 基极负反馈式偏置电路工作原理

 重要提示

集电极 - 基极负反馈式偏置电路是三极管偏置电路中用得最多的一种偏置电路，它只用一只偏置电阻构成偏置电路。

1 **典型三极管集电极 – 基极负反馈式偏置电路**

图 2-37 所示是典型的三极管集电极 – 基极负反馈式偏置电路。电路中的 VT1 是 NPN 型三极管，采用正极性直流电源 +V 供电，R1 是集电极 – 基极负反馈式偏置电阻。

电阻 R1 接在 VT1 集电极与基极之间，这是偏置电阻，R1 为 VT1 提供了基极电流回路。其基极电流回路是：直流工作电压 +V 端→ R2 → VT1 集电极→ R1 → VT1 基极→ VT1 发射极→地端。这一回路中有电源 +V，所以能有基极电流。

 重要提示

由于 R1 接在集电极与基极之间，并且 R1 具有负反馈的作用，所以称为集电极 - 基极负反馈式偏置电路。

2 **故障检测方法**

关于这一电路中偏置电阻 R1 故障检测的最方便方法是测量三极管 VT1 集电极直流电压，图 2-38 是测量时接线示意图。如果测量结果直流电压等于直流工作电压 +V，说明电阻 R1 开路；如果测量结果直流电压等于 0.2V，说明电阻 R1 阻值大幅减小，VT1 处于饱和状态。

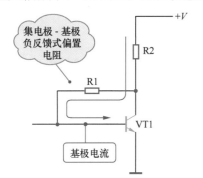

图 2-37　正电源供电 NPN 型三极管集电极 –
　　　　　基极负反馈式偏置电路

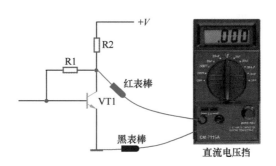

图 2-38　测量三极管集电极直流电压时接线示意图

2.4　需要熟悉三极管集电极直流电路和发射极直流电路

 重要提示

典型的集电极直流电路和发射极电路比较简单，但是它们的电路变化较多，是电路分析的难点。

2.4.1　三极管集电极直流电路特点和分析方法

三极管集电极直流电路就是集电极与直流工作电压端之间的电路，这一直流电路是三极管三个电极直流电路中变化最少的电路。

1 三极管集电极直流电路特点

　　工作在放大状态下的三极管，无论三极管集电极电路如何变化，三极管的集电极必须与直流工作电压端或地端之间形成直流回路，构成集电极的直流通路。只要能够构成集电极直流电流回路的元器件都可以是集电极直流电路中的元器件。

　　三极管集电极与直流电压端之间，或是与地端之间有两种情况：

　　（1）集电极直接与直流电压端相连（它们之间没有元器件）。

　　（2）通过一个电阻器或其他什么元器件相连。这两种集电极直流电路与该三极管构成何种类型放大器有关。

2 电路分析方法

　　分析这一直流电路时，首先在电路中找到三极管电路符号，然后找到三极管的集电极，从集电极出发向直流电压源端或是地端查找元器件，这些元器件中的电阻器或者电感器、变压器很可能是构成集电极直流电路的元器件，特别是电阻器。

　　电容器可以不考虑，因为电容器具有隔直流电流的特性，它不能构成直流电路。

2.4.2　集电极直流电路综述

1 集电极直流电路之一

　　图 2-39 所示是正电源供电 NPN 型三极管典型集电极直流电路之一。电路中的 VT1 是 NPN 型三极管，电阻 R2 接在三极管 VT1 集电极与正极性直流工作电源端之间，集电极电阻 R2 构成三极管 VT1 集电极电流回路。

　　集电极电流回路是：正极性直流工作电源 +V 端 → R2 → VT1 集电极 → VT1 发射极 → L1 → 地端。

　　三极管集电极直流电流回路是从电源端经过三极管集电极、发射极到地端，再由电源内电路（电路中未画出）构成闭合回路。

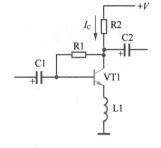

图 2-39　正电源供电 NPN 型三极管典型集电极直流电路之一

2 集电极直流电路之二

　　图 2-40 所示是正电源供电 NPN 型三极管典型集电极直流电路之二。当三极管接成共集电极放大器时，三极管的集电极将直接接在直流工作电压端，而没有集电极负载电阻，此时必须在三极管 VT1 的发射极接上发射极电阻 R2。

　　集电极电流回路是：正极性直流工作电压端 → VT1 集电极 → VT1 发射极 → R2 → 地端。

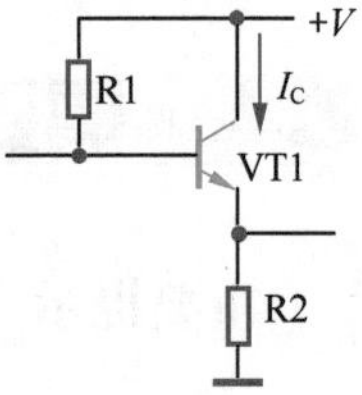

图 2-40　正电源供电 NPN 型三极管典型集电极直流电路之二

3 集电极直流电路之三

　　图 2-41 所示是负电源供电 NPN 型三极管典型集电极直流电路之一。电路中的 VT1 是 NPN 型三极管，采用负极性直流工作电压，电阻 R4 接在三极管 VT1 集电极与

地线之间,这样构成三极管 VT1 集电极电流回路。

集电极电流回路是:地端→ R4 → VT1 集电极→ VT1 发射极→ R3 →负极性直流工作电压端。

4 **集电极直流电路之四**

图 2-42 所示是负电源供电 NPN 型三极管典型集电极直流电路之二。电路中的 VT1 是 NPN 型三极管,采用负极性直流工作电压,R2 是 VT1 发射极电阻。VT1 集电极直接接地线,没有集电极负载电阻,三极管 VT1 构成共集电极放大器。

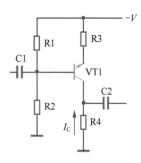

图 2-41 负电源供电 NPN 型三极管典型集电极直流电路之一

集电极电流回路是:地端→ VT1 集电极→ VT1 发射极→ R2 →负极性直流工作电压端。

5 **集电极直流电路之五**

图 2-43 所示是正电源供电 PNP 型三极管集电极直流电路。电路中的 VT1 是 PNP 型三极管,采用正极性直流工作电压,电阻 R4 接在三极管 VT1 集电极与地线之间,集电极电阻 R4 构成三极管 VT1 集电极电流回路。

集电极电流回路是:正极性直流工作电压端→ R3 → VT1 发射极→ VT1 集电极→ R4 →地端。

2-25 视频讲解:三极管共发射极放大器电路分析 2

6 **集电极直流电路之六**

图 2-44 所示是负电源供电 PNP 型三极管集电极直流电路。电路中的 VT1 是 PNP 型三极管,采用负极性直流工作电压,电阻 R3 接在三极管 VT1 集电极与负极性直流工作电压之间,这样构成三极管 VT1 集电极电流回路。

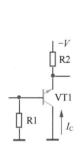

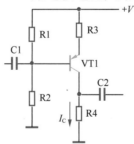

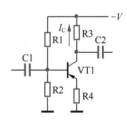

图 2-42 负电源供电 NPN 型三极管典型集电极直流电路之二　图 2-43 正电源供电 PNP 型三极管集电极直流电路　图 2-44 负电源供电 PNP 型三极管集电极直流电路

集电极电流回路是:地端→ R4 → VT1 发射极→ VT1 集电极→ R3 →负极性直流工作电压端。

2.4.3　三极管发射极直流电路大全综述

 重要提示

三极管发射极直流电路就是发射极与直流电压端,或发射极与地端之间的电路,这一直流电路的变化比集电极直流电路变化多。

1　发射极直流电路之一

图 2-45 所示是一种发射极直流电路。电路中的 VT1 是 NPN 型三极管，采用正极性直流工作电压。

三极管 VT1 发射极直接接地端，构成发射极直流电流回路：从 VT1 内部流出的发射极电流经发射极直接流到地端。

VT1 发射极电路中没有任何元器件，这是最简单的发射极直流电路。

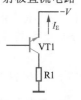

图 2-45　一种发射极直流电路

2　发射极直流电路之二

图 2-46 所示是另一种发射极直流电路。电路中的 VT1 是 NPN 型三极管，采用负极性直流工作电压。

三极管 VT1 发射极直接接在负极性直流工作电压端，**构成发射极直流电流回路**：从 VT1 内部流出的发射极电流，经发射极直接流到负极性电源端。

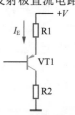

图 2-46　另一种发射极直流电路

3　发射极直流电路之三

图 2-47 所示是另一种发射极直流电路。电路中的 VT1 是 PNP 型三极管，采用正极性直流工作电压。

三极管 VT1 发射极通过电阻 R1 接直流工作电压端，电阻 R1 构成了发射极直流电流回路。从直流工作电压端流出的直流电流，经过 R1，从 VT1 发射极流入 VT1 内。

图 2-47　另一种发射极直流电路

　重要提示

VT1 发射极回路中只有一只电阻 R1。因为电阻 R1 具有负反馈作用，所以 R1 称为发射极负反馈电阻。

4　发射极直流电路之四

图 2-48 所示是另一种发射极直流电路。电路中的 VT1 是 PNP 型三极管，采用负极性直流工作电压。

三极管 VT1 发射极通过电阻 R2 接地，电阻 R2 构成了 VT1 发射极直流电流回路。

VT1 发射极电流回路是：从地端流入 R2 的直流电流通过 R2，由 VT1 发射极流入 VT1 内部。

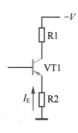

图 2-48　另一种发射极直流电路

2.5　必须学好最常用的三极管共发射极放大器

图 2-49 所示是共发射极放大器，VT1 是放大管，U_i 是需要放大的输入信号，U_o 是经过该单级放大器放大后的输出信号。

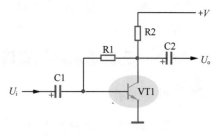

图 2-49　共发射极放大器

2.5.1　学会直流和交流电路分析

❶　直流电路分析

在掌握前面讲述的三极管直流电路工作原理之后，分析这一单管放大器直流电路是十分方便和容易的。

这一单级放大器的直流电路是：+V 是直流工作电压，VT1 集电极通过 R2 得到直流工作电压，R1 是 VT1 基极偏置电阻，VT1 发射极直接接地，这样 VT1 建立了放大状态所需的直流电路。

🚩 重要提示

电路分析中，如果已经掌握和理解了偏置电阻的作用，那么在电路分析中只要认出哪只电阻是偏置电阻就可以了，不必再对偏置电阻的具体工作原理进行分析。例如，知道电路中的 R1 是 VT1 偏置电阻即可。

❷　共发射极放大器信号传输过程

图 2-50 是这个共发射极放大器信号传输过程示意图，三极管 VT1 是这一电路的中心元器件，R1 是偏置电阻，R2 是集电极负载电阻，C1 和 C2 分别是输入端和输出端耦合电容。输入信号 U_i 从 VT1 基极和发射极之间输入，输出信号 U_o 取自于集电极和发射极之间。

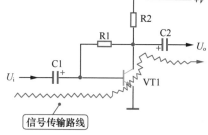

输入信号 U_i 由三极管 VT1 放大为输出信号 U_o，信号在这一放大器中的传输路线为：输入信号 U_i → 输入端耦合电容 C1 → VT1 基极 → VT1 集电极 → 输出端耦合电容 C2 → 输出信号 U_o。

图 2-50　共发射极放大器信号传输过程示意图

❸　信号放大和处理过程

（1）输入端耦合电容 C1。它起耦合信号的作用，即对信号进行无损耗的传输，对信号无放大无衰减。它在放大器输入端，所以称为输入端耦合电容，放大器中需要许多这样的输入端耦合电容。

（2）放大管 VT1。对输入信号具有放大作用。加到 VT1 基极的输入信号电压引起基极电流变化，基极电流被放大 β 倍后作为集电极电流输出，所以信号以电流形式得到了放大。

（3）输出端耦合电容 C2。它起耦合信号的作用，因为在放大器的输出端，所以称为输出端耦合电容，放大器电路中需要许多这样的输出端耦合电容。

2.5.2　学会共发射极放大器中元器件作用分析

掌握了单级共发射极放大器中的各元器件作用后，可以轻松地分析其他类型的放大器电路，了解其各元器件作用和工作原理。

1 集电极负载电阻作用分析

图 2-51 所示是集电极负载电阻电路。R1 是 VT1 的集电极负载电阻，它有两个具体作用：

（1）为三极管提供集电极直流工作电压和集电极电流。

（2）将三极管集电极电流的变化转换成集电极电压的变化。

集电极电压 U_C 等于直流电压 $+V$ 减去 R1 上的压降。当集电极电流 I_C 变化时，集电极负载电阻 R1 上的压降也变化，由于 $+V$ 不变，所以集电极电压 U_C 相应变化，可见通过集电极负载电阻能将集电极电流的变化转换成集电极电压的变化。

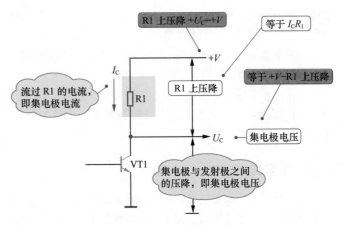

图 2-51　集电极负载电阻电路

2 输出端耦合电容作用分析

图 2-52 是输出端耦合电容作用示意图。VT1 集电极上是交流叠加在直流上的复合电压，由于 C1 隔直通交作用，将集电极上直流电压隔离，通过 C1 后只有交流电压，其电压幅度与 VT1 集电极上的交流电压幅度相等。

输出端耦合电容容量大，对交流信号容抗近似为零，所以电路分析中认为耦合电容对信号传输无损耗。

3 输入端耦合电容作用分析

图 2-53 是输入端耦合电容作用示意图，C1 是输入端耦合电容。

如果没有 C1 的隔直作用（相当于 C1 两引脚接通），VT1 基极上的直流电压会被 L1 短路到地。

如果没有 C1 的通交作用（相当于 C1 两根引脚断开），信号源 L1 上信号无法加到 VT1 基极。

从图中可以看出，加到 VT1 基极的交流输入信号电压与 R1 提供的直流电压叠加，一起送入 VT1 基极，交流输入信号是"骑"在直流电压上的，如图 2-54 所示。

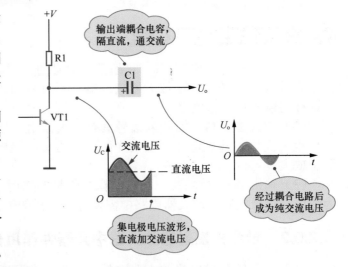

图 2-52　输出端耦合电容作用示意图

4 耦合电容对交流信号影响

图 2-55 是输入端耦合电容对交流信号影响示意图，输出端耦合电容也一样。

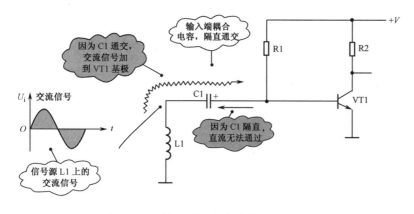

2-26 视频讲解：耦合电容对电路的影响

图 2-53 输入端耦合电容作用示意图

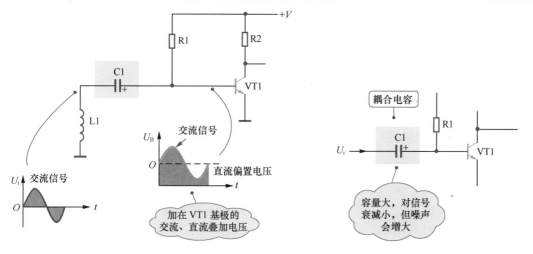

图 2-54 VT1 基极直流和交流信号叠加示意图 图 2-55 输入端耦合电容对交流信号的影响示意图

输入端和输出端耦合电容对交流信号的影响是多方面的，有时还是相互矛盾的，例如耦合电容的容量增大了，对低频信号有益，但是增大了电路的噪声。

（1）对信号幅度的影响。耦合电容的容量大，则容抗小，对信号幅度衰减小，反之则大。放大器工作频率低，则要求的耦合电容容量大，因为频率低则电容的容抗大，加大容量才能降低容抗。音频放大器中耦合电容的容量比高频放大器中的大，因为音频信号频率低，高频信号频率高。

（2）对噪声的影响。耦合电容串联在信号传输回路中，它产生的噪声直接影响放大器的噪声，特别是前级放大器中的耦合电容；输入端耦合电容比输出端耦合电容的影响更大，因为耦合电容产生的噪声被后级放大器所放大。由于耦合电容的容量越大，其噪声越大，所以在满足了足够小容抗的前提下，耦合电容容量要尽可能地小。

（3）对各频率信号的影响。放大器工作频率有一定范围，耦合电容主要对低频率信号幅度衰减有影响，因为频率低，它的容抗大，所以选择耦合电容时其容量要使它对低频信号的容抗足够小。

5 基极偏置电阻 R1 作用分析

基极偏置电阻 R1 构成 VT1 固定式偏置电路，R1 的阻值大小决定了 VT1 静态偏置电流的大小，而静态偏置电流的大小就决定了三极管对信号的放大状态，根据 R1 阻值大小不同共有下列三种情况。

（1）**基极偏置电阻 R1 阻值恰当**。基极偏置电阻 R1 阻值恰当时，VT1 基极电流（电压）、集电极电流（电压）恰当，交流信号叠加在直流上的位置恰当，交流电压不失真，如图 2-56 所示。

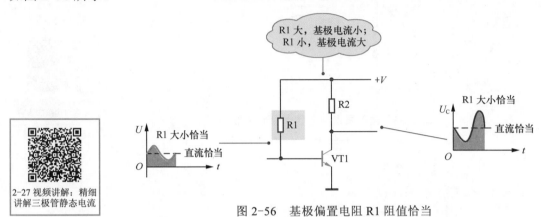

2-27 视频讲解：精细讲解三极管静态电流

图 2-56　基极偏置电阻 R1 阻值恰当

（2）**R1 阻值偏小**。当 R1 阻值偏小时，VT1 基极电流偏大，输入信号的正半周顶部容易进入三极管的饱和区，造成削顶失真，如图 2-57 所示。

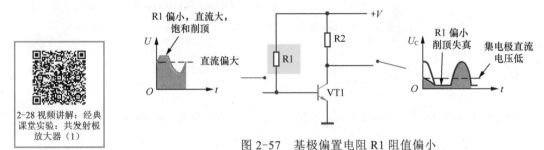

2-28 视频讲解：经典课堂实验：共发射极放大器（1）

图 2-57　基极偏置电阻 R1 阻值偏小

（3）**R1 阻值偏大**。当 R1 阻值偏大时，VT1 基极电流偏小，输入信号的负半周顶部容易进入三极管的截止区，造成削顶失真，如图 2-58 所示。

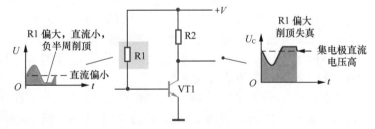

6　三极管 VT1 作用分析

图 2-58　基极偏置电阻 R1 阻值偏大

在放大器电路中，三极管是核心元器件，放大作用主要靠三极管。

（1）放大作用的实质。在放大器中，输出信号比输入信号大，也就是说输出信号能量比输入信号能量大，而三极管本身是不能增加信号能量的，它只是将电源的能量转换成输出信号的能量。

图 2-59 可以说明三极管放大信号的实质。三极管是一个电流转换器件，它按照输入信号的变化规律将电源的电流转换成输出信号的能量，整个信号放大过程中都是由

电源提供能量的。

（2）直流条件作用。三极管有一个特性：集电极电流大小由基极电流大小控制。三极管基极电流大小的变化规律是受输入信号控制的，三极管集电极电流由直流电源提供，这样，按输入信号变化规律而变化的输出信号能量比输入信号大，这就是放大。

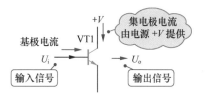

图 2-59　三极管放大信号示意图

有一个输入信号电流，就有一个相应的三极管基极电流，就有一个相应的由电源提供的更大的集电极信号电流。

有一个基极电流就有一个相对应的更大的集电极电流，三极管的这一特性必须由直流电源来保证，没有正常的直流条件，三极管就不能实现这一特性。

2-29 视频讲解：经典课堂实验：共发射极放大器（2）

（3）放大器中的问题。三极管放大器放大信号的过程中会出现一些问题，这些问题通过精心的电路设计可以得到不同程度的解决：如降低噪声、减小非线性失真和相位失真、抗干扰等。

7　共发射极放大器电路故障分析

这里以图 2-60 所示的共发射极放大器为例，讲解电路故障分析。

重要提示

（1）通过电路故障分析可以加深对放大器电路工作原理的理解。

（2）在电路故障检修中，没有电路故障分析能力，故障检修就会盲目。

2-30 视频讲解：经典课堂实验：共发射极放大器（3）

对于放大器电路故障的分析要分成直流电路和交流电路两部分，直流电路故障分析针对放大器直流电路中的元器件，交流电路故障分析针对放大器交流电路中的元器件。直流电路是交流电路的保证，而且故障检修就要检查直流电压工作状态，所以直流电路故障分析更为重要。

关于这一共发射极放大器电路故障的分析主要说明下列几点：

（1）当电阻 R1、R2、R3 和 R4 中有一只开路、短路、阻值变化时，都会直接影响 VT1 直流工作状态。

（2）当 R1 开路时，VT1 集电极电压等于电源电压；当 R2 开路时，VT1 基极电流增大，集电极与发射极之间电压为 0.2V，VT1 饱和。

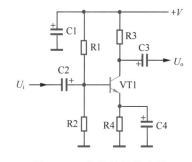

图 2-60　共发射极放大器

（3）当电路中的电容出现开路故障时，对放大器直流电路无影响，电路中的直流电压不发生变化；当电路中的电容出现漏电或短路故障时，会影响放大器直流电路正常工作，电路中的直流电压发生变化。

2-31 视频讲解：经典课堂实验：共发射极放大器（4）

（4）当 C1 漏电时，VT1 集电极直流电压下降；当 C1 击穿时，VT1 集电极直流电压为 0V；当 C2 或 C3 漏电时，电路中的直流工作电压发生改变；当 C4 漏电时，VT1 发射极电压下降。

2.5.3 了解共发射极放大器主要特性

 重要提示

放大器对信号的放大有下列几种情况：

（1）只放大信号电压，不放大信号电流。

（2）只放大信号电流，不放大信号电压。

（3）同时放大信号电压和信号电流。

三种类型放大器对信号放大的情况是不同的，只有共发射极放大器能够同时放大信号的电流和电压。

1 共发射极放大器具有信号电流和电压放大能力

（1）电流放大能力。输入信号电流是输入三极管基极的信号电流，输出信号电流是三极管的集电极信号电流。

共发射极放大器能够放大信号电流可以这样理解：因为输入三极管的基极电流是很小的，只要有很小的基极电流变化，就会引起很大的（比基极电流大 β 倍）集电极电流变化，因此共发射极放大器具有信号电流放大的能力。

（2）电压放大能力。共发射极放大器中，输入信号电压是加在三极管基极上的信号电压，输出信号电压是三极管集电极上的信号电压。

这种放大器具有信号电压放大能力可以这样理解：加到三极管基极上的输入信号电压，通过三极管的输入回路会引起基极电流的相应变化，基极电流经放大后成为集电极电流，集电极电流流过集电极负载电阻转换成集电极电压，由于集电极电流比基极电流大得多，集电极负载电阻也比较大，这样集电极上输出信号电压比基极上的输入信号电压大得多，完成了信号电压的放大。

共发射极放大器对信号电压的放大能力还可以通过下列共发射极放大器电压放大倍数计算公式来说明：

$$A_V = \frac{U_o}{U_i} = \beta \times \frac{R_C}{r_{be}}$$

式中　A_V——共发射极放大器电压放大倍数；

R_C——三极管集电极负载电阻阻值；

β——三极管共发射极交流电流放大倍数；

r_{be}——三极管输入电阻。

由于 β 和 R_C 远大于 1，且 R_C 大于 r_{be}，所以 A_V 是大于 1 的，说明共发射极放大器有信号电压放大能力。

2 共发射极放大器输出信号电压相位与输入信号电压相位相反

共发射极放大器具有电压放大作用，同时输出信号电压与输入信号电压反相，这一特性要牢记，在分析振荡器和负反馈放大器时需要充分利用这一特性。

图 2-61 是共发射极放大器输出信号电压与输入信号电压反相特性示意图。当基极电压增大时，集电极电压减小。当基极信号电压为正半周时，集电极信号电压为负半周。

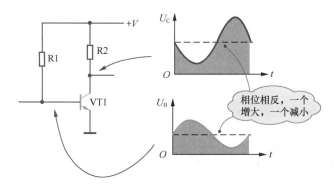

图 2-61　共发射极放大器输出信号电压与输入信号电压反相特性示意图

必须掌握共发射极放大器输出信号电压与输入信号电压反相这一特性，对这一特性的理解方法为：基极电压增大时，导致基极电流增大，集电极电流增大，在集电极负载电阻上的电压降增大，使集电极电压减小。

3 共发射极放大器输出电阻大小一般

在三种放大器中，共发射极放大器的输出电阻值不是最大，也不是最小。放大器输出电阻概念与三极管输出电阻概念不同。

（1）三极管输出电阻。三极管的输出电阻是从三极管输出端向三极管内部看时的等效电阻，如图 2-62 所示，这时没有任何的三极管直流偏置电阻。

图 2-62　三极管输出电阻示意图

三极管输出电阻是很大的，一般大于几百千欧。

（2）放大器输出电阻。放大器输出电阻是从放大器输出端向放大器内部看时的等效电阻，如图 2-63 所示，放大器输出电阻等于三极管的输出电阻与三极管集电极负载电阻的并联值，由于三极管的输出电阻远大于集电极负载电阻，所以放大器的输出电阻就约等于三极管的集电极负载电阻。

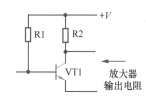

图 2-63　放大器输出电阻示意图

4 共发射极放大器输入电阻大小一般

在三种放大器中，共发射极放大器的输入电阻不是最大也不是最小。

（1）三极管输入电阻。三极管输入电阻是没有直流偏置电阻情况下，从三极管输入端向里看的电阻，如图 2-64 所示。

（2）三极管输入电阻。放大器输入电阻是加入直流偏置电路后，从放大器输入端向里看的电阻，如图 2-65 所示。

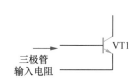

图 2-64　三极管输入电阻示意图

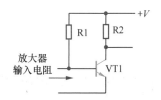

图 2-65　三极管输出电阻示意图

2.6 必须搞懂三极管共集电极放大器

共集电极放大器是另一种十分常见的三极管放大器，图 2-66 所示是单级共集电极放大器。

2.6.1 共集电极单级放大器电路特征和直流电路分析

1 共集电极单级放大器电路特征

2-32 视频讲解：共发射极放大器特性

观察共集电极放大器的电路结构，与前面介绍的共发射极放大器相比较，存在三点明显不同之处。

（1）无集电极负载电阻。三极管 VT1 集电极直接与直流电源相连，没有共发射极放大器中的集电极负载电阻。

（2）输出信号取自发射极。放大器输出信号取自三极管 VT1 发射极，而不是像共发射极放大器中那样取自 VT1 集电极。

（3）发射极上不能接有旁路电容。若发射极上接有旁路电容，则发射极输出的交流信号将被发射极电容旁路到地。

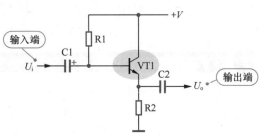

图 2-66　单级共集电极放大器

2 共集电极单级放大器直流电路

这一放大器的直流电路比较简单。R1 构成 VT1 固定式偏置电路，为 VT1 提供静态工作电流，使 VT1 可以进入放大工作状态。

VT1 集电极直接与直流电源相连，发射极通过发射极电阻 R2 接地。

2.6.2 共集电极放大器交流电路和发射极电阻作用分析

1 共集电极放大器交流电路分析

这一电路的信号传输过程分析是：如图 2-67 所示，输入信号 U_i（需要放大的信号）→输入端耦合电容 C1（隔直通交，对信号无放大也无衰减）→ VT1 基极→ VT1 发射极（对信号进行了电流放大）→输出端耦合电容 C2（隔直通交，对信号无放大也无衰减）→输出端信号 U_o。

发射极电阻分析是：为 VT1 提供直流电流回路；将发射极电流的变化转换成发射极电压的变化；具有负反馈作用。

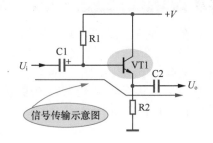

图 2-67　共集电极放大器信号传输示意图

2 发射极电阻将电流变化转换成电压变化原理

图 2-68 是三极管发射极电阻将发射极电流变化转换成发射极电压变化的示意图。

VT1 发射极电压等于发射极电流与发射极电阻之积，当流过发射极电阻的电流大小变化时，发射极电压大小也随之变化。

电路中的三极管 VT1 为 NPN 型，发射极电压跟随基极电压变化的过程分析和理解分成下几步。

（1）基极电压增大。当 VT1 基极电压增大时，引起基极电流增大。理由：NPN 型三极管具有基极电压增大则基极电流增大的特性。

（2）基极电流增大。基极电流增大则发射极电流增大。理由：三极管 3 个电极之间的电流关系特性。

（3）发射极电流增大。发射极电流增大则发射极电压增大。理由：发射极电压等于发射极电流与发射极电阻的乘积。

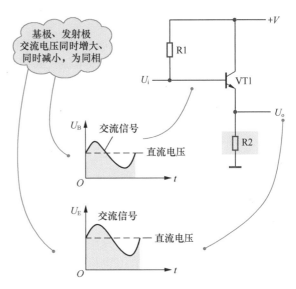

图 2-68　三极管发射极电阻将发射极电流变化转换成发射极电压变化的示意图

 重要结论

发射极电压与基极电压同时增大，同时减小，说明发射极电压与基极电压同相，这是共集电极放大器的一个重要特性。

2-33 视频讲解：共集电极放大器电路分析

3 共集电极放大器电路故障分析

以图 2-69 所示的电路为例说明共集电极放大器的电路故障分析。

（1）共集电极放大器中的三极管集电极接直流电源，在测量三极管集电极直流工作电压时要注意这一点，以免产生错误的判断。

（2）当电阻 R1 开路时，VT1 集电极电压等于 +V，与电路工作正常时相同，但是集电极电流等于零；电阻 R1 发生其他故障时，VT1 集电极直流电压都等于 +V，

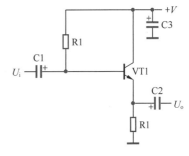

图 2-69　共集电极放大器

这是因为共集电极放大器电路中三极管没有集电极负载电阻，这一点与共发射极放大器电路不同，应引起注意。

（3）当 R2 开路时，VT1 没有直流工作电流；当 R2 短路时，VT1 发射极电压为 0V（这一点与共发射极放大器电路相同），但是没有交流信号输出，这一点与共发射极放大器电路不相同。

2.6.3　共集电极放大器主要特性

2-34 视频讲解：共集电极放大器重要特性

1 共集电极放大器具有放大电流而无电压放大能力的特性

共集电极放大器只有电流放大能力，没有电压放大能力。

具有电流放大能力的理解方法：

共集电极放大器的输入信号电流是三极管基极电流，而输出信号电流是发射极电流，由于发射极电流远大于基极电流，即发射极电流 I_e 等于（$1+\beta$）I_b（I_b 是基极电流），所以共集电极放大器具有电流放大能力，即电流放大倍数大于 1。

没有电压放大能力的理解方法：

在共集电极放大器电路中，输入信号电压是基极上的电压，而输出信号电压是发射极上的电压，对于 NPN 型三极管而言，发射极上电压总是比基极上电压低 0.6V 左右（硅管），这样，VT1 发射极电压低于基极电压，所以电压放大倍数小于 1（非常接近于 1），这说明共集电极放大器只有电流放大能力而没有电压放大能力。

2　共集电极放大器输出信号电压与输入信号电压同相位特性

在共集电极放大器中，输出信号电压相位与输入信号电压相位相同，即输入信号电压增大时，输出信号电压也增大；输入信号电压减小时，输出信号电压也减小。

相位特性理解方法：

当输入信号电压增大时，即基极上信号电压增大，使 VT1 基极电流增大，发射极电流也随之增大，流过发射极电阻 R2 的电流增大，在电阻 R2 上的电压降增大，即发射极上输出信号电压增大。

由此可知，基极信号电压增大时，发射极上的信号电压也增大，所以它们是同相位的。

如果 VT1 基极上信号电压减小，使 VT1 基极电流减小，发射极电流也随之减小，流过发射极电阻 R2 的电流相应地减小，在电阻 R2 上的电压降减小，即发射极输出信号电压减小。所以它们是同相位的。

另一种理解方法是：当三极管 VT1 发射结（基极与发射极之间的 PN 结）正向导通之后，在这一 PN 结上的电压降基本不变，在一定范围内基极电压增大时，发射极电压也增大；基极电压减小时，发射极电压也减小，这说明共集电极放大器的输出信号电压与输入信号电压相位相同。

共集电极放大器的这种特性称为发射极电压跟随特性，即发射极电压跟随基极电压的变化而变化，所以共集电极放大器电路又称为射极跟随器。又由于共集电极放大器的输出信号是从三极管发射极上取出的，所以它还有一个名称是射极输出器。

射极跟随器、射极输出器都是指共集电极放大器。

3　共集电极放大器输出阻抗小和输入阻抗大特性

（1）共集电极放大器输出阻抗小。

共集电极放大器的输出阻抗比较小，这也是这种放大器的一个优点。

在多级放大器电路系统中，前一级放大器是后一级放大器的信号源电路，放大器的输出阻抗就是信号源电路的内阻，信号源的内阻小，说明可以输出更大的信号电流，显然内阻小是有益的。共集电极放大器输出阻抗小、带负载能力强，所以能够为后级电路输出足够大的信号电流。

这里可以举一个日常生活中常见的例子说明信号源内阻对输出电流的影响：一节旧电池，用万用表测量它的电压，1.2V 左右，但它不能使小电珠发光，这是因为旧电池内阻已经很大，旧电池能够输出的电流很小。而新电池内阻很小，可以输出足够大的电流给负载。

利用共集电极放大器输出阻抗小的特点，在多级放大器系统中时常将最后一级放大器采用共集电极放大器，这样，多级放大器系统能够输出更大的电流给负载。

利用共集电极放大器输入阻抗大、输出阻抗小的特点，在多级放大器系统中时常将中间的某一级放大器采用共集电极放大器，这样，这一级放大器将前级和后级的放大器进行隔离，以防止多级放大器电路系统中级和级之间的相互有害影响，这样的共集电极电路又称为缓冲级放大器或隔离级放大器。

（2）共集电极放大器输入阻抗大。

共集电极放大器的输入阻抗比较大，这是这种放大器的一个优点。

放大器的输入阻抗是前一级放大器或信号源电路的负载，当负载阻抗大时（就是放大器的输入阻抗大），要求前级放大器输出的信号电流就小，这样前级放大器的负载就轻。换言之，当放大器输入阻抗比较大时，只要有比较小的前级输入信号电流，放大器就能够正常工作。

利用共集电极放大器输入阻抗大的特点，多级放大器系统中第一级放大器时常采用共集电极放大器，这样，输入级放大器的输入阻抗比较大，信号源电路的负载就轻，使多级放大器与信号源电路之间的相互影响比较小。

共集电极放大器电路分析小结

（1）共集电极放大器的电路分析方法与共发射极放大器电路相同。

（2）前面介绍了采用正极性直流电压供电的 NPN 型三极管构成的共集电极放大器，对于采用负极性直流工作电压供电的 NPN 型三极管共集电极放大器，以及采用 PNP 型三极管构成的共集电极放大器，其电路工作原理、电路分析步骤、分析方法等都是相同的。

（3）共集电极放大器虽然只有电流放大作用，没有电压放大作用，但对输入信号是存在放大作用的，因为信号能量的大小可以用功率来表示，而功率等于电流与电压之积，不放大信号电压只放大信号电流也能放大信号功率，在功率放大器中就是采用共集电极放大器进行信号电流的放大的。

（4）共集电极放大器具有输入电阻大、输出电阻小的特点，所以这种放大器电路常用在多级放大器电路的输入级或输出级，以及用来作缓冲级、隔离级。共集电极放大器的应用量仅次于共发射极放大器。

2.6.4 三种放大器特性综述

了解三种放大器的主要特性有利于更清晰地理解和分析放大电路。

1 三种放大器特性比较

表 2-6 所示是晶体管构成的共发射极放大器、共集电极放大器和共基极放大器的主要特性比较。

2-35 视频讲解：三种放大器特性比较

表 2-6　共发射极、共集电极和共基极放大器主要特性说明

项目	共发射极放大器	共集电极放大器	共基极放大器
电压放大倍数	远大于 1	小于、接近于 1	远大于 1
电流放大倍数	远大于 1	远大于 1	小于、接近于 1

续表

项目	共发射极放大器	共集电极放大器	共基极放大器
输入阻抗	一般	大	小
输出阻抗	一般	小	大
输出、输入信号电压相位	反相	同相	同相
应用情况	最多	其次	最少
频率响应	差	较好	好
高频特性	一般	一般	好

2 **应用情况**

（1）三种放大器中，共发射极放大器应用最为广泛，在各种频率的放大系统中都有应用，是信号放大的首选电路。

（2）共集电极放大器由于它的输入阻抗大、输出阻抗小这一特点，主要用在放大系统中起隔离作用，例如用作多级放大系统中的输入级、输出级和缓冲级，使共集电极放大器的前级电路与后级电路之间相互影响减至最小。

（3）共基极放大器由于它的高频特性优良，所以它主要用在工作频率比较高的高频电路中，例如视频电路中，在一般音频放大电路中不用。

2.6.5 学会三种放大器的判断方法

通过判断三极管接成哪种类型，可以知道放大器的特性，如对信号电压和电流的放大情况等。

1 **判断原理和方法**

（1）判断原理。判断三极管接成什么类型放大器的原理是：放大器有一个输入回路，一个输出回路，每一个回路需要两根引脚，而三极管只有 3 根引脚，这样三极管 3 根引脚中必有一根引脚被输入和输出回路所共用，共用哪根引脚就是共该极的放大器。例如，共用发射极时，就是共发射极放大器。

2-36 视频讲解：经典课堂实验：共集电极放大器输入输出信号电压相位相同

（2）判断方法。实用有效的判断方法是：三极管有一根引脚被共用。放大器的地线是电路中的共用参考点，所以三极管的这根引脚应该交流接地（注意不是直流接地），只要看出三极管的哪根引脚交流接地，就可以知道是什么类型的放大器。

2 **判断共发射极放大器的方法**

图 2-70 是几种共发射极放大器的电路图。

图 2-70（a）所示电路中的 VT1 发射极直接接地，图 2-70（b）所示电路中的三极管 VT1 的发射极通过电容 C3 接地，因为 C3 的容量较大，对交流信号的容抗很小而呈通路，这样对交流信号而言，VT1 发射极相当于接地，所以这是一个共发射极放大器。

从共发射极放大器中可以看出，**VT1 基极和集电极不接地**。输入信号从基极与地之间输入到三极管中，为方便起见说成输入信号从基极输入；输出信号从 **VT1 集电极**与地之间输出，说成从集电极输出。

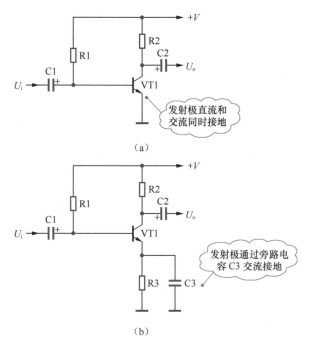

2-37 视频讲解：经典课堂实验：共集电极放大器输出信号电压小于输出信号电压

2-38 视频讲解：经典课堂实验：共集电极放大器发射极电压跟随基极电压

图 2-70　共发射极放大器电路图

3 **判断共集电极和共基极放大器方法**

（1）**判断共集电极放大器方法**。如图 2-71 所示，集电极接直流电源 $+V$，对交流而言 $+V$ 端等效接地（C1 将 $+V$ 端交流接地），所以 VT1 集电极交流接地，是共集电极放大器。

交流信号从基极输入（基极与地之间输入），信号从发射极输出（发射极与地之间输出）。发射极与地之间不能接入旁路电容，否则放大器交流短路，无信号输出。

（2）**判断共基极放大器方法**。如图 2-72 所示，基极通过旁路电容 C2 交流接地，这样基极被共用，所以这是共基极放大器。交流信号从发射极输入（发射极与地之间输入），从集电极输出（集电极与地之间输出）。

2-39 视频讲解：用画电路图方法巩固所学知识

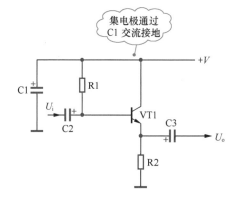

图 2-71　判断共集电极放大器方法示意图

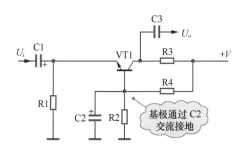

图 2-72　判断共基极放大器方法示意图

第3章 图解串联、并联、分压电路

3.1 初步认识信号回路

信号回路是指某个信号或电流所经过的回路，具体地讲就是所经过的各元器件构成的电路。

信号回路有两层意思：

（1）信号电流回路。这是一个闭合的电流回路，初学者非常喜欢这样的电流回路分析，可以清楚知道电流经过了哪些元器件和线路，图3-1是一个简单的信号电流回路示意图，这是一个玩具内电机中的电流回路示意图。

从电流回路示意图中可以看出，这一电路中的电流经过了多个元器件，即 E1 → 闭合的 S1 → M1，图3-2是电流回路中元器件作用图解。

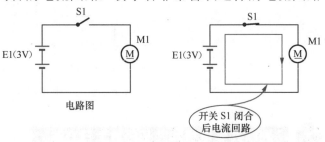

E1—3V 电池；S1—电源开关；M1—直流电机

图 3-1　电流回路示意图

（2）信号传输电路。图3-3是放大器电路中的信号传输电路示意图，从图中可以看出，输入信号 U_i 经过了电容 C1、三极管 VT1 和电容 C2。

元器件作用是指电路中元器件所起的具体作用。例如，前面电路中所示的玩具中的电机，给它通电后会转动，电路中的电池 E1 为电机提供电力等。

显然，电路分析的最为重要目的之一是了解元器件在电路中所起的具体作用。

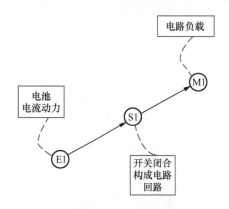

图 3-2　电流回路中元器件作用图解

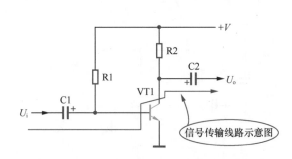

图 3-3　放大器电路中信号传输电路示意图

3.1.1　信号电流回路分析的目的

分析信号电流回路的目的主要有 3 个。

1　分析哪些元器件构成了信号电流回路

3-1 视频讲解：初步认识信号回路

这里仍然以玩具内电机电路为例进行说明，图 3-4 所示为接有电源指示灯的电机电路。从图中可以看出，电机 M1 的电流回路只与 E1、S1 和 M1 三个元器件相关，与 R1 和 VD1 无关。

图 3-5 是电源指示灯电流回路示意图，从图中可以看出，这一电流回路与电机 M1 无关，而与 E1、S1、R1 和 VD1 相关。显然，不同的电流回路是由不同元器件构成的，而不同的电流回路在电路中完成了不同的电路功能。

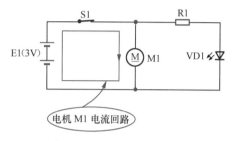

R1—限流保护电阻；VD1—电源指示灯

图 3-4　接有电源指示灯的电机电路

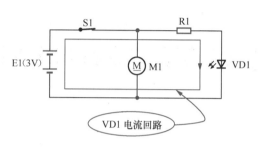

图 3-5　电源指示灯电流回路示意图

 分析结论

电机电流回路为电机提供驱动电流，其目的是让电机能够转动；电源指示灯电流回路为电源指示灯 VD1 提供驱动电流，让 VD1 发光，表示电路进入工作状态。

2　分析回路中元器件对负载的影响

3-2 视频讲解：信号传输分析

（1）电源开关对电机起控制作用。这里仍然以玩具内电机电路为例，说明回路中元器件对负载的影响，如图 3-6 所示，电路中的电源开关 S1 控制电机所在电路是否成回路，当 S1 断开时，电机没有回路，这时电路中没有电流，所以电机 M1 不转动。当电源开关 S1 接通后，电机电路成回路，电路中有电流流过电机 M1，电机 M1 转动。

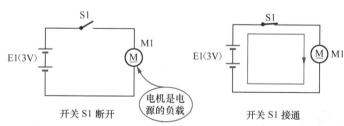

图 3-6　电源开关作用示意图

 分析提示

通过上述分析可知，在电机回路中，电源开关 S1 就是用来控制电机能否转动的，而电机就是这一电路中的主要元器件，也就是电池 E1 服务的对象，所以将电机 M1 称为电池的负载。

（2）限流电阻对发光亮度影响。图 3-7 是电源指示灯回路示意图，从图中可以看出，限流电阻 R1 串联在 VD1 回路中，R1 的阻值越大，流过 VD1 的电流就越小，VD1 就越暗。反之，R1 阻值越小，VD1 越亮。

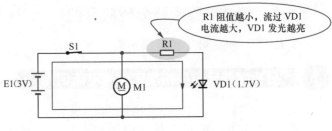

图 3-7　电源指示灯回路示意图

 公式提示

对于电阻 R1 阻值的大小对流过 VD1 电流的影响还可以用如下公式说明：

$$I = \frac{U}{R} = \frac{U_{E1} - U_{VD1}}{R1} = \frac{3 - 1.7}{R1}$$

式中，I 为流过发光二极管 VD1 电流；R1 为限流电阻；U_{E_1} 为电压，值为 3V；U_{VD1} 为管压降，值为 1.7V。

3　分析信号回路是为了故障分析

故障检修中需要进行电路故障分析，而分析的第一步就是要寻找故障源所在电路回路中的各元器件。例如，上述发光二极管指示灯电路中不指示故障，需要找出指示灯电路中的所有元器件，然后才能进行故障分析。

3.1.2　电路中产生电流的条件

1　电路中存在电流流动的两个条件

（1）第一个条件是电路成回路。所谓电路成回路就是电路是闭合的，如图 3-8 所示的电路。当开关 S1 接通后，电路成回路；S1 断开时，电路不成回路。

当开关 S1 断开时，电路中没有电流流过，因为没有满足电流产生的条件。

（2）第二个条件是回路中有电源。回路中要有电源，图 3-9 所示的电路中电源为 E1。如果电路只是成回路而没有电源，这一闭合电路中也不会有电流流动。

如果电路有一个电源，但是这个电源不在回路中，这一回路中仍然没有电流。

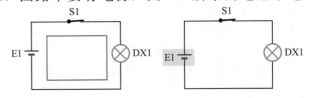

图 3-8　回路示意图　　图 3-9　回路中电源示意图

2　判断回路中是否有电流关键是看电源

图 3-10 所示是一个简单的电路，标出了这一电路中的电流回路示意图，图中有两个电流回路，即 R1 电流回路和 R2 电流回路，这两个回路都共用了电源 E1。

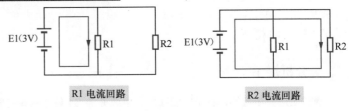

图 3-10　简单电路中的电流回路示意图

图 3-11 是 R1 和 R2 构成的回路示意图，但这一回路中没有电流，这是因为该回路没有电源。所以，并不是所有的回路中都有电流的。

3 **电路回路的简化分析**

图 3-12 是电路简化和电流回路简化示意图。在电流回路分析中，可以从电源的正端出发，沿回路分析到地线端即可，这样在复杂电路中的分析显得方便。

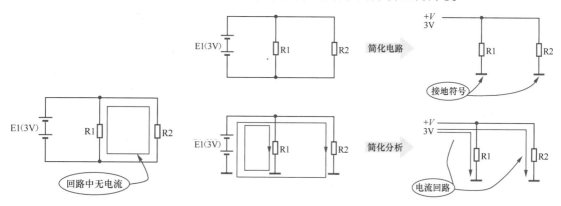

图 3-11　无电流的回路示意图　　　　图 3-12　电路简化和电流回路简化示意图

4 **电子电路接地**

（1）正或负极性电源接地符号。正电源供电时出现了接地符号，电池 E 负极用接地符号表示，电池 E 正极用 +V 表示，如图 3-13 所示，电路图比较简洁，方便识图。

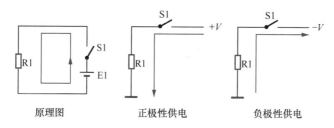

图 3-13　正或负极性电源示意图

负电源供电时，V 端是电池 E 的负极，接地点是 E 的正极。

重要提示

负极性供电电路中电流是从地线端流出，通过回路流向电源的负极端。

（2）正、负极性电源同时供电时的接地符号。如图 3-14 所示，原理图中没有接地的电路符号，电路中的 E1 和 E2 是直流电源，a 点是两电源的连接点，将 a 点接地就是标准形式电路图，＋V 表示正电源（E1 的正极端），–V 表示负电源（E2 的负极端）。电路中的接地点，对 E1 而言是与负极相连的，对 E2 而言是与正极相连的。

（3）电路中的接地处处相通。如图 3-15 所示，接地点电压为 0V，电路中其他各点的电压高低都是以这一参考点为基准，电路图中标出的各点电压数据是相对地端的电压。

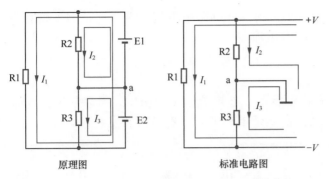

图 3-14　正负极性电源同时供电时接地符号示意图

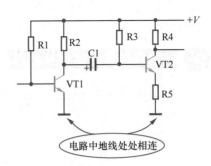

图 3-15　电路中的接地处处相通示意图

 重要提示

少量电路图中会出现两种不同的接地符号，如图 3-16 所示，表示电路中存在两个彼此独立的直流电源供电系统，两个接地点之间高度绝缘。

图 3-16　不同接地点示意图

3.1.3　信号传输电路

 重要提示

信号传输电路分析是电子电路中分析的一个重点内容，通过这一电路分析可以了解信号在整个电路中的传输过程，为"跟踪"信号提供帮助。

图 3-17 是一级放大器信号传输过程示意图，通过这一电路来说明信号传输过程。电路中，三极管 VT1 是这一电路的中心元器件，R1 是偏置电阻，R2 是集电极负载电阻，C1 和 C2 分别是输入端和输出端耦合电容。输入信号 U_i 从 VT1 基极和发射极之间输入，输出信号 U_o 取自于集电极和发射极之间。

1 **信号传输路途**

输入信号 U_i 由三极管 VT1 放大，经过放大后的输出信号为 U_o，信号在这一放大器中的传输路线是：输入信号 U_i →输入端耦合电容 **C1** → **VT1** 基极→ **VT1** 集电极→输出端耦合电容 **C2** →输出信号 U_o。

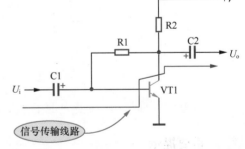

2 **分析信号传输电路的目的**

图 3-17　共发射极放大器信号传输电路示意图

分析信号传输电路的具体作用是跟踪信号在整个电路中的传输路径，这一分析可以表明在信号传输电路各点对地之间都有信号电压，如图 3-18 所示，电路中三极管 VT1 基极对地有信号电压，VT1 集电极对地也有信号电压。

 重要提示

分析电路中的信号传输电路的实用意义非常重要，例如可以用来进行电路故障检修，图 3-19 是示波器检测电路中信号时的接线示意图，如果在 VT1 基极检测到信号，而在 VT1 集电极没有了信号，这说明故障出现在 VT1 放大级。

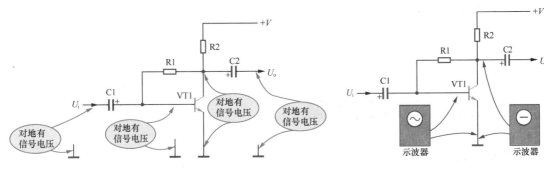

图 3-18　信号传输电路点对地都有信号示意图　　　图 3-19　示波器检测电路中信号的接线示意图

3.2　图解串联电路

串联电路、并联电路和分压电路是电子电路中最为基本的单元电路。

重要提示

无论电路如何变化，也不管电路多么复杂，对电路工作原理的分析和理解是一层层展开的，展开到最后的电路就是两种：

（1）串联电路；

（2）并联电路。

通俗地讲，在电子线路工作原理分析中，串联电路和并联电路就相当于大楼中的框架部分，是支撑起整栋大楼的基础。所以，串联电路和并联电路是各种电路的最基础电路。真正掌握串联和并联电路工作原理后，能够灵活运用串联和并联电路的基本特性，这时的电路分析就会显得比较简单和轻松。

3-3 视频讲解：实用电流回路详细分析

3.2.1　图解电阻串联电路

两个或多个电阻器头尾相连串接起来的电路称为电阻串联电路，串联电路中没有支路。

图 3-20 是电阻串联电路示意图。电阻串联电路是一切串联电路的基础，深度掌握电阻串联电路的重要特性，对分析各种形式串联电路工作原理有着举足轻重的作用。

3-4 视频讲解：电阻串联电路

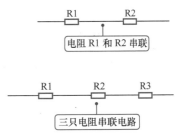

电阻 R1 和 R2 串联

三只电阻串联电路

图 3-20　电阻串联电路示意图

① 电阻串联电路中，电阻个数越多总电阻越大

电阻串联电路中，电阻个数越多总电阻越大，总电阻等于各串联电阻阻值之和。串联电路中电阻一个个串联起来，电流要流过每一个电阻，而每一个电阻对电流都起着阻碍作用，串联的电阻越多对电流的阻碍作用越大，所以电阻串联电路的总电阻越大。

 公式提示

串联电路总电阻 R 计算：

$$R=R1+R2+R3\cdots\cdots$$

图 3-21 是总电阻公式理解示意图。

2 **电阻串联电路的等效电路**

 重要提示

电阻串联电路可以等效成一只电阻，分析电路过程中时常需要这种等效理解，再复杂的串联电路都可以进行这样的等效理解，这种等效有助于理解串联电路的工作原理。

图 3-22 是电阻串联电路的等效理解方法示意图，如果几只电阻串联，整个串联电路都可以等效成一只电阻。

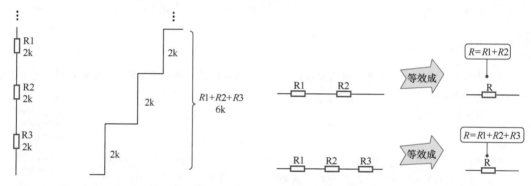

图 3-21　总电阻公式图解示意图　　　　图 3-22　电阻串联电路的等效理解示意图

3 **串联电路中电流处处相等**

这里用水管中水的流动来形象说明电阻串联电路中的电流流动。图 3-23 是水管中水的流动示意图，水管垂直放置无法储水，所以流入多少水必流出多少水。

 重要提示

在电阻串联电路中，流过电路中的每一点、每一个元器件的电流是相等的，这是电阻串联电路的特性。在其他元器件构成的串联电路中，无论参与串联的元器件如何，流过各元器件的电流也相等。

图 3-24 是电阻串联电路中电流处处相等示意图。

掌握电阻串联电路中电流处处相等特性的重要性体现在两个方面：

（1）电路分析时，知道流过串联电路中一只元器件电流大小及特性，可以推理出流过其他所有串联电路中元器件的电流特性，方便进行电路分析。

（2）电路故障推理时，当检测到串联电路中某只元器件没有电流流过时，可以推理出整个串联电路中没有电流流动，方便进行故障检修。

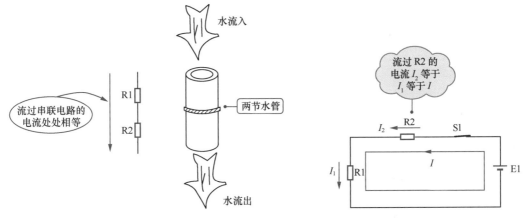

图 3-23　水管中水的流动示意图　　　　图 3-24　电阻串联电路中电流处处相等示意图

4 **串联电路分析中要抓住主要元器件**

电路分析中抓住电路中的主要元器件很重要，可以实现事半功倍之效果。

分析提示

分析电阻串联电路中，如果哪只电阻的阻值远大于其他电阻的阻值，那么阻值大的电阻在这一电阻串联电路中起主要作用，是电路分析中的关键元器件。

图 3-25 是电阻串联电路中起主要作用元器件的示意图。电阻 R1 起主要作用可以从下列几个方面理解：

（1）它的阻值大小变化对整个串联电路总阻值影响大。

（2）它的阻值大小基本上决定了串联电路中的电流大小。

（3）它两端的电压远大于其他电阻上的电压。

（4）在电子管电路中如果没有足够大功率的电阻器，可以采用串联方式增大总电阻功率。

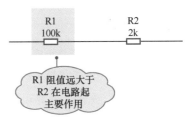

图 3-25　电阻串联电路中起主要作用元器件的示意图

重要提示

在电阻串联电路中，如果各串联电阻器阻值不等，那么阻值大的电阻器承受功率大，因为流过串联电路中各电阻电流相等，阻值大的功率大。电阻器功率由下列公式计算：

$$P=I^2R$$

式中　P——电阻器功率，W；

　　　I——流过电阻器电流，A；

　　　R——电阻器阻值，Ω。

在电路设计中选取电阻器额定功率时要注意到这一点。

5 **电阻串联电路小结**

表 3-1 所示是电阻串联电路小结。

3-5 视频讲解：电阻
串联电路课堂讨论

表 3-1　电阻串联电路小结

总电阻 R	$R=R1+R2+R3+\cdots\cdots$
总电导 G	$1/G=1/G1+1/G2+1/G3+\cdots\cdots$
总电流 I	$I=I1=I2=I3+\cdots\cdots$
总电压 U	$U=U1+U2+U3+\cdots\cdots$
总功率 P	$P=P1+P2+P3+\cdots\cdots$

3.2.2　图解电容串联电路

3-6 视频讲解：
电容串联电路

🚩 重要提示

电阻器之外的其他电子元器件也可以构成丰富多彩的串联电路。

① 电容串联电路

只有电容的串联电路称为纯电容串联电路，图 3-26 所示是纯电容串联电路。纯电容串联电路是串联电路的一种，所以它与电阻串联电路有着许多的共性，但是电容与电阻的特性不同，所以纯电容串联电路与电阻串联电路的特性也有所不同，不同的根本原因是电容特性与电阻特性不同。

② 电容串联电路中交流电流处处相等

🚩 重要提示

由于电容不能让直流电流通过，所以电容串联电路也不能让直流电流通过，只有交流电流能通过，而且流过串联电路中的各电容交流电流相等。

图 3-27 是电容串联电路交流电流处处相等特性示意图。分析电容电路的电流流动时，采用等效理解方法，即理解成交流电流直接从电容的一根引脚通过电容内部流到另一根引脚。

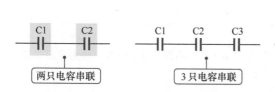

图 3-26　纯电容串联电路示意图

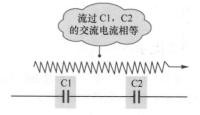

图 3-27　电容串联电路交流电流
处处相等特性示意图

③ 串联电容越多，电容的总容量越小，总容抗越大

电容串联电路的总电容小于串联电路中任何一只电容的容量，图 3-28 是电容串联电路中电容总容量减小示意图。

公式提示

电容串联电路总电容公式如下：

$$\frac{1}{C} = \frac{1}{C1} + \frac{1}{C2} + \frac{1}{C3}$$

式中，C 是串联电路总电容；$C1$、$C2$、$C3$ 是串联电路中各电容的电容量。

4　电容串联电路中小电容起主要作用

图 3-29 是小电容在串联电路中起主要作用示意图。串联电路中，由于流过各电容的电流大小相等，所以容量小的电容首先被充满电、放完电。

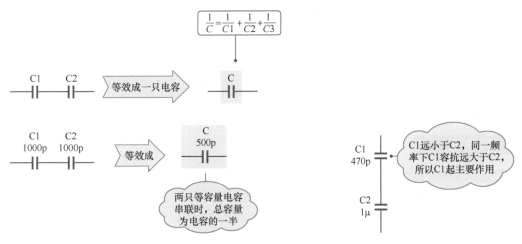

图 3-28　电容串联电路中电容总容量减小示意图　图 3-29　小电容在串联电路中起主要作用示意图

5　有极性电解电容逆串联和顺串联电路

图 3-30 所示是有极性电解电容逆串联和顺串联电路。

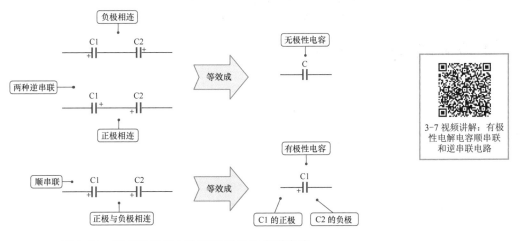

3-7 视频讲解：有极性电解电容顺串联和逆串联电路

图 3-30　有极性电解电容逆串联和顺串联电路

重要提示

　　有极性电解电容逆串联后可等效成一只无极性电容，逆串联的目的是将有极性电解电容变成无极性电解电容。

　　有极性电解电容顺串联主要用于提高电容耐压，在电子管电路中常使用这种串联电路。

6　电容串联电路的电阻等效方法

　　电容串联电路的分析可以进行电阻等效分析，其等效原理和理解方法与电容等效成电阻的一样，在特性频率下电容可等效成一只特性电阻。图 3-31 是电容串联电路的电阻等效示意图。

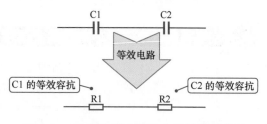

图 3-31　电容串联电路的电阻等效示意图

3.2.3　图解电感器串联电路

　　电感器串联电路在实用电路中很少，图 3-32 所示是电感器串联电路，电感 L1 与 L2 串联。

图 3-32　电感器串联电路

1　等效电感

　　电感器串联电路可以等效一只电感器，如图 3-33 所示，即 L1 和 L2 串联后等效成一只电感量为 L 的电感器。

　　在各串联电感器之间不存在相互影响的前提下（各电感器之间磁路隔离），串联后的总电感量 L 为各串联电感器的电感量之和。

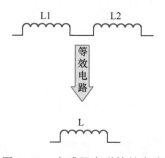

图 3-33　电感器串联等效电路

公式提示

$$L=L1+L2+\cdots\cdots$$

　　式中，L 是串联电路总电感量；L1、L2 是串联电路中各电感器电感量。

　　从上述公式中可以看出，串联电感器越多电感量越大，这一点与电阻器的串联特性相同。

2　串联电感电路特性

　　由于串联电感电路的等效电路仍然是一只电感器，所以这一电路的特性与电感器特性一样，例如能够通过直流电流，对交流电存在感抗特性等。

3.2.4　图解直流电源串联电路

　　直流电源可以进行串联和并联使用，在采用电池供电的电子电器中通常是采用直流电源的串联方式，以提高直流工作电压，因为一节电池的电压通常只有 1.5V。

　　电源并联是为了提高电源为外电路供给电流的能力，电源串联是为了提高电源供电电压。图 3-34 是电池（直流电源）串联示意图。

1　直流电源串联电路

图 3-35 所示是直流电源串联电路，电路中的 E1 和 E2 是电池，它们在电路中串联。直流电源串联后的总电压等于各直流电源电压之和，即总电压 $U_E=U_{E1}+U_{E2}$。

图 3-35（b）是多个电池串联时的电路符号示意图，图中标出 1.5V×6，说明是 6 节 1.5V 电池串联，所以这一电源串联电路总电压为 9V。

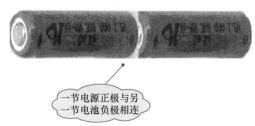

图 3-34　电池（直流电源）串联示意图

2　几点说明

（1）在采用电池供电的电子电器中，由于电池电压比较低，不符合电子电器整机直流工作电压的需要，所以要采用这种电源串联的方式，得到所需用的直流工作电压。

（2）直流电源串联时，直流电源是有极性的，正确的连接方式是一个直流电源的正极与另一个直流电源的负极相连接，若接错不仅没有正常的直流电压输出，还会造成电源的短路故障，损坏电源。

图 3-35　直流电源串联电路

（3）为了获得更高的直流工作电压可以采用直流电源串联电路。如果两个直流电源的直流工作电压大小不同，也可以进行串联。流过各个串联电源的电流相等。

3.2.5　图解二极管串联电路

1　二极管简易直流稳压电路

二极管简易稳压电路主要用于一些局部的直流电压供给电路中，由于电路简单，成本低，所以应用比较广泛。

二极管简易稳压电路中主要利用二极管的管压降基本不变特性。

3-8 视频讲解：二极管构成的直流稳压电路

特性提示

二极管的管压降特性：二极管导通后其管压降基本不变，对硅二极管而言，管压降是 0.6V 左右；对锗二极管而言，管压降是 0.2V 左右。

图 3-36 所示是由普通 3 只二极管构成的简易直流稳压电路。电路中的 VD1、VD2 和 VD3 是普通二极管，它们串联起来后构成一个简易直流稳压电路。

电路中，3 只二极管在直流工作电压的正向偏置作用下导通，导通后对这一电路的作用是稳定电路中 A 点的直流电压。

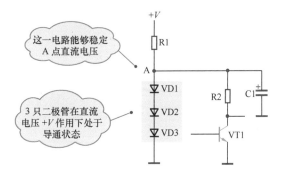

图 3-36　3 只普通二极管构成的简易直流稳压电路

重要提示

众所周知，二极管内部是一个 PN 结的结构，PN 结除单向导电特性之外还有许多特性，其中之一是二极管导通后其管压降基本不变，对于常用的硅二极管而言，导通后正极与负极之间的电压降为 0.6V。

根据二极管的这一特性，可以很方便地分析由普通二极管构成的简易直流稳压电路工作原理。3 只二极管导通之后，每只二极管的管压降是 0.6V，那么 3 只串联之后的直流电压降是 0.6V×3=1.8V。

图 3-37 是 3 只二极管导通电流回路示意图。

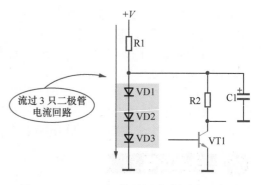

图 3-37 3 只二极管导通电流回路示意图

2 二极管限幅电路

特性提示

3-9 视频讲解：二极管构成的限幅电路

二极管最基本的工作状态是导通和截止两种，利用这一特性可以构成限幅电路。所谓限幅电路就是限制电路中某一点的信号幅度大小，让信号幅度大到一定程度时，不让信号的幅度再增大，当信号的幅度没有达到限制的幅度时，限幅电路不工作，具有这种功能的电路称为限幅电路，利用二极管来完成这一功能的电路称为二极管限幅电路。

图 3-38 所示是二极管限幅电路。在电路中，A1 是集成电路（一种常用元器件），VT1 和 VT2 是三极管（一种常用元器件），R1 和 R2 是电阻器，VD1～VD6 是二极管。

用画出信号波形的方法分析电路工作原理十分管用，用于分析限幅电路尤其有效，图 3-39 是电路中集成电路 A1 的①脚上信号波形示意图。

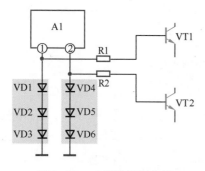

图 3-38 二极管限幅电路

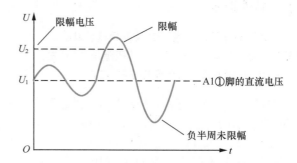

图 3-39 集成电路 A1 的①脚上信号波形示意图

图 3-39 中，U_1 是集成电路 A1 的①脚输出信号中的直流电压，①脚输出信号中的交流电压是"骑"在这一直流电压上的。U_2 是限幅电压值。

结合上述信号波形来分析这个二极管限幅电路，当集成电路 A1 的①脚输出信号中的交流电压比较小时，交流信号的正半周加上直流输出电压 U_1 也没有达到 VD1、VD2

和 VD3 导通的程度，所以各二极管全部截止，对①脚输出的交流信号没有影响，交流信号通过 R1 加到 VT1 中。

假设集成电路 A1 的①脚输出的交流信号其正半周幅度在某一点时很大，见图中的信号波形，由于此时交流信号的正半周幅度加上直流电压已超过二极管 VD1、VD2 和 VD3 正向导通的电压值，如果每只二极管的导通电压是 0.7V，那么 3 只二极管的导通电压是 2.1V。由于 3 只二极管导通后的管压降基本不变，即集成电路 A1 的①脚最大为 2.1V，所以交流信号正半周超出部分被去掉（限制），其超出部分信号其实降在了集成电路 A1 的①脚内电路中的电阻上（图中未画出）。

 分析提示

当集成电路 A1 的①脚直流和交流输出信号的幅度小于 2.1V 时，这一电压不能使 3 只二极管导通，这样 3 只二极管再度从导通转入截止状态，对信号没有限幅作用。

对于这一电路的具体分析细节说明如下。

（1）集成电路 A1 的①脚输出的负半周大幅度信号不会造成 VT1 过电流，因为负半周信号只会使 NPN 型三极管的基极电压下降，基极电流减小，所以无须加入对于负半周的限幅电路。

（2）上面介绍的是单向限幅电路，这种限幅电路只能对信号的正半周或负半周大信号部分进行限幅，对另一半周信号不限幅。另一种是双向限幅电路，它能同时对正、负半周信号进行限幅。

（3）引起信号幅度异常增大的原因是多种多样的，例如偶然的因素（如电源电压的波动）导致信号幅度在某瞬间增大许多，外界的大幅度干扰脉冲"窜入"电路也是引起信号某瞬间异常增大的常见原因。

（4）3 只二极管 VD1、VD2 和 VD3 导通之后，集成电路 A1 的①脚上的直流和交流电压之和是 2.1V，这一电压通过电阻 R1 加到 VT1 基极，这也是 VT1 最高的基极电压，这时的基极电流也是 VT1 最大的基极电流。

（5）由于集成电路 A1 的①脚和②脚外电路一样，所以它们的外电路中的限幅保护电路工作原理也一样，分析电路时只要分析一个电路即可。

（6）根据串联电路特性可知，串联电路中的电流处处相等，这样可以知道 VD1、VD2 和 VD3 三只串联二极管导通时同时导通，否则同时截止，绝不会出现串联电路中的某只二极管导通而某几只二极管截止的现象。

3.2.6 图解 RC 串联电路

 重要提示

由电阻 R 和电容 C 构成的电路称为阻容电路，简称 RC 电路，这是电子电路中十分常见的一种电路，RC 电路的种类和变化很多，必须认真学习，深入掌握。

图 3-40 所示是 RC 串联电路，RC 串联电路由一个电阻 R1 和一个电容 C1 串联而成。在串联电路中，电容 C1 在电阻 R1 后面或在电阻 R1 前面是一样的，因为串联电路中流过各个元器件的电流相同。

3-10 视频讲解：RC
串联电路

1 RC 串联电路电流特性

（1）电流特性。由于有电容的存在，电路中是不能流过直流电流的，但是可以流过交流电流，所以这一电路用于交流电路中。

（2）综合特性。这一串联电路具有纯电阻串联和纯电容串联电路综合起来的特性。在交流电流通过这一电路时，电阻和电容对电流都存在着阻碍作用，其总的阻抗是电阻和容抗之和。

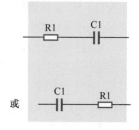

图 3-40 RC 串联电路

 特性提示

电阻对交流电的电阻不变，即对不同频率的交流电其电阻不变，但是电容的容抗随交流电的频率变化而变化，所以这一 RC 串联电路总的阻抗是随频率变化而改变的。

2 RC 串联电路阻抗特性

图 3-41 所示是 RC 串联电路的阻抗特性曲线，图中 X 轴方向为频率，Y 轴方向为这一串联电路的阻抗。

从曲线中可看出，曲线在频率 f_0 处改变，这一频率称为转折频率，这种 RC 串联电路只有一个转折频率 f_0。

（1）输入信号频率 $f > f_0$。图 3-42 是输入信号频率高于转折频率时示意图，当输入信号频率 $f > f_0$ 时，整个 RC 串联电路总的阻抗不变了，其大小等于 R1，这是因为当输入信号频率增大到一定程度后，电容 C1 的容抗小到几乎为零，这样对 C1 的容抗可以忽略不计，而电阻 R1 的阻值是不随频率变化而变化的，所以此时无论频率是否在变化，总的阻抗不变而为 $R1$。

在进行 RC 串联电路的阻抗分析时要将输入信号频率分成两种情况。

（2）输入信号频率 $f < f_0$。图 3-43 是输入信号频率低于转折频率时示意图，当输入信号频率 $f < f_0$ 时，由于交流信号的频率低了，电容 C1 的容抗大了，大到与电阻 R1 的值相比较不能忽略的程度，所以此时要考虑 C1 容抗的存在。

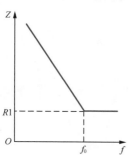

图 3-41 RC 串联电路的
阻抗特性曲线

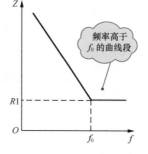

图 3-42 输入信号频率高于
转折频率时示意图

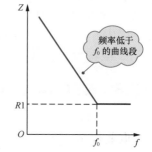

图 3-43 输入信号频率低于
转折频率时示意图

当频率低到一定程度时，C1 的容抗在整个 RC 串联电路中起决定性作用。

 特性提示

从曲线中可看出，随着频率的降低，C1 的容抗越来越大，所以该 RC 电路总的阻抗是 R1 和 C1 容抗之和，即在 R1 的基础上随着频率降低,这一 RC 串联电路的阻抗增大。在频率为零(直流电)时, 该电路的阻抗为无穷大, 因为电容 C1 对直流电呈开路状态。

图 3-44 是 RC 串联电路转折频率示意图,这一 RC 串联电路只有一个转折频率 f_0, 计算公式如下:

$$f_0 = \frac{1}{2\pi R_1 C_1}$$

当电容 C1 的容量比较大时, 转折频率 f_0 很小, 具体讲如果转折频率低于交流信号的最低频率, 则此时该串联电路对信号的总阻抗基本等于 $R1$, 在一些耦合电路中会用到这种 RC 串联电路。

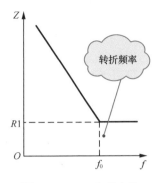

图 3-44　RC 串联电路
转折频率示意图

特性提示

如果 f_0 不低于交流信号的最低频率,那么这种 RC 串联电路就不能用于耦合,而是有其他用途了。

3.3　图解并联电路

3.3.1　图解电阻并联电路

电阻并联电路是复杂电子电路的又一个基本电路, 它与串联电路一起构成了复杂的电子线路。

电阻并联电路是并联电路的基础, 掌握了电阻并联电路, 通过等效理解可以分析其他元器件构成的并联电路工作原理。

两个或多个电阻器两根引脚相并接的电路称为电阻并联电路。

图 3-45 是电阻并联电路示意图。

3-11 视频讲解:
电阻并联电路

R1 与 R2 并联电路　　R1、R2 和 R3 并联电路

图 3-45　电阻并联电路示意图

①　电阻并联电路中,电阻并联越多总电阻越小

电阻并联电路中, 电阻并联越多总电阻越小。

图 3-46 所示是电阻并联电路总电阻越并联越小特性记忆方法。电阻并联电路同水管并接有相似之处, 这种方法有助于理解和记忆电阻并联电路总电阻特性。

并联电路中电阻一个个并联起来, 每一个电阻都提供了一个电流通路, 这样总电流大了, 等效成总电阻小, 所以电阻并联电路的总电阻越来越小。

总电阻计算公式:

并联电路的总电阻为 R, $1/R=1/R1+1/R2+1/R3+\cdots\cdots$

总电阻 R 的倒数等于各并联电阻的倒数之和。

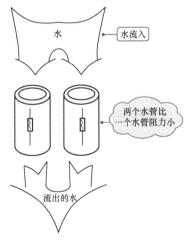

图 3-46　并联电路总阻抗越
并联越小特性记忆方法

　　电阻并联电路可以等效成一只电阻，分析电路过程中时常需要这种等效理解，再复杂的并联电路都可以进行这样的等效理解，这种等效有时有益于并联电路工作原理的理解。图 3-47 是电阻并联电路的等效理解示意图，如果几只电阻并联，整个并联电路可以等效成一只电阻。

2　电阻并联电路总电流等于各并联支路电流之和

　　在并联电路中，各支路电流之和等于回路中的总电流，即总电流 $I=I_1+I_2\cdots\cdots$，图 3-48 是并联电路电流示意图。

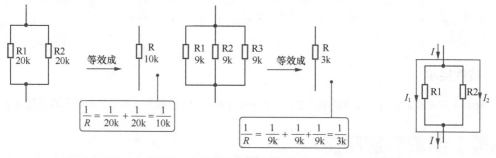

图 3-47　电阻并联电路的等效理解示意图　　　　图 3-48　并联电路电流示意图

　　图 3-49 所示是并联电路总电流等于各支路电流之和特性通俗记忆方法，从水库的流出水量等于流入大海的水量，等于几条大河的流量之和。

3　并联电路中支路电阻大小与电流大小成反比

　　并联电路中每一支路的电流大小与该支路中阻值（或阻抗）的大小成反比，阻值或阻抗大的支路其电流小。图 3-50 是并联电路中支路电流与电阻之间关系示意图。

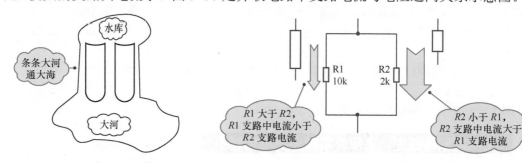

图 3-49　并联电路总电流等于各支路　　　图 3-50　并联电路中支路电流与电阻
　　　　　电流之和特性记忆方法　　　　　　　　　　之间关系示意图

 重要提示

　　并联电路是一个分流电路，将总电流分成多路的支路电流。

　　有更多的并联元器件时，可以将总电流分成更多的支路电流，只要适当选择各支路中元器件的阻值或阻抗大小，便能使各支路获得所需要的电流大小。

　　有电阻之外的元器件进行并联时，也会根据元器件特性不同，得到不同特性的并联电路。

④ **并联电路中电阻小的支路在电路中起主要作用**

在电阻并联电路中，如果某只电阻的阻值远小于其他电阻的阻值，那么这个电阻支路在电路中起主要作用，因为这一支路中的电流远大于其他支路中的电流，对整个并联电路的总电流大小起决定性的作用。

 重要提示

电阻器功率由下列公式计算：

$$P = U^2 / R$$

式中　P——电阻器功率，W；

　　　U——并联电路中电阻器两端电压，V；

　　　R——电阻器阻值，Ω。

电阻并联电路中，因为流过阻值小的电流大，而并联电阻两端的电压相等，所以阻值小的电阻承受更大的功率，在电路设计中选取电阻器额定功率时要注意到这一点。

3-12 视频讲解：
电阻并联电路小结

⑤ **电阻并联电路小结**

表 3-2 所示是电阻并联电路小结。

表 3-2　电阻并联电路小结

总电阻 R	$1/R = 1/R1 + 1/R2 + 1/R3 + \cdots\cdots$
总电导 G	$G = G1 + G2 + G3 + \cdots\cdots$
总电流 I	$I = I1 + I2 + I3 + \cdots\cdots$
总电压 U	$U = U1 = U2 = U3 + \cdots\cdots$
总功率 P	$P = P1 + P2 + P3 + \cdots\cdots$

⑥ **RC 并联电路阻抗特性**

（1）阻抗特性及转折频率。图 3-51 所示是 RC 并联电路的阻抗特性曲线，它也是只有一个转折频率 f_0。计算公式如下：

$$f_0 = \frac{1}{2\pi R_1 C_1}$$

3-13 视频讲解：RC
并联电路阻抗特性

从上式中可以看出，这一转折频率公式与 RC 串联电路的转折频率公式是一样的。当电容 C1 取得较大时，f_0 很小，若转折频率小于信号的最低频率，则此时该电路对信号而言阻抗几乎为零，这种 RC 并联电路在一些旁路电路中时常用到，如放大器电路中的发射极旁路电容。

（2）输入信号频率 $f > f_0$ 情况。图 3-52 是输入信号频率高于转折频率时示意图，当输入信号频率 $f > f_0$ 时，由于电容 C1 的容抗随频率的升高而下降，此时 C1 的容

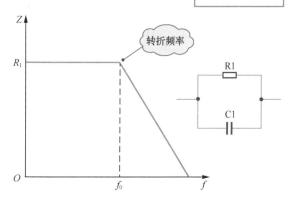

图 3-51　RC 并联电路的阻抗特性曲线

抗小到可以与 R1 比较了，这样就要考虑 C1 的存在。

 重要提示

在输入信号频率 f 高于转折频率 f_0 后，由于 C1 与 R1 的并联，其总的阻抗下降。

当频率高到一定程度后，总的阻抗为零。

（3）输入信号频率 $f < f_0$ 情况。图 3-53 是输入信号频率低于转折频率时示意图，当输入信号频率 $f < f_0$ 时，由于电容 C1 的容抗很大（与 R1 相比很大）相当于开路，此时整个电路的总阻抗等于 $R1$。

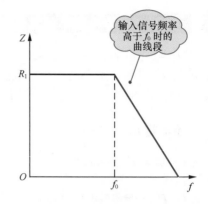

图 3-52　输入信号频率高于转折频率时示意图

7　RC 串并联电路

（1）**RC 串并联电路之一**。图 3-54 所示是一种 RC 串并联的阻抗特性曲线。电路中，要求 $R2$ 大于 $R1$，$C2$ 大于 $C1$，这一 RC 串并联电路有 3 个转折频率。

（2）**RC 串并联电路之二**。图 3-55 所示是另一种 RC 串并联的阻抗特性曲线，从这一电路的阻抗特性曲线中可看出，它有两个转折频率。

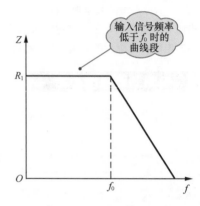

图 3-53　输入信号频率低于转折频率时示意图

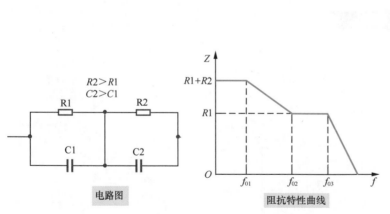

图 3-54　一种 RC 串并联的阻抗特性曲线

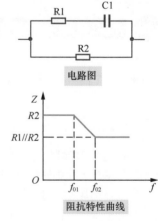

图 3-55　另一种 RC 串并联的阻抗特性曲线

3-14 视频讲解：两只小电容并联电路

3.3.2　图解电容并联电路

图 3-56 所示是电容并联电路。

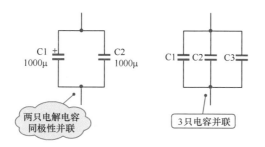

3-15 视频讲解：两只
一大一小电容并联电路

图 3-56　电容并联电路

1 电容并联越多总容量越大

图 3-57 是电容并联电路等效电路示意图，它等效成一只容量更大的电容，有极性电解电容只能正极与正极并接，负极与负极并接。电容并联电路的总电容等于各电容之和，电容并联越多总电容越大。

3-16 视频讲解：数只
小电容串并联电路

 公式提示

电容并联电路总电容量计算公式如下：

$$C=C1+C2+\cdots\cdots$$

式中　C——电容并联电路总电容量；
　　　$C1$、$C2$——并联电路中各电容器容量。

2 电容并联电路其他特性

（1）不能通直流电。由于电容的隔直特性，电容并联电路不能让直流电流流过。

（2）支路电流特性。容量大的支路中交流电流大，因为容量大容抗小。

（3）大电容起主要作用。如果电容并联电路中某电容容量远大于其他电容的容量，它在并联电路中起主要作用，因为容量大容抗小。

（4）相等的电压特性。并联电路中各电容上的电压相等。

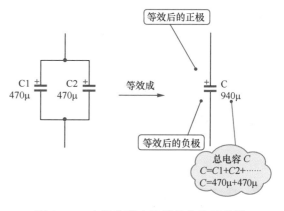

图 3-57　电容并联电路等效电路示意图

3.3.3 电感并联电路

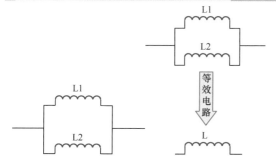

图 3-58　电感器并联电路　图 3-59　电感器并联
　　　　　　　　　　　　　　　　　　等效电路

电感器并联电路在实用电路中很少，图 3-58 所示是电感器并联电路，电感 L1 与 L2 并联。

1 等效电感

电感器并联电路可以等效为一只电感器，如图 3-59 所示，即 L1 和 L2 并联后等效成一只电感量为 L 的电感器。

在各并联电感器之间不存在相互影响

的前提下（各电感器之间磁路隔离），并联后的总电感量 L 倒数为各串联电感器的电感量倒数之和。

3-17 视频讲解：
三端稳压集成电路
并联电路

公式提示

电感并联电路总电感量计算公式如下：

$$1/L=1/L1+1/L2+\cdots\cdots$$

式中　L——电感并联电路总电感量；

　　　L1、L2——并联电路中各电感器电感量。

从上述公式中可以看出，电感器并联越多电感量越小。

2　并联电感电路特性

由于并联电感电路的等效电路仍然是一只电感器，所以这一电路的特性与电感器特性一样，例如能够通过直流电流，对交流电存在感抗特性等。

3.3.4　直流电源并联电路

1　直流电源并联电路

图 3-60 所示是直流电源并联电路，电路中的 E1 和 E2 是电池，这两个电池的直流电压大小相等，将它们并联。直流电源并联后的总电压等于某一个直流电源的电压。

重要提示

直流电源的并联电路应用比较少，当电池的容量不足时，即电池所能输出的直流电流不能满足电路需要时，采用电池并联供电电路。

2　几点说明

（1）直流电源并联时，直流电源也是有极性的，正确连接方式是一个直流电源的正极接另一个直流电源的正极，它们的负极连接起来。

（2）直流电源并联电路能够增加电源的输出电流，不能增大电源的直流工作电压。

（3）流过各并联电池的电流之和等于电源外电路电流之和。

（4）不同直流电压大小的电池之间不能进行并联，否则直流电压高的电池会对直流电压低的电池进行充电，消耗了直流电压高的电池的电能。

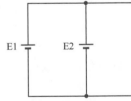

图 3-60　直流电源
并联电路

3.3.5　三端稳压集成电路并联运用电路

图 3-61 所示是三端稳压集成电路并联运用电路。电路中的 A1 和 A2 是两块同型号三端稳压集成电路，要求两块集成电路性能一致，否则会在烧坏一块后继续烧坏另一块。

集成电路 A1 为负载平均分担工作电流，A1 和 A2 为负载电路提供相同的工作电压。

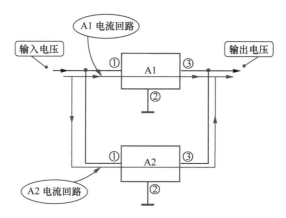

图 3-61 三端稳压集成电路并联运用电路

3.4 图解分压电路

电子电路中大量使用各种形式的分压电路，即由电阻、电容、二极管、三极管等元器件构成的分压电路。分压电路也是电子电路中一种最为基本的单元电路。

3-18 视频讲解：实用电阻电路

3.4.1 图解电阻分压电路

信号在电子电路中不只是需要放大，更多的是需要在局部电路中进行恰当衰减，信号的这一过程由分压电路来完成。

电阻分压电路是各种形式分压电路的基本电路，必须加以掌握。

图 3-62 所示是典型的电阻分压电路，电路由 R1 和 R2 两只电阻构成。电路中有电压输入端和电压输出端。

🚩 **重要提示**

电阻分压电路特征是：输入电压 U_i 加在电阻 R1 和 R2 上，输出电压 U_o 取自串联电路中电阻 R2 上的电压，这种形式的电路称之为分压电路。以此电路特征可以在众多电路中分辨出分压电路。

① 电路分析

分析分压电路的关键点有两个：一是分析输入电压回路及找出输入端，二是找出电压输出端。图 3-63 是电阻分压电路输入回路示意图。输入电压加到电阻 R1 和 R2，它产生的电流流过 R1 和 R2。

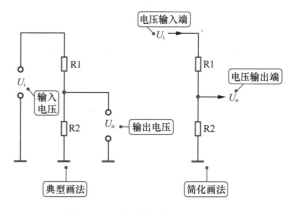

图 3-62 典型的电阻分压电路

② 找出分压电路输出端

分压电路输出的信号电压要送到下一级电路中，理论上分压电路的下一级电路输入端是分压电路的输出端，前级电路的输出端就是后级电路的输入端，图 3-64 是前级电路输出端与后级电路输入端关系示意图。但是，识图时用这种方法的可操作性差，因为有时分析出下一级电路的输入端比较困难。

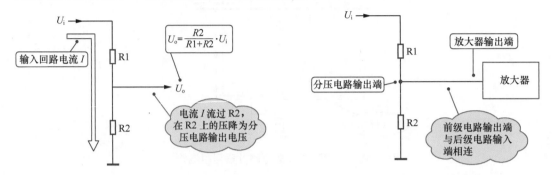

图 3-63　电阻分压电路输入回路示意图　　图 3-64　前级电路输出端与后级电路输入端关系示意图

 重要提示

更为简便的方法是：找出分压电路中的所有元器件，从地线向上端分析，发现某元器件与分压电路之外的其他电路相连时，这一连接点是分压电路的输出端，这一点的电压就是分压电路的输出电压。

③ 输出电压大小

分析分压电路过程中，时常需要搞清楚输出电压的大小。

分压电路输出电压 U_o 大小计算方法：

$$U_o = \frac{R2}{R1+R2} U_i$$

式中　U_i——输入电压；
　　　U_o——输出电压；

$R1$、$R2$——分压电路中电阻器的阻值。

因为 **$R1+R2$** 大于 **$R2$**，所以输出电压小于输入电压。分压电路对输入信号电压进行衰减。

改变 R1 或 R2 的阻值大小，可以改变输出电压 U_o 的大小。

分析分压电路工作原理时，不仅需要分析输出电压大小，往往还需要分析输出电压大小的变化趋势，因为分压电路中的两只电阻的阻值大小可能会改变。

图 3-65 所示是 R2 阻值大小变化时情况。输入电压 U_i、R1 固定不变时，如果 R2 阻值增大，输出电压 U_o 也将随之增大；R2 阻值减小，输出电压 U_o。

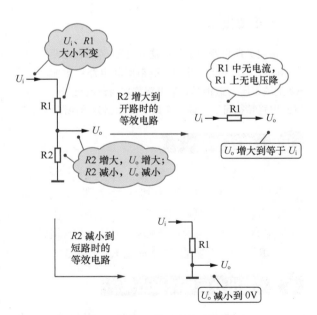

图 3-65　R2 阻值大小变化时情况

也将随之减小。

借助于极限情况分析有助于记忆：当 R2 阻值增大到开路时，$U_o=U_i$，即分压电路的输出电压等于输入电压；当 R2 阻值减小到短路时，$U_o=0V$，即分压电路的输出电压等于0V。

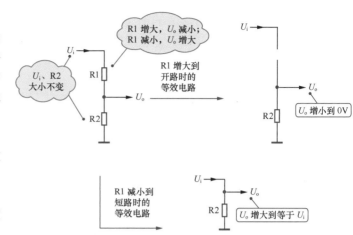

图 3-66 所示是 R1 阻值大小变化时情况。输入电压 U_i、R2 固定不变，当 R1 减小时，输出电压 U_o 增大；当 R1 增大时，输出电压 U_o 减小。

借助于极限情况分析有助

图 3-66　R1 阻值大小变化时情况

于记忆：当 R1 减小到为零时（R1 短路），分压电路输出端为 U_i 端，输出电压为 U_i；当 R1 增大到开路时，输出电压为 0V。

3.4.2　图解其他分压电路

分压电路不只是存在于电阻电路中，其他的元器件也可以构成分压电路，并且可以多种不同类型的元器件构成分压电路。

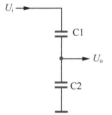

图 3-67　电容分压电路

1　电容分压电路

图 3-67 所示是电容分压电路。电路中的 C1 和 C2 构成电容分压电路，U_i 是交流输入信号电压，U_o 是输出信号电压，输出信号电压从电容 C2 上取出。分析电容分压电路时可以运用分析电阻分压电路的基本方法，再借助电容器的具体特性进行个性分析。

由于电容的隔直特性，所以这一分压电路不适合于直流电路。进行电容分压电路输出电压大小分析时，运用等效理解方法最简单，图 3-68 所示是电容分压电路的等效电路。

电容 C1 和 C2 的容抗分析用两只电阻来等效，这样电容分压电路就等效成电阻分压电路，可以用电阻分压电路中分析输出电压大小的方法来分析。

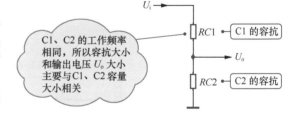

图 3-68　电容分压电路的等效电路

等效电路的分析关键是对容抗大小的理解，这里需要了解电容容抗的有关特性，容抗与频率成反比，容抗与容量成反比。

不了解容抗与频率、容量之间的关系就无法进行这种等效分析，许多初学者电路分析中遇到困难也是出于对这些基本知识和概念的掌握不全面、不扎实。

 重要提示

流过电容分压电路各电容的信号频率相同，这样进行等效电路分析时只需要考虑 C1、C2 的容量大小对容抗的影响。

如果 C1 的容量等于 C2 的容量，那么 C1 和 C2 的容抗相等，即等效电路中的 $RC1$、$RC2$ 相等，由前面电阻分压电路特性可知，此时输出电压 U_o 等于输入电压 U_i 的一半；当电容 C1 的容量大于 C2 的容量时，C1 的容抗 $RC1$ 小于 C2 的容抗 $RC2$，此时输出电压 U_o 大于输入电压 U_i 的一半。

交流电路中，分压电路用来将输入的交流信号进行适当的衰减，可以采用电阻分压电路实现这一电路功能，为何又要采用电容分压电路？因为电阻对信号存在损耗，而电容在理论上对信号能量不存在损耗，所以在一些交流信号电路中，特别是高频信号电路中采用电容分压电路而不用电阻分压电路。

2 阻容分压电路

电阻和电容组合也可以构成分压电路，图 3-69 所示是一种形式的阻容分压电路，输出电压取自电容 C1 上。

分析这种分压电路要将输入信号分为直流和交流两种情况分别进行。

当输入电压为直流电压时，由于电容 C1 的容抗为无穷大，所以 C1 相当于开路，图 3-70 所示是直流等效电路，这时 R1 和 C1 不再构成分压电路，直流电压经过 R1 后作为输出电压直接加到后级电路中。

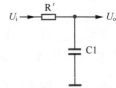

图 3-69 阻容分压电路

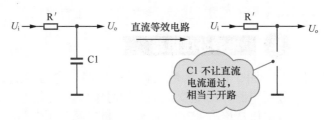

图 3-70 直流等效电路

当输入电压为交流电压时，由于电容 C1 的容抗存在，而且这类电路中 C1 容量较大而容抗较小，这时 R1 和 C1 构成分压电路，图 3-71 所示是交流等效电路，交流电压经过 R1、C1 分压后作为输出电压加到后级电路中。在理解 RC 滤波电路工作时，可以用上述 RC 分压电路的分析方法进行分析和理解。

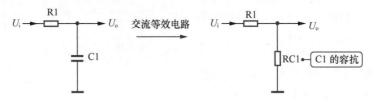

图 3-71 交流等效电路

第4章　RCL 实用电路

4.1　RC 移相电路和实用 RC 电路

重要提示

掌握 RC 移相电路工作原理可以方便地分析 RC 正弦振荡器电路工作原理，同时也能更加容易理解负反馈放大器中的消振电路工作原理，因为消振电路的工作原理是建立在 RC 移相电路基础上的。

4.1.1　RC 移相电路

重要提示

RC 电路可以用来对输入信号的相位进行移相，即改变输出信号与输入信号之间的相位差，根据阻容元件的位置不同有两种 RC 移相电路：RC 滞后移相电路和 RC 超前移相电路。

4-1 视频讲解：RC 移相电路和实用 RC 电路

1　电流与电压之间相位关系

在讨论 RC 移相电路工作原理之前，先要对电阻器、电容器上的电流相位和电阻器、电容器上电压降的相位之间的关系进行说明。

（1）电阻器上电流与电压之间的相位关系。电压和电流之间的相位是指电压变化时所引起的电流变化的情况。当电压在增大时，电流也在同时增大，并始终同步变化，这说明电压和电流之间是同相位的，即相位差为 0°，如图 4-1 所示。

当电压增大时，电流减小，这说明它们之间是不同相的。电压与电流之间的相位差可以是 0 ～ 360° 范围内的任何值。不同的元件，其电流与电压的相位差是不同的。

4-2 视频讲解：电阻的电流与电压相位关系

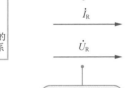

图 4-1　电阻器上电流与电压之间的相位关系示意图

重要提示

电阻器上的电流和电压是同相的，即流过电阻器的电流和电阻器上的电压降相位相同。

（2）电容器上电流与电压之间的相位关系。电容器上的电流和电压相位相差 90°，如图 4-2 所示，并且是电流超前电压 90°，这一点可以这样来理解：只有对电容器充电之后，电容器内部有了电荷，电

4-3 视频讲解：电容的电流与电压相位关系

容器两端才有电压，所以流过电容器的电流相位是超前电压相位的。

4-4 视频讲解：RC
滞后移相电路

2 RC 滞后移相电路

图 4-3 所示是 RC 滞后移相电路。电路中的 U_i 是输入信号电压，U_o 是经这一移相电路后的输出信号电压，I 是流过电阻 R1 和电容 C1 的电流。

分析移相电路时要用到矢量的概念，并且要学会画矢量图。为了方便分析 RC 移相电路的工作原理，可以用画图分析的方法。具体画图步骤如下。

第 1 步：画出流过电阻和电容的电流 i。图 4-4 所示为一条水平线（其长短表示电流的大小）。

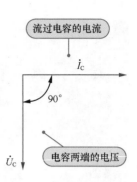

图 4-2　容器上电流与电压之间的相位关系示意图

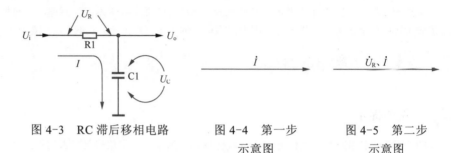

4-5 视频讲解：RC
超前移相电路

图 4-3　RC 滞后移相电路　　图 4-4　第一步示意图　　图 4-5　第二步示意图

第 2 步：画出电阻上的电压矢量。如图 4-5 所示，由于电阻上的电压降 $\dot{U}_R$ 与电流 i 是同相位的，所以 $\dot{U}_R$ 也是一条水平线（与 i 矢量线之间无夹角，表示同相位）。

第 3 步：画出电容上电压矢量。如图 4-6 所示，由于电容两端电压滞后于流过电容的电流 90°，所以将电容两端的电压 $\dot{U}_C$ 画成与电流 i 垂直的线，且朝下（以 i 为基准，顺时针方向为相位滞后），该线的长短表示电容上电压的大小。

第 4 步：画出平行四边形。从 RC 滞后移相电路中可以看出，输入信号电压 $\dot{U}_i = \dot{U}_R + \dot{U}_C$，这里是矢量相加，要画出平行四边形，再画出输入信号电压 $\dot{U}_i$，如图 4-7 所示。

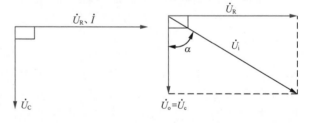

图 4-6　第三步示意图　　图 4-7　第四步示意图

分析提示

矢量 $\dot{U}_R$ 与矢量 $\dot{U}_C$ 相加后等于输入电压 $\dot{U}_i$，从图 4-7 中可以看出，$\dot{U}_C$ 与 $\dot{U}_i$ 之间是有夹角的，并且是 $\dot{U}_C$ 滞后于 $\dot{U}_i$，或者说是 $\dot{U}_i$ 超前 $\dot{U}_C$。

由于该电路的输出电压是取自于电容上的，所以 $\dot{U}_o = \dot{U}_C$，输出电压 $\dot{U}_o$ 滞后于输入电压 $\dot{U}_i$ 一个角度。由此可见，该电路具有滞后移相的作用。

3 RC 超前移相电路

图 4-8 所示是 RC 超前移相电路，这一电路与 RC 滞后移相电路相比，只是电路中电阻和电容的位置变换了，输出

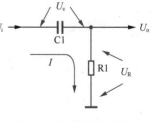

图 4-8　超前移相电路

电压取自于电阻 R1。

根据上面介绍的矢量图画图步骤，画出矢量图之后很容易看出，如图 4-9 所示，输出信号电压 U_o 超前于输入电压 U_i 一个角度。

具体的画图步骤：①画出电流 $\dot{I}$；②画出电阻上压降 $\dot{U}_R$；③画出电容上压降 $\dot{U}_c$；并画出平行四边形；④画出输入电压 $\dot{U}_i$。

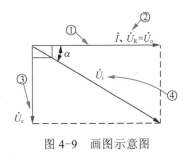

图 4-9　画图示意图

 重要提示

这种 RC 移相电路的最大相移量小于 90°，如果采用多级 RC 移相电路则总的相移量可以大于 90°。改变电路中的电阻或电容的大小，可以改变相移量。

4.1.2　RC 消火花电路

图 4-10 所示是 RC 消火花电路。电路中，+ V 是直流工作电压，S1 是电源开关，M 是直流电机，R1 和 C1 构成 RC 消火花电路。

 重要提示

直流电机 M 是一个感性负载，在切断电源开关 S1 的瞬间，由于感性负载突然断电会产生自感电动势，这一电动势很大且加在了开关 S1 两个触点之间，这会在 S1 两触点之间产生打火放电现象，损伤开关 S1 的两个触点，长时间这样打火会造成开关 S1 的接触不良故障，为此要加入 R1 和 C1 这样的消火花电路，以保护感性负载回路中的电源开关。

4-6 视频讲解：RC 开关消火花电路

开关 S1 断开时，直流电机 M 两端的自感电动势是通过这样的电路加到开关 S1 两个触点之间的，如图 4-11 所示，直流电机 M 上端直接与开关 S1 的左边触点相连，直流电机 M 的下端通过地线与直流电源 +V 的负极相连，再通过直流电源的内电路与开关 S1 的右边触点相连，这样，产生于直流电机 M 两端的自感电动势在开关 S1 断开时就加到 S1 的两个触点之间了。

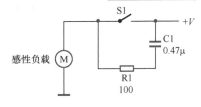

图 4-10　消火花电路

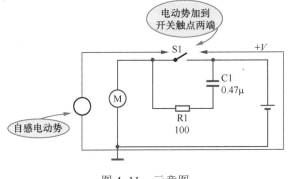

图 4-11　示意图

1 **消火花电路分析**

（1）消火花原理分析。在开关 S1 断开时，由于 R1 和 C1 接在开关 S1 两触点之间，在开关 S1 上的打火电动势等于加在 R1 和 C1 的串联电路上。这一电动势通过 R1 对电容 C1 充电，C1 吸收了打火电能，使开关 S1 两个触点的电动势大大减小，达到消火花的目的。

（2）**电阻 R1 的作用分析**。由于对

C1 的充电电流是流过电阻 R1 的，所以 R1 具有消耗充电电能的作用，这样打火的电能通过电阻 R1 被消耗掉。

 电路设计提示

在这种 RC 消火花电路中，一般消火花电容取 0.47μF，电阻取 100Ω。

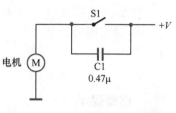

2 另一种消火花电路

图 4-12 所示是另一种消火花电路，这一电路中只有一只消火花电容 C1，用来吸收开关断开时的打火能量。

图 4-12　另一种消火花电路

4.1.3　话筒电路中的 RC 低频噪声切除电路

图 4-13 所示是话筒输入电路中的 RC 低频噪声切除电路。电路中的 MIC 是驻极体电容话筒，为两根引脚的话筒。CK1 是外接话筒插座，S1-1 是录放开关（一种控制录音和放音工作状态转换的开关），图示在录音（R）位置。电阻 R1 和 C1 构成低频噪声切除电路。

1 话筒电路工作原理分析

直流工作电压 +V 通过电阻 R2 给机内驻极体电容话筒 MIC 的 2 脚加上直流工作电压，这样话筒 MIC 便能进入工作状态。

2 话筒信号传输分析

图 4-14 是话筒信号传输示意图，MIC 的 2 脚输出的话筒信号经过 R1、C1 至外接话筒插座 CK1，再通过录放开关 S1-1 和输入端耦合电容

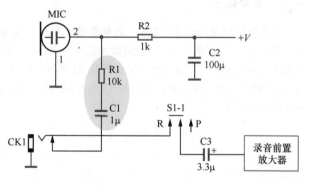

图 4-13　话筒输入电路中的 RC 低频噪声切除电路

C3，加到录音前置放大器的输入端，完成机内话筒信号的传输过程。

4-7 视频讲解：RC 低频噪声切除电路

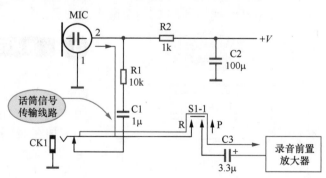

图 4-14　话筒信号传输示意图

另一种分析方法提示

机内话筒信号的传输过程也可以用这样的方式表述：MIC 的 2 脚输出话筒信号→ R1 和 C1（低频噪声切除电路）→外接话筒插座 CK1 →录放开关 S1-1 →输入端耦合电容 C3 →录音前置放大器的输入端。

❸　R1 和 C1 低频噪声切除电路分析

机壳振动将引起机内话筒 MIC 的振动，导致 MIC 输出一个频率很低的振动噪声，从而在机内话筒工作时出现"轰隆、轰隆"的低频噪声，为此要在机内话筒输入电路中加入低频噪声切除电路，以消除这一低频的噪声。

R1 和 C1 串联在机内话筒信号的传输电路中，R1 和 C1 构成一个 RC 串联电路，图 4-15 所示是这一 RC 串联电路的阻抗特性曲线。从曲线中可以看出，当话筒输出信号频率低于转换频率 f_0 时，这一 RC 串联电路的阻抗随频率降低而增大，这样，流过 R1 和 C1 电路的低频噪声电流就减小。

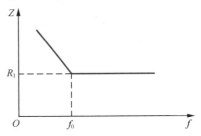

图 4-15　话筒 RC 串联电路的阻抗特性曲线

重要提示

只要将这一 RC 串联电路的转换频率 f_0 设计得足够的低，就能消除机内话筒产生的"轰隆、轰隆"的低频噪声，而该 RC 串联电路对低频段的有用信号影响不是太大（当然对低频段的有用信号是有影响的），因为"轰隆、轰隆"低频噪声的频率比较低，在这样低频段内的有用信号很少。

4.1.4　RC 录音高频补偿电路

重要提示

磁性记录设备（以导磁材料为记录媒体的设备，如录音机、录像机）中，在录音时要求对录音信号进行高频信号补偿（按规定要求对高频信号进行提升和处理）。

图 4-16 所示是录音高频补偿电路，它设在录音输出回路中。电路中的 R1 是恒流录音（录音电流大小与录音信号频率不相关）电阻，C1 是录音高频补偿电容。这一电路由 RC 补偿电路和 LC 并联谐振补偿两部分电路组成，这里只介绍前面一种电路。

4-8 视频讲解：RC 高频补偿电路

RC 录音高频补偿电路的工作原理：电容 C1 和 R1 并联，构成一个 RC 并联电路，这一 RC 并联电路串联在录音磁头 HD1 回路中，

图 4-16　录音高频补偿电路

这样录音磁头的阻抗和这个 RC 并联电路阻抗之和是录音放大器输出级的负载。

图 4-17 所示是 R1、C1 并联电路的阻抗特性曲线，从曲线中可以看出，当录音信号频率低于转折频率 f_0 时，R1、C1 并联电路的阻抗不变，所以频率低于转折频率的录音信

图 4-17　R1、C1 并联电路的阻抗特性曲线

号其流过录音磁头的录音电流大小不随频率而改变。

 重要提示

对于频率高于转折频率 f_0 的录音信号，由于该 RC 并联电路的阻抗随频率而下降，说明频率高于 f_0 的高频录音信号电流随频率的增高而增大，且录音信号频率越高，其录音信号电流越大，这样可以达到提升高频段录音信号的目的。

4.1.5 积分电路

积分电路由电阻和电容构成，与积分电路非常相近的电路还有微分电路。

 重要提示

4-9 视频讲解：RC 积分电路工作原理

在 RC 电路分析中，有时要用到时间常数这一概念。时间常数用 τ 表示，$\tau = R \times C$，即电阻值与电容量之积。

在电容量大小不变时，电阻值决定了时间常数的大小。电阻值不变时，电容量的大小决定了时间常数的大小。

图 4-18 所示是积分电路，输入信号 U_i 加在电阻 R1 上，输出信号取自电容 C1。输入信号是矩形脉冲，其波形如图 4-18（b）所示。在积分电路中，要求 RC 电路中的时间常数 τ 远大于脉冲宽度 T_x。当脉冲信号没有出现时，因输入信号电压为零，电路中没有电流流过，所以输出信号电压为零。

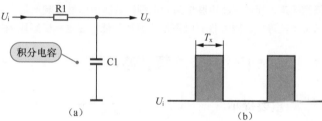

（a）　　　　　　（b）

图 4-18　积分电路及输入电压波形

① **电路分析**

（1）输入脉冲为高电平时。

当输入脉冲出现后，输入信号电压开始通过电阻 R1 对电容 C1 充电，在 C1 上的电压极性为上正下负。由于这一电路的 RC 时间常数比较大，所以 C1 上的电压上升比较缓慢，是按指数规律上升的。

又因时间常数远大于脉冲宽度，对电容充电不久，输入脉冲就跳变为零，对电容的充电就结束，也就是 C1 上电压按指数规律上升了很小一段，由于是指数曲线的起始段，这一段是近似线性的，如图 4-19 所示。在这一充电期间，电流从上而下地流过 C1，所以在 C1 上的电压极性为上正下负。

积分电路充电过程中，充电电流 I 的大小可以近似地用下式决定：

$$I = \frac{U_i - U_o}{R_1}$$

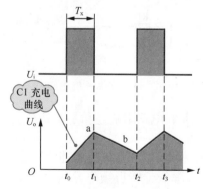

图 4-19　积分电容充电示意图

由于积分电路的时间常数很大，输出信号电压还没有升高多少时，脉冲信号就发生跳变了，这样输出信号电压远小于输入信号电压，可以忽略输出信号电压的大小，这样上式可以由下式决定：

$$I \approx \frac{U}{R}$$

由上式可以看出，流过电容 C1 的电流近似与输入信号电压成正比，所以 C1 上的输出信号电压近似地与输入信号电压 U_i 的积分成正比，故将这种电路称为积分电路。

（2）输入脉冲为低电平期间分析。在输入脉冲消失后，输入端电压 U_i 为零，这相当于输入端对地短接。由于 C1 上已经充到了上正下负的电压，此时 C1 开始放电，放电电流回路是（图 4-20 是放电回路示意图）：C1 上端→R1→输入端→输入信号源内电路→地端（C1 下端即地端）。

放电也是按指数规律进行的，随着放电的进行，C1 上的电压在下降，如图 4-21 所示。由于时间常数比较大，所以放电也是缓慢的。

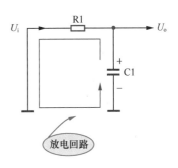

图 4-20　放电回路示意图

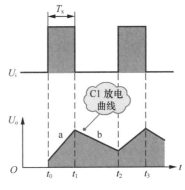

图 4-21　放电示意图

 重要提示

当 C1 中电荷尚未放完时，输入脉冲再次出现，开始对电容 C1 再度充电，这样充电、放电循环下去。

积分电路能够取出输入信号的平均值。

4-10 视频讲解：实用 RC 积分电路

2　场积分电路工作原理分析

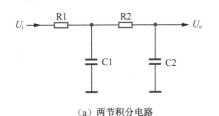

（a）两节积分电路

（b）行、场复合同步信号示意图

图 4-22　场积分电路

图 4-22 所示是电视机场扫描电路中的场积分电路，图 4-22（a）所示是一个两节积分电路（用两个积分电路连接起来的电路），图 4-22（b）所示是行、场复合同步信号（电视中为了保证扫描一致的信号）示意图。

从图 4-22（b）所示输入信号波形中可以看出，行与场同步信号的幅度相等，但宽度不同，行同步脉冲窄，场同步脉冲宽，这里的积分电路就是要从这一复合同步信号中，将行同步脉冲去掉，取出场同步信号。

当这一复合同步信号加到积分电路后，经 R1 和 C1 构成的第一节积分电路积分，其输出信号再加到由 R2 和 C2 构成的第二节积分电路中积分，得到输出信号，如图 4-22（b）下面波形所示，在场同步脉冲期间内，输出信号 U_o 比较大，而在行同步脉冲期间输出信号小，这样达到了从输入信号 U_i 中取出场同步信号的目的。

 重要提示

这一电路中采用两节积分电路的目的是为了进一步减小行同步脉冲出现期间，输出信号 U_o 的幅度，以便更好地取出场同步信号。

4.1.6 RC 去加重电路

去加重电路出现在调频收音电路和电视机的伴音通道电路中，在分析去加重电路的工作原理之前，先了解有关调频的噪声特性。

 背景知识提示

调幅（指调幅收音机所收信号的一种调制方式）和调频（指调频收音机所收信号的一种调制方式）信号中的噪声特性是不同的，如图 4-23 所示。

从图中可以看出，调幅噪声在不同频率下的大小相等，而调频则是随着频率升高，其噪声增大，这说明调频的高频噪声严重（相对于低频和中频而言）。

为了改善高频段的信噪比（信号大小与噪声大小之比），调频发射机发射调频信号之前，对音频信号中的高频段信号要进行预加重，即先提升高频信号，在调频收音电路中则要设置去加重电路，以还原音频信号的原来特性。在去加重过程中同时也将高频段噪声加以去除，这就是为什么在调频收音电路中要设置去加重电路的原因。

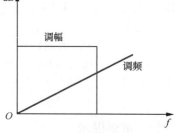

图 4-23　调频和调幅噪声特性曲线

1 电路分析

图 4-24 所示是单声道调频收音电路中的去加重电路。图中的 R1 和 C1 构成去加重电路。

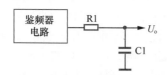

图 4-24　单声道调频收音电路中的去加重电路

对于单声道收音电路而言，去加重电路设在鉴频器电路（一种将调频广播信号转换成音频信号的电路）之后，即鉴频器输出的音频信号立即进入去加重电路中。

第一种理解方法。由于电容 C1 对高频信号的容抗比较小，对高频信号存在衰减作用，可达到衰减高频段信号的目的。在衰减高频段信号的同时，也将高频段噪声同时消除。

第二种理解方法。从另一个角度也可以理解去加重电路的工作原理，R1 和 C1 构成一个分压电路，对鉴频器输出的各频段音频信号进行分压衰减，由于电阻 R1 对不同频率音频信号呈现相同的阻值，而电容 C1 随频率升高而容抗下降，这样，这一 RC 分压电路对频率越高的音频信号分压衰减量越大，达到了去加重的目的。

经过去加重后的音频信号加到音频功率放大器中。

2 立体声调频收音电路中去加重电路分析

图 4-25 所示是立体声调频收音电路中的去加重电路。这是一个双声道去加重电路，

其中 R1 和 C1 构成左声道去加重电路，U_o（L）是去加重后的左声道音频信号；R2 和 C2 构成右声道去加重电路，U_o（R）是去加重后的右声道音频信号。

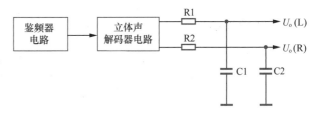

对于立体声调频收音电路而言，去加重电路必须设在立体声解码器（是一种还原立体声信号的电路）电路之

图 4-25　立体声调频收音电路中的去加重电路

后，由于立体声解码后得到了左、右声道两个信号，所以这时需要在左、右声道电路中各设置一个相同的去加重电路。左、右声道去加重电路的工作原理是相同的，并且与前面介绍的单声道去加重电路一样。

 重要提示

立体声调频收音电路中的去加重电路不能设置在鉴频器之后，这是因为从鉴频器输出的立体声复合信号中，19kHz 导频信号和 23 ~ 53kHz 边带信号会被去加重电路滤掉，这样就无法进行立体声解码，所以要将去加重电路设置在立体声解码器电路之后。

4.1.7　微分电路

 重要提示

微分电路和积分电路在电路形式上相近，微分电路输出电压取自电阻，而且 RC 时间常数与积分电路不同。微分电路中，要求 RC 时间常数远小于脉冲宽度 T_x。

4-11 视频讲解：微分电路

图 4-26 所示是微分电路。从这一电路中可以看出，微分电路与积分电路在电路结构上只是将电阻和电容的位置互换了一下。当输入信号脉冲没有出现时，输入信号电压为零，所以输出信号电压也为零。

①　电路分析

（1）输入脉冲前沿期间分析。当输入脉冲出现时，输入信号从零突然跳变到高电平，由于电容 C1 两端的电压不能突变，C1 相当于短接，相当于输入脉冲 U_i 直接加到 R1 上，此时输出信号电压等于输入脉冲电压，如图 4-27 所示。

（2）输入脉冲平顶期间分析。输入脉冲跳变后，输入脉冲继续加在 C1 和 R1 上，其充电电流回路仍然是经 C1 和 R1 到地，在 C1 上得到左正右负的电压，流过 R1 的电流为从上而下，所以输出信号电压为正。

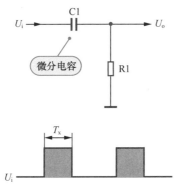

图 4-26　微分电路

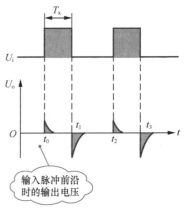

图 4-27　输入脉冲前沿示意图

重要提示

由于 RC 时间常数很小，远小于脉冲宽度，所以充电很快结束。在充电过程中，充电电流是从最大变化到零的，流过 R1 的电流是充电电流，因此在 R1 上的输出信号电压也是从最大变化到零的。

充电结束后，输入脉冲仍然为高电平，由于 C1 上充到了等于输入脉冲峰值的电压，电路中电流减小到零，R1 上的电压降为零，所以此时输出信号电压为 0V，如图 4-28 所示。

（3）输入脉冲后沿期间分析。当输入脉冲从高电平跳变到低电平时，输入端的电压跳变为零，这时的微分电路相当于输入端对地短接。此时，C1 两端的电压不能突变，由于 C1 左端相当于接地，这样 C1 右端的负电压为输出信号电压，输出电压为负且最大，其值等于 C1 上已充到的电压值（输入脉冲的峰值）。

输入脉冲从高电平跳变到低电平后，电路开始放电过程，由于放电回路的时间常数很小，放电很快结束。放电电流从下而上地流过 R1，输出信号电压为负。放电使 C1 上电压减小，放电电流减小直至为零，这样，输出信号电压从负的最大减小到零，如图 4-29 所示。

当第二个输入脉冲到后，电路开始第二次循环。

 重要提示

由上述分析可知，通过微分电路将输入的矩形脉冲信号变成了尖脉冲。微分电路能够取出输入信号中的突变成分，即取出输入信号中的高频成分，去掉低频成分，这一点与积分电路相反。

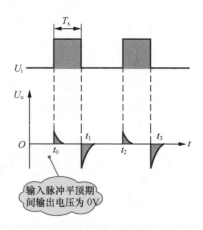

图 4-28　输入脉冲平顶示意图

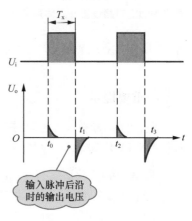

图 4-29　输入脉冲后沿示意图

2　实用微分电路举例

图 4-30 所示是实用集 - 基耦合双稳态电路。电路中，U_i 为输入触发信号，这是一个矩形脉冲信号，信号波形如图 4-30 所示。这一输入信号加到 C1 和 R7 构成的微分电路中，得到尖顶脉冲，再通过二极管 VD1 和 VD2 分别加到 VT1 和 VT2 基极上，加到 VT1 和 VT2 基极的尖顶脉冲是负脉冲，如图 4-31 所示。

图 4-31 所示是这一电路中的输入触发电路。电路中的 C1 和 R1 构成微分电路，

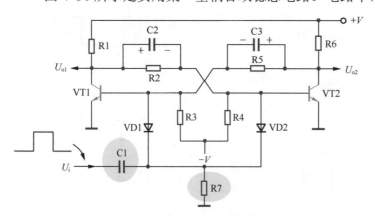

图 4-30　实用集 - 基耦合双稳态电路

输入脉冲信号是矩形脉冲，输入信号经这一微分电路后，获得正、负尖顶脉冲。

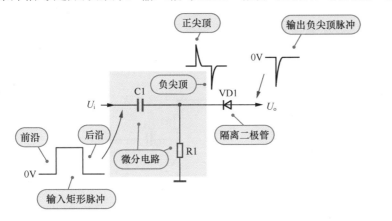

图 4-31　输入触发电路

由于二极管具有单向导电特性，VD1 只能让负尖顶脉冲通过，将正尖顶脉冲去掉。

4.1.8　RC 低频衰减电路

图 4-32（a）所示是采用 RC 串联电路来衰减低频信号的电路。电路中，VT1 构成一级共发射极音频放大器，电阻 R1 和 R2 构成 VT1 基极偏置电路，R3 是 VT1 集电极电阻，R4 是 VT1 发射极负反馈电阻，R5 和 C4 的串联电路并联在负反馈电阻 R4 上，也是负反馈电路的一部分。

对于负反馈电阻 R4 而言，其阻值越大，负反馈量越大，放大器的放大倍数越小。对于交流信号负反馈而言，VT1 的发射极负反馈电阻应该是 R4 与 R5 串 C4 的并联后总阻抗，由于 R4 阻值不随频率变化而变化，所以主要是分析 R5 和 C4 串联电路阻抗随频率变化时负反馈量的改变。

图 4-32（b）所示为 R5 和 C4 串联电路阻抗特性曲线，当信号频率低于 300Hz 时，该电路的阻抗随频率降低而增大，这样，与 R4 并联后总的负反馈阻抗仍然是增大的，负反馈量在加大，放大倍数就减小。频率越低，R5 和 C4 电路的阻抗越大，放大器的放大倍数就越小。所以，这一电路是对频率低于 300Hz 的信号进行衰减的电路。

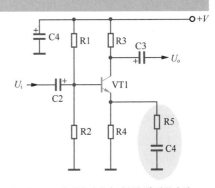

（a）采用 RC 串联电路来衰减低频信号的电路

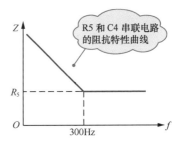

（b）R5 和 R4 串联电路的阻抗特性曲线

图 4-32　RC 串联低频衰减电路

对频率高于 300Hz 的信号，由于 C4 的容抗远小于 R5 的阻值，这样，这一负反馈电路就仅是 R4 和 R5 的并联，由于电阻对不同频率信号的阻值不变，所以该放大器对频率高于 300Hz 的信号放大倍数不随频率而改变。

4-13 视频讲解：RC
低频提升电路

4.1.9　RC 低频提升电路

图 4-33 所示是采用 RC 串联电路构成的低频提升电路。电路中的 VT1 和 VT2 构成双管音频放大器，两管均接成共发射极电路。R5 和 C4 构成电压串联负反馈电路（一种常见的负反馈电路，详见负反馈放大器电路部分）。

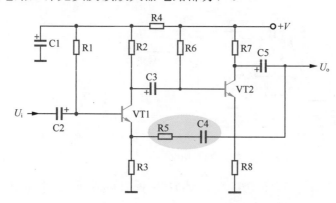

图 4-33　采用 RC 串联电路构成的低频提升电路

 电路分析提示

对于电压串联负反馈电路而言，负反馈电路的阻抗越大，负反馈量越小，放大器的放大倍数越大。这是分析这一低频提升电路的基本思路，不掌握这一点就无法分析这一电路的工作原理。

图 4-34 所示是这一 RC 串联电路的阻抗特性曲线，频率低于 800Hz 时阻抗随频率降低而升高。

（1）频率低于 **800Hz** 的信号分析。对于频率低于 800Hz 的信号而言，由于 R5 和 C4 负反馈电路的阻抗增大，所以负反馈量减小，放大器的放大倍数增大，这样，频率低于 800Hz 的低频信号得到了提升。

（2）频率高于 **800Hz** 的信号分析。对于频率高于 800Hz 的信号而言，由于 C4 的容抗已经远小

图 4-34　RC 串联电路的阻抗特性曲线

于 R5 的阻值，所以此时负反馈电路的阻抗最小且不变，此时负反馈量最大，放大器的放大倍数最小。

4.1.10　负反馈放大器中超前式消振电路

1 分立元器件放大器中超前式消振电路

图 4-35 所示是分立元器件构成的音频放大器，其中 R5 和 C4 构成超前式消振电路。电路中，VT1 和 VT2 构成一个双管阻容耦合音频放大器，在两级放大器之间接入一个 R5 和 C4 的并联电路，R5 和 C4 构成超前式消振电路，这一电路又称为零–极点校正电路。

（1）直流电路。R1 是 VT1 固定式偏置电阻，R2 是 VT1 集电极负载电阻，R3 是 VT1 的发射极负反馈电阻；R6 是 VT2 固定式偏置电阻，R7 是 VT2 集电极负载电阻，

R8 是 VT2 发射极负反馈电阻。

（2）信号传输分析。输入信号 U_i →输入耦合电容 C2 → VT1 基极→ VT1 集电极→级间耦合电容 C3 →超前消振电路 R5 和 C4 → VT2 基极→ VT2 集电极→输出端耦合电容 C5 →输出信号 U_o，送到后级电路中，图 4-36 是信号传输过程示意图。

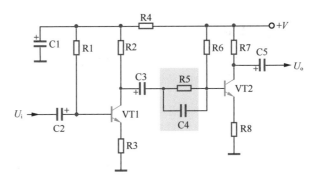

图 4-35　分立元器件放大器中超前式消振电路

（3）超前相移。由于在信号传输回路中接入了 R5 和 C4，这一并联电路对信号产生了超前的相移，即加在 VT2 基极上的信号相位超前于 VT1 集电极上的信号相位，破坏了自激的相位条件，达到消除自激的目的。

重要提示

在这一消振电路中，起主要作用的是电容 C4 而不是电阻 R5，即 C4 与第二级放大器（由 VT1 构成）的输入阻抗构成了 RC 超前移相电路，如图 4-37 所示。由 RC 超前移相电路特性可知，加到 VT2 基极的信号电压相位超前了。

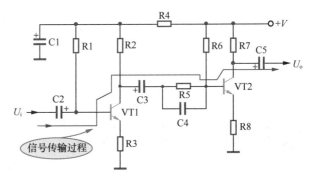

图 4-36　信号传输过程示意图

（4）扩展放大器高频段。这种超前式消振电路在消振的同时还能够扩展放大器的高频段，其原理可以理解：由于 C4 对高频信号的容抗小，从 VT1 集电极输出的高频信号经 C4 加到 VT2 基极，而对于中频信号和低频信号而言，由于 C4 容抗大而只能通过 R5 加到 VT2 基极，信号受到了一定的衰减，这样放大器输出的高频信号比较大，实现了对高频段的扩展。

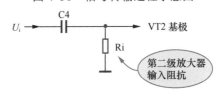

图 4-37　超前移相等效电路

重要提示

对于音频放大器而言，电容 C4 的容量大小在皮法级（pF 级），C4 容量不能大，否则没有消振作用。

2 集成电路放大器中的超前消振电路

图 4-38 所示是集成电路放大器中的超前式消振电路。电路中，A1 是集成电路，它构成音频放大器，"+"端是 A1 的同相输入端（即①脚），"−"是它的反相输入端（即②脚），俗称负反馈端。

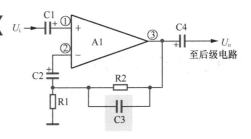

图 4-38　集成电路放大器中超前式消振电路

重要提示

电路中的 C2 和 R1、R2 和 C3 构成负反馈电路。当 R1 阻值大小不变时，R2 的阻值越小负反馈量越大，集成电路 A1 放大器的增益越小；反之则相反。

（1）消振分析。由于负反馈电容 C3 与 R2 并联，对于高频信号而言，C3 容抗很小，使集成电路 A1 放大器的负反馈量很大，放大器的增益很小，破坏了高频自激的幅度条件，达到消除高频自激振荡的目的。

（2）另一种理解方法。由于接入了高频消振电容 C3，使加到集成电路 A1 反向输入端的负反馈信号相位超前，破坏了自激振荡的相位条件，实现消振。

重要提示

由这一集成电路构成的音频放大器，高频消振电容 C3 的容量大小在 pF（皮法）级。

4.1.11　负反馈放大器中滞后式消振电路

图 4-39 所示是音频负反馈放大器，其中 R5 和 C4 构成滞后式消振电路，滞后式消振电路又称主极点校正。电路中的 VT1、VT2 构成双管阻容耦合放大器。R1 是 VT1 固定式偏置电阻，R2 是 VT1 集电极负载电阻，R3 是 VT1 发射极负反馈电阻；R6 是 VT2 固定式偏置电阻，R7 是 VT2 集电极负载电阻，R8 是 VT2 发射极负反馈电阻。

1　放大器的信号传输过程

这一电路的信号传输过程是：输入信号 U_i →输入耦合电容 C2 → VT1 基极→ VT1 集电极→级间耦合电容 C3 →滞后消振电阻 R5 → VT2 基极→ VT2 集电极→输出端耦合电容 C5 →输出信号 U_o，送到后级电路中，图 4-40 所示是信号传输过程示意图。

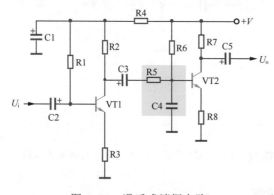

图 4-39　滞后式消振电路

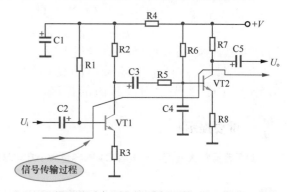

图 4-40　信号传输过程示意图

2　消振电路分析

在两级放大器之间接入了电阻 R5 和电容 C4，这两个元件构成滞后消振电路。关于这一消振电路的工作原理说明如下：

（1）从移相角度理解。从 VT1 集电极输出的信号经过 C3 耦合，加到滞后消振电路 R5 和 C4 上，R5 和 C4 构成典型的 RC 滞后移相电路，信号经过 R5 和 C4 后，信号相位得到滞后移相（增加了附加的滞后移相），也就是加到 VT2 基极的信号相位比 VT1 集电极输出的信号相位滞后，这样破坏了高频自激信号的相位条件，达到消除高频自激的目的。

（2）从信号幅度角度理解。这一电路能够消除自激的原理还可以从自激振荡信号的幅度条件这个角度来理解：R5 和 C4 构成对高频自激信号的分压电路，由于产生自激的信号频率比较高，电容 C4 对产生自激的高频信号而言其容抗很小，这样由 R5、C4 构成的分压电路对该频率信号的分压衰减量很大，使加到 VT2 基极的信号幅度很小，

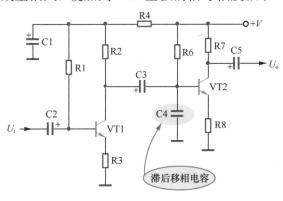

达到消除高频自激的目的。在电路分析的理解中，对信号幅度变化的理解对信号相位变化的理解非常有帮助。

（3）电路变形情况。在滞后式消振电路中，如果前级放大器（即 VT1 构成的放大器）的输出阻抗很大，可以将消振电路中的电阻 R5 省去，只设消振电容 C4，即电路中不出现消振电阻 R5，如图 4-41 所示，这时的电路分析容易出现错误，了解滞后式消振电路存在这样的变异电路，这是电路分析中的难点之一。

图 4-41　变形电路示意图

 设计提示

音频放大器中，滞后式消振电路中的消振电阻 R5 一般为 2kΩ，消振电容一般取几千皮法。

4.1.12　负反馈放大器中超前 – 滞后式消振电路

图 4-42 所示是双管阻容耦合放大器电路，电路中的 R5、R7 和 C4 构成超前 – 滞后式消振电路，这种消振电路又称为极 – 零点校正电路。

1　放大器信号传输过程分析

这一放大器的信号传输过程是：输入信号 U_i →输入耦合电容 C2 → VT1 基极→ VT1 集电极→级间耦合电容 C3 →消振电阻 R5 → VT2 基极→ VT2 集电极→输出端耦合电容 C5 →输出信号 U_o，送到后级电路中，图 4-43 所示是信号传输过程示意图。

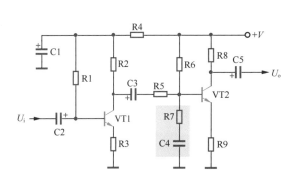

图 4-42　超前 – 滞后式消振电路

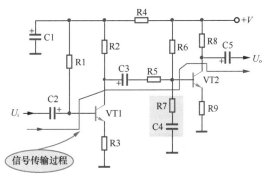

图 4-43　信号传输过程示意图

2 消振电路分析

前面所介绍的滞后式消振电路中，由于消振电容 C4 接在第二级放大器输入端与地之间（VT2 基极与地线之间），这一电容对音频信号中的高频信号存在一定的衰减作用，使多级放大器的高频特性劣化（对高频信号的放大倍数下降），为了改善放大器的高频特性，在消振电容回路中再串联一只电阻，构成了超前－滞后式消振电路，即电路中的电阻 R7。

重要提示

R7 和 C4 串联电路阻抗对加到 VT2 基极上的信号进行对地分流衰减，这一电路的阻抗越小，对信号的分流衰减量越大。图 4-44 所示是 R7 和 C4 串联电路的阻抗特性曲线，从曲线中可以看出，当信号频率高于转折频率 f_0 时，R7 和 C4 串联电路总阻抗不再随着频率升高而下降，而是等于 R_7，这样对于更高频率信号的衰减量不再增大。相对滞后式消振电路而言，放大器的高频特性得到改善。

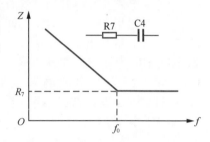

超前－滞后式消振电路工作原理与滞后式消振电路基本一样，只是加入一个电阻后改善了高频特性。当前级放大器的输出电阻比较大时，也可以省去消振电路中的电阻 R5，只接入消振电阻 R7 和电容 C4。

图 4-44　R7 和 C4 串联电路阻抗特性曲线

4.1.13　负载阻抗补偿电路

有些情况下，负反馈放大器的自激是由于放大器负载引起的，此时可以采用负载阻抗补偿电路来消除自激。图 4-45 所示是负载阻抗补偿电路。电路中，BL1 是扬声器，是功率放大器的负载。这一电路中的负载阻抗补偿电路由两部分组成：一是 R1 和 C1 构成负载阻抗补偿电路，这一电路又称为"茹贝尔"电路；二是由 L1 和 R2 构成的补偿电路。

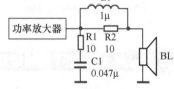

 1 "茹贝尔"电路分析

图 4-45　负载阻抗补偿电路

电路中的扬声器 BL1 不是纯阻性的负载，是感性负载，它与功率放大器的输出电阻构成对信号的附加移相电路，这是有害的，会使负反馈放大器电路产生自激。

在加入 **R1** 和 **C1** 电路后，由于这一 **RC** 串联电路是容性负载，它与扬声器 **BL1** 感性负载并联后接近为纯阻性负载，一个纯阻性负载接在功率放大器输出端不会产生附加信号相位移，所以不会产生高频自激。

如果不接入这一"茹贝尔"电路，扬声器的高频段感抗明显增大，放大器产生高频自激的可能性会增大。

 2 消除分布电容影响

电路中的 L1 和 R2 用来消除扬声器 BL1 分布电容引起的功率放大器高频段不稳定影响，也具有消除高频段自激的作用。

电路分析提示

上面介绍了各种负反馈放大器中消振电路的工作原理，以下对这些电路进行小结。

（1）当自激信号的频率落在音频范围内时，可以听到啸叫声；当自激信号的频率高于音频频率时，为超音频自激，此时虽然听不到啸叫声，但仍然影响放大器的正常工作，例如可能造成放大管或集成电路发热。

（2）负反馈放大器中，自激现象一般发生在高频段，这是因为放大器对中频信号的附加相移很小，对低频信号虽然也存在附加相移，但频率低到一定程度的信号，放大器的放大倍数已经很小，不符合自激的幅度条件，所以不会发生低频自激。

（3）对音频放大器而言，放大器电路中容量小于 0.01μF 的小电容一般都起消振作用，称为消振电容。音频放大器中消振电容没有大于 0.01μF 的。

（4）一个多级负反馈放大器中，消振电容一般设有多个，放大器级数越多，消振电容数目也会越多。

（5）音频放大器中，消振电容对音质是有害而无益的，所以在一些高保真放大器中，不设大量的负反馈电路。

（6）除音频放大器之外，其他一些高频放大器中也存在负反馈电路，所以也会存在高频自激问题。

4.1.14　RC 移相式正弦波振荡器

图 4-46 所示是 RC 移相式振荡器。电路中，VT1 接成共发射极放大器电路，VT1 为振荡管，U_o 是这一振荡器的输出信号，为正弦信号。

1　直流电路

电路中的电阻 R3 和 R4 构成 VT1 的分压式偏置电路，R5 是 VT1 的集电极负载电阻，R6 是 VT1 的发射极电阻，VT1 具备处于放大状态的直流电路工作条件。VT1 工作在放大状态下，这是一个振荡器所必需的。

2　正反馈电路

无论是什么类型的振荡器，必须存在正反馈环节，这一振荡器电路的正反馈过程是：

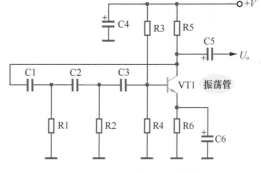

图 4-46　RC 移相式振荡器

共发射极放大器电路具有反相的作用，即输出信号电压与输入信号电压之间相位差为 180°，如若对放大器的输出信号再移相 180° 后加到放大器的输入端，那么就移相了 360°，这样反馈回来的信号与输入信号之间是同相的关系，这是正反馈过程。

 重要提示

由 RC 移相电路工作特性可知，RC 电路可以对信号进行移相，每一节 RC 移相电路对输入的相位移最大为 90°，但此时输出信号电压已经为零了，就不能满足振荡的幅度条件了，这样最大移相量不能采用 90°，所以要再移相 180° 必须至少要三节 RC 移相电路。

电路中的电容 C1 和电阻 R1 构成第一节 RC 超前移相式电路，C2 和 R2 构成第二节 RC 移相电路，C3 和放大器输入电阻（由 R3、R4 和 VT1 的输入电阻并联）构成第三节 RC 移相电路。

这三节RC移相电路对信号移相180°，加上VT1共发射极放大器电路本身的180°移相，使VT1集电极经三节RC移相电路后加到VT1基极上的信号相位与基极上原信号相位相同，所以这是正反馈过程，满足相位正反馈条件。

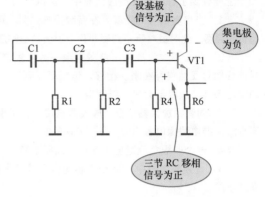

③ 振荡过程

图4-47所示为振荡信号相位示意图，设振荡信号相位在VT1基极为正，经VT1倒相放大（VT1接成共发射极放大器，其集电极信号电压与基极信号电压相反），这一振荡信号加入三节RC移相电路，对信号再移相180°，使反馈信号电压相位与VT1基极上输入信号电压相位相同，符合振荡的相位条件。

图4-47　振荡信号相位示意图

 电路分析提示

实际上，三极管VT1移相180°，三节RC移相电路累计移相180°，这样共移相360°，为正反馈。同时，VT1本身具有放大能力，这样也符合幅度条件，振荡器便能振荡。振荡信号从VT1的集电极输出，通过耦合电容C5送出振荡器。

④ 电路分析小结

关于这种RC移相式振荡器分析主要说明以下几点：

（1）电路中只采用一级共发射极放大器，对信号已经产生了180°的移相，这是由共发射极放大器特性决定的。

（2）这种振荡器中，最少要用三节RC超前移相式电路，要了解RC移相式电路的工作原理，并要了解这种移相电路最大有效移相量小于90°，所以需要三节才行。

（3）三节RC移相电路中，第一节先对频率为f_0的信号移相一定相位，第二节是在第一节已经移相的基础上再移相，第三节也是这样，三节累计移相恰好为180°。三节RC移相电路只是对频率为f_0的信号移相180°，对于其他频率信号，由于频率不同，三节RC移相电路的移相量不等于180°，或大于180°，这样就不能满足振荡的相位条件，也就是只有频率为f_0的信号才能发生振荡。

在这种振荡器电路中，当$C1=C2=C3$、$R1=R2$且远大于VT1放大器输入电阻时，这一振荡器的振荡频率由下式决定：

$$f_0 = \frac{1}{2\pi\sqrt{6R1 \times C1}}$$

 电路设计提示

（1）RC移相式振荡器的振荡频率一般低于200kHz。

（2）RC移相式振荡器电路结构比较简单、成本低；缺点是选择性较差，输出信号也不稳定，振荡频率不宜调整。

4.1.15　RC 选频电路正弦波振荡器

RC 电路也可以构成选频电路，图 4-48 所示是采用 RC 选频电路的振荡器，这是一个由两只三极管构成的振荡器电路，VT1 和 VT2 构成两级共发射极放大器电路，R2、C1、R1 和 C2 构成 RC 选频电路。

❶　RC 选频电路选频原理

RC 选频电路由 R2 和 C1 串联电路、R1 和 C2 并联电路组成。

（1）输入信号频率很低时电路分析。图 4-49（a）所示是一个 RC 选频电路，R2 和 C1 串联，R1 和 C2 并联，它们构成分压电路，U_i 为输入信号，U_o 为这一分压电路的输出信号。

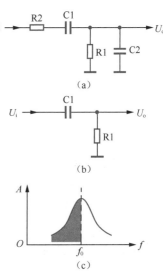

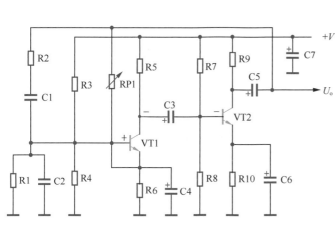

图 4-48　RC 选频电路振荡器

图 4-49　RC 选频电路

当输入信号频率很低时，由于 C1 的容抗远大于电阻 R2，所以 R2 和 C1 串联电路中只有 C1 在起主要作用，这样就等效成只有 C1，同时由于频率很低，C2 的容抗远大于电阻 R1，所以在这并联电路中只有 R1 起作用，等效成只有 R1，这样 RC 串并联电路就等效成图 4-49（b）所示的电路。

✐ 电路分析结论提示

这一分压电路中，当输入信号频率从很低升高时，输出信号 U_o 在增大，见图 4-49（c）所示的频率低于 f_0 那段曲线。

（2）当输入信号频率高到一定程度时电路分析。当输入信号频率高于振荡频率 f_0 后，C1 的容抗远小于电阻 R2，这样在这一 RC 串联电路中只有 R2 起作用。

同时，由于频率高了，C2 的容抗远小于电阻 R1，这样这一并联 RC 电路中只有 C2 起主要作用，此时的等效电路如图 4-50（a）所示。

从这一 RC 分压电路中可以看出，当输入信号频率降低时，

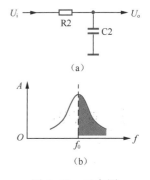

图 4-50　示意图

输出信号电压 U_o 将增大，见图 4-50（b）所示的频率高于 f_0 那段曲线。

 重要提示

　　综合上述分析可知，当输入信号频率为 f_0 时，RC 选频电路的输出信号电压 U_o 为最大，其他频率输入信号的输出幅度均很小，这样说明这一电路可以从众多信号频率中选出某一个频率的信号，具有选频作用，所选信号的频率为 f_0。

　　这一 RC 电路在选频过程中，对频率为 f_0 的信号不产生附加的相移，也就是说这一电路只有选频作用，没有移相作用。

②　正反馈过程分析

　　RC 选频电路振荡器中，VT1 和 VT2 构成共发射极放大器，这种放大器对信号电压具有反相的作用，两级放大器对信号电压分别反相一次，两次反相之后又成为同相位了，见电路中的信号相位标注，设 VT1 基极为 +，集电极为 -；VT2 再次反相后集电极为 +。

　　图 4-51 是正反馈回路示意图。当输入 VT1 基极的信号电压相位为正时，VT2 集电极输出信号电压的相位也是为正。

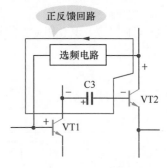

图 4-51　正反馈回路示意图

 重要提示

　　这一输出信号经 RC 选频电路的选频，取出频率为 f_0 的信号，加到 VT1 基极，这一信号相位仍然为正，这样加强了 VT1 基极上的输入信号，所以是正反馈过程，使振荡器满足了相位条件。

③　振荡过程

　　VT1 和 VT2 是具备放大能力的（直流电路保证两管进入放大状态），这样振荡器同时满足相位和幅度条件，经 VT1 和 VT2 放大后的信号，从 VT2 集电极输出，经 R2、C1、R1 和 C2 这个 RC 选频电路，选出频率为 f_0 的信号，加到 VT1 基极，加强了 VT1 基极频率为 f_0 信号的幅度，这频率信号再经 VT1 和 VT2 放大，再次正反馈到 VT1 基极，这样振荡器进入振荡的工作状态。

④　电路分析说明

　　在这一振荡器中，要用两级共发射极放大器电路，利用两级共发射极放大器对信号进行两次倒相满足相位条件，这一点与前面的振荡器不同。关于这一振荡器分析主要说明以下几点。

　　（1）重点理解 RC 选频电路原理。RC 选频电路只在输入信号频率为 f_0 时，输出信号电压才为最大，并且对频率为 f_0 信号没有附加的相位移。

 重要提示

　　对于频率小于或高于 f_0 的信号，其幅度小，并且有附加相位移，这样就破坏了振荡器的相位条件而不能产生振荡，所以只有频率为 f_0 的信号才能在这一振荡器中振荡。

（2）振荡频率计算公式。当电路中的 $R1=R2$，$C1=C2$，且 VT1 放大器的输入电阻远大于 $R1$（或 $R2$），VT2 放大器的输出电阻远小于 $R1$（或 $R2$）时，这种振荡器的振荡频率由下列公式决定：

$$f_0 = \frac{1}{2\pi R1 \times C1}$$

（3）主要缺点。选频电路的选频特性不太好，对频率为 f_0 附近的信号衰减不足，这样振荡信号的波形存在较大的失真。另外，放大器的放大倍数太大时，三极管容易进入饱和状态，使振荡信号产生削顶失真，振荡器输出信号失真更大。

实用电路中，为了解决上述问题可以在电路中引入负反馈电路，图 4-52 所示电路中的可变电阻器 RP1，它用来构成环路的负反馈电路。

这一负反馈电路的负反馈过程是：设某瞬间 VT1 基极信号电压相位为正，则 VT2 集电极上信号电压相位也为正，这一输出信号经 RP1 加到了 VT1 的发射极上，使 VT1 的发射极信号电压增大，VT1 的基极信号电流减小，所以这是负反馈过程，是一个电压串联负反馈电路。

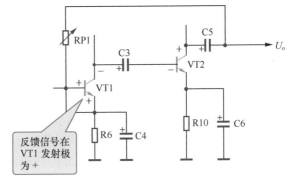

图 4-52　负反馈电路示意图

 重要提示

加入 RP1 这一负反馈电路之后，这一振荡器的工作稳定性大大增强，通过调整负反馈电阻 RP1 的阻值，使整个负反馈放大器的放大倍数为 3 或略大于 3 时，这一电路可以满足振荡条件，输出比较稳定的正弦信号。

在接入反馈电阻 RP1 之后，RP1 与其他元件构成了一个 RC 电桥，如图 4-53 所示。从这一电路中可以看出，电桥的四个臂中两个由 RC 选频电路构成，另两个由负反馈电路构成，反馈信号（输入到电桥的信号）加到一个对角线上，加到 VT1 基极回路的电桥输出信号取自另一个对角线上。由于这些元件构成了一个电桥，所以这种振荡器称为桥式振荡器，又称为文氏振荡器。

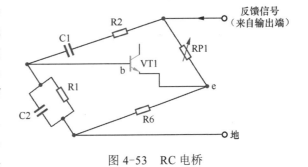

图 4-53　RC 电桥

 重要提示

在加入负反馈电路之后，比较容易改变振荡器的振荡频率，只要将 R1 和 R2 用一个双联同轴电位器来代替，改变电位器的阻值时，可以改变振荡频率。或者，C1 和 C2 用一个双联可变电容器来代替，也能方便地改变振荡频率，因为电阻或电容大小可以改变选频电路的频率。

4.2 LC 谐振电路

 重要提示

LC 电路是指电感 L 和电容 C 构成的电路，主要有 LC 串联谐振电路和 LC 并联谐振电路。RL 电路是指电阻 R 和电感 L 构成的电路，主要有 RL 移相电路等。

根据电路中电感器 L 和电容器 C 的连接方式不同，共有两种基本的 LC 谐振电路：LC 并联谐振电路和 LC 串联谐振电路。

4.2.1 LC 自由谐振过程

在放大器电路和其他形式的信号处理电路中，大量使用 LC 并联谐振电路和 LC 串联谐振电路。主要有下列几类电路：

（1）选频电路或选频放大器。LC 谐振电路可构成选频电路或选频放大器电路，用来在众多频率的信号中选出所要频率的信号进行放大，这种电路在收音机、电视机等电路中有着广泛的应用。在正弦波振荡器电路中也有着广泛的应用。

（2）吸收电路。LC 谐振电路可构成吸收电路，在众多频率的信号中将某一频率的信号进行吸收，也就是进行衰减，将这一频率的信号从众多频率信号中去掉。

（3）阻波电路。LC 谐振电路可构成阻波电路，从众多频率的信号中阻止某一频率的信号通过放大器电路或其他电路。

（4）移相电路。LC 并联电路构成移相电路，对信号进行移相。

 重要提示

LC 并联、串联谐振电路在应用中的变化较多，是电路分析中的一个难点，只有掌握 LC 并联、串联电路的阻抗特性等基本概念，才能正确、方便地理解含有 LC 并联、串联谐振电路的各种不同电路的工作原理。

1 LC 自由谐振全过程

图 4-54 所示是 LC 自由谐振电路。电路中的 L1 是电感器，C1 是电容器，L1 和 C1 构成一个并联电路。

（1）**LC 谐振的钟摆等效理解方法。**LC 电路的谐振过程由于看不见摸不着，所以理解起来不方便，为此可以用钟摆的左右摆动来说明，如图 4-55 所示。

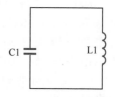

图 4-54　LC 自由谐振电路

 重要提示

在给钟摆一个初始能量后，摆就会左右摆动起来，如果不给钟摆电力或弹簧的机械力，钟摆会在摆动过程中摆幅越来越小，直至停止摆动。若给 LC 自由谐振电路一个初始能量，该电路便会发生自由谐振，这一自由谐振过程如同没有动力的钟摆一样，振荡将逐渐衰减至零。

（2）**LC 谐振的电磁转换过程。**图 4-56 是 LC 谐振的电-磁转换过程示意图，LC 谐振电路的基本谐振过程是：设一

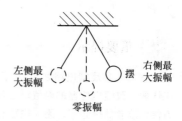

图 4-55　钟摆示意图

开始电容 C1 中已经充有电能，这时电容 C1 中的电能对线圈 L1 放电，这一过程是电容 C1 中的电能转换成线圈 L1 中磁能的过程，电容 C1 放电结束时，能量全部以磁能的形式储存在线圈 L1 中。

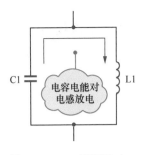

（3）**LC 谐振的磁电转换过程。**图 4-57 是 LC 谐振的磁－电转换过程示意图，电容 C1 放电完毕之后，线圈 L1 中的磁能又以线圈两端自感电动势产生电流的方式，开始对电容 C1 进行充电，这一充电过程是线圈 L1 中磁能转换成电容 C1 中电能的过程。

电容 C1 充电完毕之后，电容 C1 两端的电压再度对线圈 L1 进行放电，开始又一轮新的振荡、能量转换过程。

图 4-56 LC 谐振的电－磁转换过程示意图

（4）**LC 谐振的正弦振荡。**如果电路中电感 L1 和电容 C1 不存在能量损耗，则谐振回路的振荡电流将是等幅的，为正弦波形，如图 4-58 所示。

（5）**LC 谐振的衰减振荡与等幅振荡。**线圈 L1 存在着直流电阻和其他一些因素，对电能是有损耗的，电容 C1 也存在损耗，这就导致谐振回路的电流不是等幅的，而是逐渐衰减的，如图 4-59 所示。

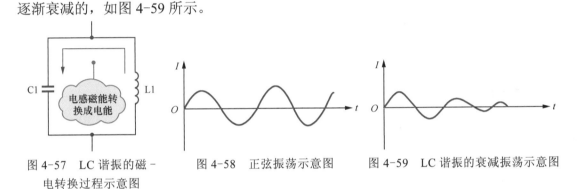

图 4-57 LC 谐振的磁－电转换过程示意图　　图 4-58 正弦振荡示意图　　图 4-59 LC 谐振的衰减振荡示意图

重要提示

如果在 LC 谐振电路的振荡过程中，能够不断地给 LC 电路补充电能，这一振荡将会一直等幅振荡下去，这就是 LC 谐振电路的振荡过程。

注意，电源与振荡电路之间并不发生能量的转换，只是补偿振荡电路中电阻在振荡时的损耗。

2　LC 谐振振荡频率

LC 谐振过程中，电容 C1 不断重复地充电、放电，它有一个周期，称为振荡周期，也可以用振荡频率来描述。

重要提示

在 LC 自由谐振电路中，振荡过程中的谐振频率即为 f_0，改变 L1 或 C1 的标称值，就能改变振荡频率 f_0。无论是 LC 并联谐振电路还是 LC 串联谐振电路，其谐振频率的计算公式都是相同的。

谐振频率与电感 L1 和电容 C1 的大小相关，在 L1 和 C1 的大小确定后，谐振频率就确定了，所以该谐振频率又称为固有频率，或自然频率。

对于一个特定参数的 LC 谐振电路，电感器 L1 和电容器 C1 大小确定后，就有一个确定不变的谐振频率 f_0，f_0 与电感 L1 和电容 C1 的大小有关。

公式提示

LC 谐振频率计算公式如下:

$$f_0 = \frac{1}{2\pi\sqrt{L1 \times C1}}$$

式中　f_0——谐振频率,Hz;

　　　$L1$——电感量,H;

　　　$C1$——电容量,F。

4.2.2　LC 并联谐振电路主要特性

图 4-60 所示是 LC 并联谐振电路。电路中的 L1 和 C1 构成 LC 并联谐振电路,R1 是线圈 L1 的直流电阻,I_s 是交流信号源,这是一个恒流源。所谓恒流源就是输出电流不随负载大小的变化而变化的电源。为了便于讨论 LC 并联电路可忽略线圈电阻 R1,见 4-60 中简化后的电路($R1=0$)。

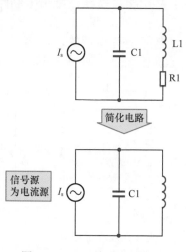

图 4-60　LC 并联谐振电路

 重要提示

LC 并联谐振电路的谐振频率为 f_0,f_0 的计算公式与自由谐振电路中的计算公式一样。

必须掌握 LC 谐振电路的主要特性,这些特性是分析由 LC 并联谐振电路构成的各种单元电路和功能电路的依据。

1　LC 并联谐振电路阻抗特性

 重要提示

LC 并联谐振电路的阻抗可以等效成一个电阻,这是一个特殊电阻,它的阻值大小是随频率高低变化而变化的。这种等效对电路工作原理的理解非常有帮助。

图 4-61 所示是 LC 并联谐振电路的阻抗特性曲线。图中,X 轴方向为 LC 并联谐振电路的输入信号频率,Y 轴方向为该电路的阻抗。从图中可以看出,这一阻抗特性是以谐振频率 f_0 为中心轴,左右对称,曲线上面窄,下面宽。

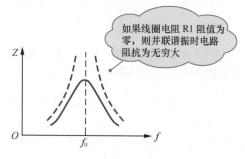

图 4-61　LC 并联谐振电路的阻抗特性曲线

对 LC 并联谐振电路的阻抗进行分析,要将输入信号频率分成几种情况来说明。

(1)输入信号 I_s 频率等于谐振频率 f_0 的情况分析。当输入信号 I_s 的频率等于该电路的谐振频率 f_0 时,LC 并联电路发生谐振,此时谐振电路的阻抗达到最大,并且为纯阻性,即相当于一个阻值很大的纯电阻,如图 4-62 所示,其值为 $Q^2 R_1$(Q 为品质因数,是表征振荡质量的一个参数)。

重要提示

如果线圈 L1 的直流电阻 R_1 为零，此时 LC 并联谐振电路的阻抗为无穷大，见图 4-62 中虚线所示。要记住 LC 并联电路的一个重要特性：并联谐振时电路的阻抗达到最大。

（2）输入信号频率高于谐振频率 f_0 的情况分析。当输入信号频率高于谐振频率 f_0 后，LC 谐振电路处于失谐状态，电路的阻抗下降（比电路谐振时的阻抗有所减小），而且信号频率越是高于谐振频率，LC 并联谐振电路的阻抗越小，如图 4-63 所示，并且此时 LC 并联电路的阻抗呈容性，可等效成一个电容。

输入信号频率高于谐振频率后，LC 并联谐振电路等效成一只电容，可以这么去理解：在 LC 并联谐振电路中，当输入信号频率升高后，电容 C1 的容抗在减小，而电感 L1 的感抗在增大，容抗和感抗是并联的。

由并联电路的特性可知，并联电路起主要作用的是阻抗小的一个，所以当输入信号频率高于谐振频率之后，这一并联谐振电路中的电容 C1 的容抗小，起主要作用，整个电路相当于一个电容，但等效电容的容量大小不等于 C1 的容量大小。

（3）输入信号频率低于谐振频率 f_0 的情况分析。当输入信号频率低于谐振频率 f_0 后，LC 并联谐振电路也处于失谐状态，谐振电路的阻抗也要减小（比谐振时小），如图 4-64 所示，而且是信号频率越低于谐振频率，电路的阻抗越小，这一点从曲线中可以看出。

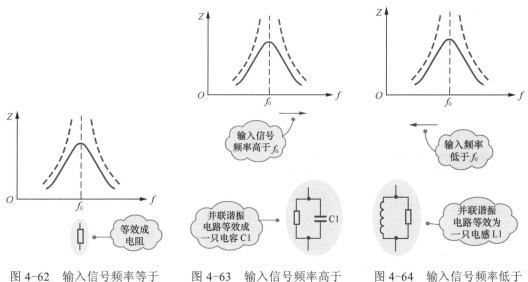

图 4-62　输入信号频率等于谐振频率时阻抗特性曲线　　图 4-63　输入信号频率高于谐振频率时阻抗特性曲线　　图 4-64　输入信号频率低于谐振频率时阻抗特性曲线

 重要提示

信号频率低于谐振频率时，LC 并联谐振电路的阻抗呈感性，电路可等效成一个电感（但电感量大小不等于 L1 电感量的大小）。

在输入信号频率低于谐振频率后，LC 并联谐振电路等效成一只电感，可以这么去理解：由于信号频率降低，电感 L1 的感抗减小，而电容 C1 的容抗增大，感抗和容抗是并联的，L1 和 C1 并联后电路中起主要作用的是电感而不是电容，所以这时 LC 并联谐振电路等效成一只电感。

2 LC 谐振电路品质因数

重要提示

LC 谐振电路中的品质因数又称为 Q 值，它是衡量 LC 谐振电路振荡质量的一个重要参数。Q 值大小对谐振电路的工作特性有许多影响。

当谐振电路中的 Q 值不同时，谐振电路的阻抗特性也有所不同，图 4-65 所示是不同 Q 值下的 LC 并联谐振电路的阻抗特性曲线。其中，Q1 最大，此时曲线最尖锐，谐振时电路的阻抗为最大；Q3 最小，谐振时电路的阻抗小，且曲线扁平。由此可知，不同的 Q 值有不同的阻抗特性曲线。在实用电路中可通过适当调整 LC 并联谐振电路的 Q 值，来得到所需要的频率特性的信号。

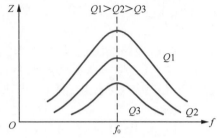

图 4-65 不同 Q 值下 LC 并联谐振电路的阻抗特性曲线

公式提示

LC 并联谐振电路的 Q 值计算公式：

$$Q = \frac{\omega_0 L}{R} = \frac{1}{\omega_0 RC}$$

$$\omega_0 \approx \frac{1}{\sqrt{LC}}$$

式中，Q 为谐振电路品质因数。

3 LC 并联谐振电路电抗特性

图 4-66 所示是 LC 并联谐振电路的电抗特性曲线，曲线中 X_L 是电路中电感 L1 的感抗特性曲线；X_C 是电容 C1 的容抗特性曲线；X 是电路总的电抗特性曲线。

图 4-66 LC 并联谐振电路的电抗特性曲线

（1）输入信号频率等于谐振频率。当输入信号频率等于谐振频率时，$X_C = X_L$，此时电抗为零，谐振电路的阻抗为纯阻性。

（2）输入信号频率高于谐振频率。当输入信号频率高于谐振频率时，X_C 大于 X_L，此时电抗为容性，谐振电路为容性，相当于一个电容。

（3）输入信号频率低于谐振频率。当输入信号频率低于谐振频率时，X_C 小于 X_L，此时电抗为感性，谐振电路为感性，相当于一个电感。

LC 并联谐振为电流谐振

在 LC 并联谐振电路发生谐振时，电路总的阻抗很大，流过 LC 并联谐振电路的总信号电流很小，也就相当于 LC 并联谐振电路与输入信号源之间开路了。

此时，电容 C1 与电感 L1 这两个并联元件之间发生谐振，C1 和 L1 之间进行电能和磁能的相互转换，这就是谐振现象。

重要提示

在这个谐振过程中，流过 C1 支路的信号电流等于电感 L1 支路的信号电流，而且是等于此时流过整个 LC 并联电路总电流的 Q 值，Q 一般为 100 左右。

由此可见，在 LC 并联谐振电路发生谐振时，在电容 C1 和 L1 中的信号电流升高了许多倍。所以，LC 并联谐振电路又称为电流谐振。

在 LC 并联谐振电路发生谐振时，由于流过电容 C1 上的信号电流与流过电感 L1 的信号电流相位相反，所以这两个信号电流之和为零，电容 C1 中的电流和电感 L1 中的电流不流过信号源电路。

5 **LC 并联谐振时总电路电流最小**

分析 LC 并联谐振电路中流过的信号电流大小是电路分析中的一项重要内容，分析时要将输入信号频率分成两种情况。

（1）输入信号频率等于谐振频率 f_0 时。LC 并联谐振电路中，当输入信号的频率等于电路的谐振频率 f_0 时，电路发生并联谐振，此时电路的阻抗为最大，所以频率为 f_0 的信号流过 LC 并联谐振电路的电流最小。

此时的电路电流大小等于并联电路两端的信号电压除以 $Q^2 R1$，可见此时流过 LC 并联电路的总电流是很小的。

（2）输入信号频率高于或低于谐振频率 f_0 时。对于输入信号频率高于或低于谐振频率 f_0 的信号电流，因为 LC 并联谐振电路失谐之后阻抗迅速减小，所以信号电流明显增大，信号频率越是偏离电路的谐振频率，其信号电流越大，而且 Q 值越大，偏离谐振频率的信号电流增大得越迅速。

这是 LC 并联谐振电路的重要特性，在分析由 LC 并联谐振电路参与的各种放大器电路、滤波器时都需要运用这一特性。

6 **LC 谐振电路通频带**

通频带简称为频带。图 4-67 所示是 LC 并联谐振电路的频率特性曲线。X 轴是频率，Y 轴是振荡幅度。曲线中，f_0 是 LC 并联谐振电路的谐振频率。

（1）频带定义。频率为 f_0 时，设振荡幅

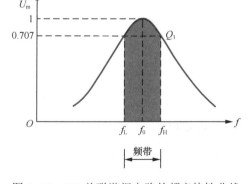

图 4-67 LC 并联谐振电路的频率特性曲线

度为 1，当振荡幅度下降到 0.707 时，对应曲线上有两点，频率较低处的一点是 f_L，这一频率称为下限频率；频率较高处的一点是 f_H，这一频率称为上限频率，频带 $\Delta f = f_H - f_L$，

即上限频率和下限频率之间的频率范围。

（2）频带宽度要求。一个 LC 并联谐振电路的频带宽度是有具体要求的，不同的电路中，为了实现特定的电路功能，对频带宽度的要求也大不相同，有的要求频带宽，有的要求频带窄，有的则要求有适当的频带宽度。

（3）频带外特性。从这一频带曲线中可以看出，当信号的频率低于下限频率和高于上限频率时，曲线快速下跌，信号幅度大幅减小，这一特性要记牢。

7 调整 LC 并联谐振电路频带宽度的电路

实用的 LC 并联谐振电路中，为了获得所需要的频带宽度，要求对 LC 并联谐振电路的 Q 值进行调整，如图 4-68（a）所示。电路中的 L1 和 C1 构成 LC 并联谐振电路，电阻 R1 并联在 L1 和 C1 上，为阻尼电阻。

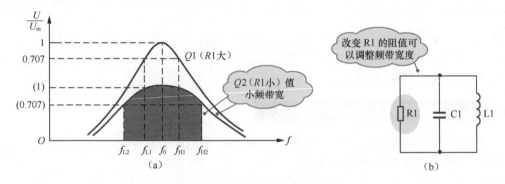

图 4-68 调整 Q 值电路示意图

并上阻尼电阻后，一部分的谐振信号能量要被电阻 R1 所分流，使 LC 并联谐振电路的品质因数下降，导致频带变宽。

 重要提示

当阻尼电阻 R1 的阻值越小时，R1 所分流的谐振电流越多，谐振电路的品质因数越小，频带越宽。图 4-68 中，$Q1$ 大于 $Q2$，$Q2$ 曲线的频带比 $Q1$ 曲线的频带宽。Q 值越小，频带越宽，反之则窄。

曲线 $Q1$ 是阻尼电阻 R1 的阻值较大时的曲线，因为 $R1$ 比较大，品质因数 $Q1$ 较大，对 LC 并联谐振电路的分流衰减量比较小，所以谐振电路振荡质量比较好，此时频带比较窄。

曲线 $Q2$ 是阻尼电阻 R1 的阻值较小时的曲线，因为 $R1$ 比较小，品质因数 $Q2$ 较小，LC 并联谐振电路的分流衰减量比较大，所以频带比较宽。

重要提示

通过上述分析可知，为了获得所需要的频带宽度，可以通过调整 LC 并联电路中的阻尼电阻 R1 来实现。

4.2.3 LC 串联谐振电路主要特性

LC 串联谐振电路是 LC 谐振电路中的另一种谐振电路。

图 4-69 所示是 LC 串联谐振电路。电路中的 R1 是线圈 L1 的直流电阻，也是这一

LC 串联谐振电路的阻尼电阻，电阻器是一个耗能元件，它在这里要消耗谐振信号的能量。L1 与 C1 串联后再与信号源 U_s 相并联，这里的信号源是一个恒压源。

在 LC 串联谐振电路中，电阻 R1 的阻值越小，对谐振信号的能量消耗越小，谐振电路的品质也越好，电路的 Q 值也越高。电路中的电感 L1 越大，存储的磁能也越多，在电路损耗一定时谐振电路的品质也越好，电路的 Q 值也越高。

重要提示

电路中，信号源与 LC 串联谐振电路之间不存在能量相互转换，只是电容 C1 和电感 L1 之间存在电能和磁能之间的相互转换。外加的输入信号只是补充由于电阻 R1 消耗电能而损耗的信号能量。

LC 串联谐振电路的谐振频率计算公式与并联谐振电路一样。

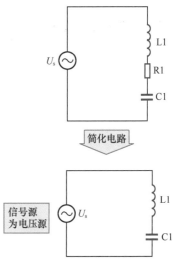

图 4-69 LC 串联谐振电路

1 LC 串联谐振电路阻抗特性

图 4-70 所示是 LC 串联谐振电路的阻抗特性曲线。

LC 串联谐振电路阻抗特性分析，要将输入信号频率分成多种情况进行。

（1）输入信号频率等于谐振频率 f_0 的情况分析。图 4-71 所示是输入信号频率等于谐振频率 f_0 时的阻抗特性曲线，当信号频率等于 LC 串联谐振电路的谐振频率 f_0 时，电路发生串联谐振，电路的阻抗最小且为纯阻性（不为容性也不为感性），其值为 R1（纯阻性）。

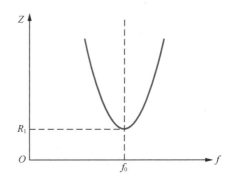

图 4-70 LC 串联谐振电路的阻抗特性曲线

重要提示

当信号频率偏离 LC 谐振电路的谐振频率时，电路的阻抗均要增大，且频率偏离的量越大，电路的阻抗就越大，这一点恰好是与 LC 并联谐振电路相反的。

要记住：串联谐振时电路的阻抗最小。

（2）输入信号频率高于谐振频率 f_0 的情况分析。图 4-72 所示是输入信号频率高于谐振频率 f_0 时阻抗特性曲线，相当于一个电感（电感量大小不等于 $L1$）。

当输入信号频率高于谐振频率时，LC 串联谐振电路为感性。

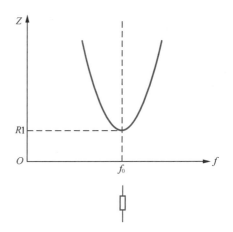

图 4-71 输入信号频率等于谐振频率
f_0 时的阻抗特性曲线

理解方法提示

这一点可以这么去理解：在 L1 和 C1 串联电路中，当信号频率高于谐振频率之后，由于频率升高，C1 的容抗减小，而 L1 的感抗增大，在串联电路中起主要作用的是阻抗大的元件，这样 L1 起主要作用，所以在输入信号频率高于谐振频率之后，LC 串联谐振电路等效于一个电感。

（3）输入信号频率低于谐振频率 f_0 的情况分析。图 4-73 所示是输入信号频率低于谐振频率 f_0 时的阻抗特性曲线，当输入信号频率低于谐振频率时，LC 串联谐振电路为容性，相当于一个电容（容量大小不等于 C1）。

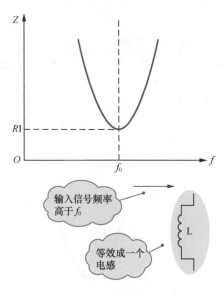

图 4-72 输入信号频率高于谐振频率 f_0 时的阻抗特性曲线

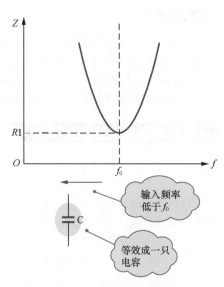

图 4-73 输入信号频率低于谐振频率 f_0 时阻抗特性曲线

理解方法提示

这一点可以这样理解：当信号频率低于谐振频率之后，由于频率降低，C1 的容抗增大，而 L1 的感抗却减小，这样在串联电路中起主要作用的是电容 C1，所以在输入信号频率低于谐振频率时，LC 串联谐振电路等效于一个电容。

2 品质因数 Q

图 4-74 是 LC 串联谐振电路阻抗与 Q 值之间关系的示意图。三条阻抗曲线中，$Q1$ 曲线的品质因数最大，$Q2$ 曲线其次，$Q3$ 曲线最小。Q 值越大曲线越尖锐，谐振时的电路阻抗越小，流过串联谐振电路的信号电流越大。

LC 串联谐振电路的频带特性与并联谐振电路是一样的，也是谐振电路的 Q 值越大，频带越窄，反之则越宽。

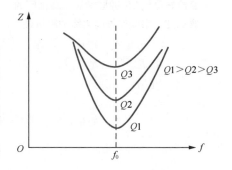

图 4-74 LC 串联谐振电路阻抗与 Q 值之间关系的示意图

3 **谐振时电流最大特性**

　　LC 串联谐振电路中，当输入信号的频率等于电路的谐振频率 f_0 时，电路发生串联谐振，此时电路的阻抗为最小，所以频率为 f_0 的信号流过 LC 串联谐振电路的电流最大。此时的电路电流等于外加到 LC 串联谐振电路两端的信号电压除以电阻 R1。

 重要提示

　　对于其他频率的信号电流，因为 LC 串联谐振电路失谐之后阻抗迅速增大，所以信号电流都有明显下降。信号频率越是偏离电路的谐振频率，其信号电流越小，Q 值越大，偏离谐振频率的信号电流下降得越迅速。

　　这是 LC 串联谐振电路的重要特性，在分析由 LC 串联谐振电路参与的放大器电路、滤波器电路时都需要运用这一特性。

4 **电压谐振**

　　LC 串联谐振电路发生谐振时，电容 C1 上的信号电压等于电感 L1 上的信号电压，并且是加到 LC 串联谐振电路上信号电压的 Q 倍。

　　由此可见，在 LC 串联谐振电路发生谐振时，在电容 C1 和 L1 上的信号电压升高了许多倍。所以，LC 串联谐振电路又称为电压谐振。

重要提示

　　在无线电电路中，由于输入信号通常十分的微弱，时常利用 LC 串联谐振电路的这一电压特性，在电容 C1 和电感 L1 上获得频率与输入信号频率相同，但信号电压幅度比输入信号电压幅度大 100 倍左右的信号电压。

　　LC 串联谐振电路发生谐振时，电容 C1 上的信号电压与电感 L1 上的信号电压相位相反，所以这两个信号电压之和为 0V。此时，加到 LC 串联谐振电路上的信号电压全部加到电阻 R1 上。

4.3　LC 并联和 LC 串联谐振实用电路

4.3.1　LC 并联谐振阻波电路

　　图 4-75 所示是由 LC 并联谐振电路构成的阻波电路（阻止某频率信号通过的电路）。电路中的 VT1 构成一级放大器电路，U_i 是输入信号，U_o 是这一放大器电路的输出信号。L1 和 C1 构成 LC 并联谐振电路，其谐振频率为 f_0，f_0 在输入信号频率范围内。阻波电路的作用是不让输入信号 U_i 中的某一频率通过，即除 f_0 频率之外，其他频率的信号可以通过。

4-14 视频讲解：LC 并联谐振阻波电路

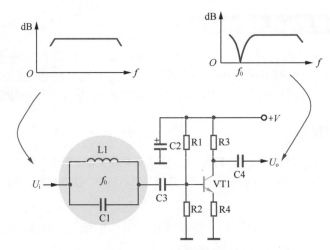

4-15 视频讲解：LC
并联谐振选频电路

图 4-75　由 LC 并联谐振电路构成的阻波电路

1　输入信号频率等于谐振频率 f_0 的情况分析

由于 L1 和 C1 的谐振频率为 f_0，LC 并联谐振电路在谐振时其阻抗最大，而这一谐振电路串联在信号的输入回路中，这样，该电路对输入信号中频率为 f_0 的信号阻抗很大，不让这一频率的信号加到 VT1 基极。

2　输入信号频率高于或低于 f_0 的情况分析

对于频率高于或低于 f_0 的输入信号，由于 L1 和 C1 失谐，其阻抗很小，这些频率的信号可以通过 L1 和 C1 的并联电路，经 C3 耦合，加到 VT1 基极，经 VT1 放大后输出。

 重要提示

从这一放大器电路的频率响应特性曲线中可以看出，由于阻波电路的存在，使输出信号中频率为 f_0 的信号受到很大衰减，从而滤除了输入信号中频率为 f_0 的成分。

这种阻波电路在电视机电路中广泛应用。

4.3.2　LC 并联谐振选频电路

图 4-76 所示是采用 LC 并联谐振电路构成的选频放大器电路。电路中的 VT1 构成一级共发射极放大器，R1 是偏置电阻，R2 是发射极负反馈电阻，C1 是输入端耦合电容，C4 是 VT1 发射极旁路电容。变压器 T1 初级线圈 L1 和电容 C3 构成 LC 并联谐振电路，作为 VT1 集电极负载。

1　输入信号频率等于谐振频率 f_0 的情况分析

图 4-77 是输入信号频率等于谐振频率为 f_0 时的频率特性示意图，L1 和 C3 并联谐振电路的谐振频率为 f_0，当输入信号频率为 f_0 时，该电路发生谐振，电路的阻抗最大，即 VT1 集电极负载阻抗最大，放大器的放大倍数最大。这是因为在共发射极放大器中，

集电极负载电阻大，放大器的电压放大倍数大。

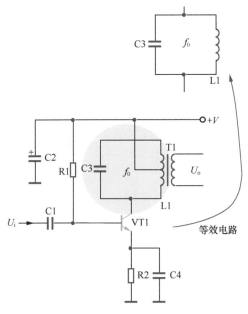

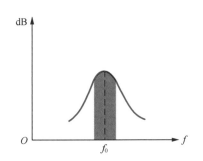

图 4-76　采用 LC 并联谐振电路的选频
　　　　　放大器电路

图 4-77　输入信号频率等于谐振频率为
　　　　　f_0 时的频率特性示意图

 重要提示

从图 4-77 中可以看出，以 f_0 为中心的很小一个频带内的信号得到了很大的放大。

2　输入信号频率高于或低于 f_0 的情况分析

图 4-78 是输入信号频率高于或低于 f_0 时的频率
特性示意图，对于频率偏离 f_0 的信号，由于该 LC 并
联谐振电路失谐，电路的阻抗很小，放大器的放大倍
数很小。

通过上述电路分析可知，在这一放大器电路中加
入 L1 和 C3 并联谐振电路后，放大器对频率为 f_0 的
信号放大倍数最大，所以输出信号 U_o 中主要是频率
为 f_0 的信号。

由于这一放大器对频率为 f_0 的信号放大倍数最
大，即它能够从众多频率中选择某一频率的信号进行
放大，所以称为选频放大器。

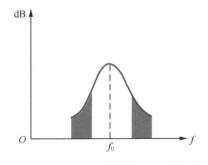

图 4-78　输入信号频率高于或低于
　　　　　f_0 时的频率特性示意图

 重要提示

由 LC 并联谐振电路的频率特性可知，这一 LC 并联谐振电路是有一定频带宽度的，所以这一放大器
放大的信号不仅仅是频率为 f_0 的信号，而是以 f_0 为中心频率，某一个频带内的信号。

只要控制 LC 并联谐振电路的频带宽度，就能控制这一选频放大器输出信号的频带宽度。

4.3.3 LC 并联谐振移相电路

图 4-79 所示是采用 LC 并联谐振电路构成的移相电路。电路中的 VT1 构成一级放大器，R1 是它的基极偏置电阻，R3 是它的发射极电阻，C4 是发射极旁路电容。L1 和 C3 构成 LC 并联谐振电路，R2 是这一谐振电路的阻尼电阻。

1　电路分析

图 4-79（b）所示是这一移相电路的移相特性曲线，它表示了这一电路输出信号电压 U_o 与 LC 谐振电路中电流两者之间的相位差与频率的关系。

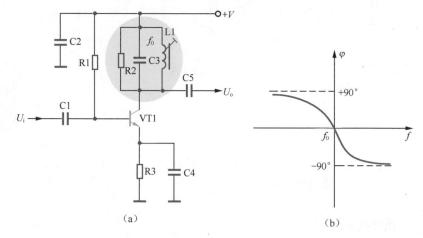

4-16 视频讲解：LC
并联谐振移相电路

图 4-79　LC 并联谐振电路构成的移相电路

设输入信号的频率为 f_1，LC 并联谐振电路的谐振频率为 f_0，这一频率的输入信号经 VT1 放大后，其集电极信号电流流过 L1 和 C3 构成的 LC 并联谐振电路。

通过调整 L1 的电感量，使该谐振电路的谐振频率 $f_0 = f_1$，这样从图 4-79（b）所示的曲线中可以看出，此时这一电路对频率为 f_1 的信号相移相量为零，即频率为 f_1 的信号的集电极电流与输出电压 U_o 之间同相位。

 重要提示

如果通过调整 L1 的电感量，使谐振频率 f_0 高于输入信号频率 f_1，从图 4-79（b）所示的曲线中可看出，此时已有了正相移相，即输出信号电压 U_o 相位超前集电极信号电流相位。f_0 频率越是高于输入信号频率 f_1，超前量越大。

如果通过调整 L1 的电感量，使谐振频率 f_0 低于输入信号频率 f_1，从图 4-79（b）所示的曲线中可看出，有了负相移相，即输出信号电压 U_o 相位滞后于集电极信号电流相位。f_0 频率越是低于输入信号频率 f_1，滞后量越大。

2　电路分析小结

通过上述分析可知，通过调整 L1 的电感量，可以改变输出信号电压 U_o 的相位，达到移相的目的。

这一移相电路对信号在 +90°～ -90° 范围内进行移相，但实际使用中只使用 f_0 左右较小范围内的移相特性，因为在较小范围内的移相曲线近似为直线。

4.3.4　LC 串联谐振吸收电路

吸收电路的作用是将输入信号中某一频率的信号去掉。图 4-80 所示是采用 LC 串联谐振电路构成的吸收电路。电路中的 VT1 构成一级放大器，U_i 是输入信号，U_o 是这一放大器的输出信号。L1 和 C1 构成 LC 串联谐振吸收电路，其谐振频率为 f_0，它接在 VT1 输入端与地端之间。

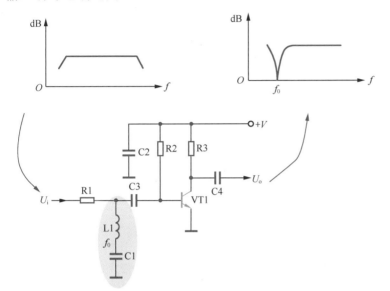

4-17 视频讲解：实用 LC 串联谐振吸收电路

图 4-80　LC 串联谐振电路构成的吸收电路

LC 串联谐振吸收电路分析

（1）输入信号频率为 f_0 的情况分析。对于输入信号中频率为 f_0 的信号，由于与 L1 和 C1 的谐振频率相同，L1 和 C1 的串联电路对它的阻抗很小，频率为 f_0 的输入信号被 L1 和 C1 旁路到地而不能加到 VT1 基极，VT1 就不能放大频率为 f_0 的信号，当然输出信号中也就没有频率为 f_0 的信号了。

（2）输入信号频率高于或低于 f_0 的情况分析。对于输入信号中频率高于或低于 f_0 的信号，由于与 L1 和 C1 的谐振频率不等，这时 L1 和 C1 串联电路失谐，其阻抗很大，其输入信号不会被 L1 和 C1 旁路到地，加到了 VT1 基极，经 VT1 放大后输出。

从这一放大器的频率响应特性中可以看出，输出信号中没有频率为 f_0 的信号存在了。

4.3.5　LC 串联谐振高频提升电路

图 4-81 所示是采用 LC 串联谐振电路构成的高频提升电路。电路中的 VT1 构成一级共发射极放大器，L1 和 C4 构成 LC 串联谐振电路，用来提升高频信号。L1 和 C4 串联谐振电路的谐振频率为 f_0，它高于这一放大器工作信号的最高频率。

4-18 视频讲解：实用 LC 串联谐振提升电路

LC 串联谐振高频提升电路分析

由于 L1 和 C4 电路在谐振时的阻抗最小，与发射极负反馈电阻 R4 并联后负反馈电阻最小，所以此时的放大倍数最大。

这样，接近 f_0 的高频信号得到提升，如图 4-81 中放大器的频响特性曲线所示，不加 L1 和 C4 时的高频段响应曲线为虚线，加入 L1 和 C4 时的为实线，显然实线的高频段响应好于虚线。

对于频率远低于 f_0 的输入信号，L1 和 C4 电路对它们没有提升作用。因为 L1 和 C4 电路处于失谐状态，其阻抗很大，此时的负反馈电阻为 R4。

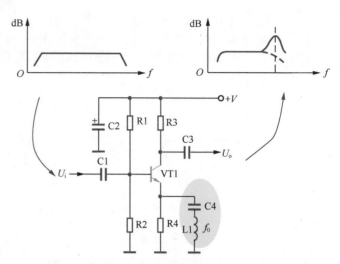

图 4-81　LC 串联谐振电路构成的高频提升电路

4.3.6　放音磁头高频补偿电路

图 4-82 所示是磁性记录设备中的放音磁头（用来播放磁带上信号的器件）电路，电路中的 HD1 是放音磁头，C1 是高频补偿电容，C1 与 HD1 中的线圈构成一个 LC 串联谐振电路，用来提升放音中的高频信号。

4-19 视频讲解：实用 LC 串联谐振放音高频补偿电路

电路分析

放音磁头 HD1 内部的线圈与电容 C1 构成一个 LC 串联谐振电路，其谐振频率略高于放音信号的最高频率，这样对于放音信号中的高频段信号由于谐振的作用而得到提升，图 4-83 所示是放音高频信号得到提升后的特性曲线。如果不加 C1 高频补偿电路，则高频段输出特性曲线为虚线，显然高频信号受到衰减。

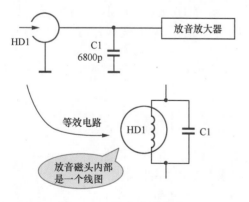

图 4-82　放音磁头电路

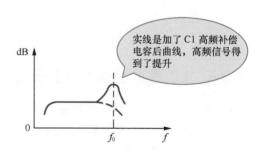

图 4-83　放音高频补偿特性曲线

4.3.7 输入调谐电路

 重要提示

收音机从众多广播电台中选出所需要的电台是由输入调谐电路来完成的，输入调谐电路又称天线调谐电路，因为这一调谐电路中存在收音机的天线。

中波收音机中，中波段频率范围为 535 ～ 1605kHz，这一频率范围内有许多中波电台的频率，如 600 kHz 是某一电台频率，900kHz 为另一个电台频率，通过输入调谐电路就是要方便时选出频率为 600 kHz 的电台或频率为 900 kHz 的电台。

4-20 视频讲解：实用 LC 串联谐振输入调谐电路

图 4-84 所示是典型的输入调谐电路。电路中 L1 是磁棒天线的初级线圈；L2 是磁棒天线的次级线圈；C1-1 是双联可变电容器的一个联，为天线联；C2 是高频补偿电容，为微调电容器，它通常附设在双联可变电容器上。

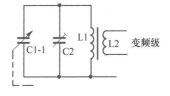

图 4-84　典型的输入调谐电路

 重要提示

磁棒天线中的 L1、L2 相当于一个变压器，其中 L1 是初级线圈，L2 是次级线圈，L2 输出 L1 上的信号。

由于磁棒的作用，使磁棒天线聚集了大量的电磁波。由于天空中的各种频率电波很多，为了从众多电波中选出所需要频率的电台信号，需要输入调谐电路来完成。

分析输入调谐电路工作原理的核心是掌握 LC 串联谐振电路特性。

1 ▌ **输入调谐电路分析** ▌

输入调谐电路工作原理是：磁棒天线的初级线圈 L1 与可变电容器 C1-1、微调电容器 C2 构成 LC 串联谐振电路。当电路发生谐振时，L1 中能量最大，即 L1 两端谐振频率信号的电压幅度远远大于非谐振频率信号的电压幅度，这样通过磁耦合从次级线圈 L2 输出的谐振频率信号幅度为最大。

输入调谐电路采用了串联谐振电路，这是因为在这种谐振电路中，在电路发生谐振时，线圈两端的信号电压升高许多（这是串联谐振电路的一个重要特性），可以将微弱的电台信号电压大幅度升高。

 重要提示

选台的过程，就是改变可变电容器 C1-1 的容量，从而改变了输入调谐电路的谐振频率，这样只要有一个确定的可变电容容量，就有一个与之对应的谐振频率，线圈 L2 就能输出一个确定的电台信号，达到调谐之目的。

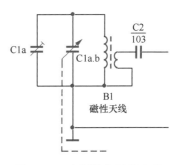

图 4-85　实用输入调谐电路

2 ▌ **实用输入调谐电路分析** ▌

图 4-85 所示是一个收音机套件中的实用输入调谐电路。在掌握了前面的输入调谐电路工作原理之后，这一电

路分析十分简单。电路中，B1 为磁棒天线，C1a 为微调电容器，C1a.b 是调谐联。磁棒天线的初级线圈与 C1a.b、C1a 构成 LC 串联谐振电路，用来进行调谐，调谐后的输出信号从次级线圈输出，经耦合电容 C2 加到后级电路中，即加到变频级电路中。

4.3.8　LC 谐振电路小结

表 4-1 所示是 LC 谐振电路小结。

表 4-1　LC 谐振电路小结

关键词	小结
掌握阻抗特性	了解这两种谐振电路的一些主要特性是分析它们应用电路的基础，其中最主要的是两种谐振电路的阻抗特性，因为在各种电路的工作原理分析中，主要是依据电路的阻抗对电路进行分析。LC 并联谐振电路谐振时阻抗最大，LC 串联谐振电路在谐振时阻抗最小，将它们对应起来比较容易记忆
电路分析时注意事项	在运用 LC 并联谐振电路谐振阻抗特性分析电路时要注意几点： （1）输入 LC 并联谐振电路的信号频率是很广泛的，其中含有频率为谐振频率的这一信号； （2）在众多频率的输入信号中，电路只对频率为谐振频率的信号发生谐振，这时电路的阻抗为最大； （3）对于频率偏离谐振频率的信号，因为谐振电路有一个频带宽度，在电路分析中，可以认为频带内的信号都与谐振频率信号一样，受到了同样的电路放大或处理，但对带之外的信号则认为没有受到放大或处理，这是电路分析所要掌握的； （4）频带的宽度与 Q 值大小有关，Q 值大，频带窄；Q 值小，频带宽
LC 串联谐振电路谐振时阻抗最小	分析 LC 串联谐振电路时要注意的事项同并联谐振电路相同，只是谐振时电路的阻抗是最小，而不是并联谐振时阻抗是最大。 对于 LC 串联谐振电路而言，电路失谐时，电路的阻抗很大，此时对于频率低于谐振频率的信号主要是因为电容 C1 的容抗大了，对于频率高于谐振频率的信号主要是因为电感 L1 的感抗大了
LC 并联谐振电路失谐时阻抗小	对于 LC 并联谐振电路而言，电路失谐时，电路的阻抗很小，此时对于频率低于谐振频率的信号主要是从电感 L1 支路流过的，而对于频率高于谐振频率的信号，主要是从电容 C1 支路通过的
输入信号频率分成两种情况	分析这两种 LC 谐振电路的应用电路时，要将输入信号频率分成两种情况： （1）输入信号频率等于谐振频率时的电路工作情况； （2）输入信号频率不等于谐振频率时的电路工作情况
阻尼电阻作用	在并联谐振电路中加入阻尼电阻后，了解加阻尼电阻的目的，是为了获得所需要的频带宽度。所加电阻的阻值越小，频带越宽，反之则越窄

4.4　RL 移相电路

RL 电路是由电阻器 R 和电感器 L 构成的电路。

RC 电路可以构成 RC 滞后移相电路和 RC 超前移相电路，电阻器和电感器也能构成移相电路，这种移相电路称为 RL 移相电路。RL 移相电路也有超前移相电路和滞后移相电路两种，这两种移相电路都是利用了电感器的电流和电压之间的相位特性。

4.4.1　准备知识

介绍 RL 移相电路之前，先介绍流过电感电流与电感两端电压之间的相位关系。

电感器的许多特性与电容器相反，在相位关系上也是如此。流过电感器的电流相位是滞后电感器上电压相位 90° 的，如图 4-86 所示，或者说电感器上的电压矢量超前电流矢量。电容器电流相位超前电压相位 90°，将它们的相位关系联系起来记忆是有益的，牢记其中的一个，另一个则相反，一般记忆电容的特性。

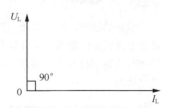

图 4-86　流过电感器电流与电感器两端电压之间的相位关系

4.4.2　RL 超前移相电路

图 4-87 所示是 RL 超前移相电路。从电路中可以看出，交流输入信号 U_i 加到电阻 R1 上，输出信号电压 U_o 是从 L1 上取出的。

分析 RL 移相电路也是采用画矢量图的方法，方法与分析 RC 移相电路时一样，只是要注意画矢量图时，电感器上的电压相位超前电流相位 90°。

如图 4-87（b）所示，先画出流过电阻器和电感器的电流 I，然后画出电阻上的电压 U_R，注意电阻上的电压与流过电阻的电流是同相位的，所以电压 U_R 与 I 重合。

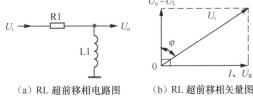

画出电感器 L1 上的电压 U_L，它的相位与电流相位相差 90°，而且为超前 90°。再画出输出电压 U_o，输出电压就是电感器 L1 上的电压。

(a) RL 超前移相电路图　　(b) RL 超前移相矢量图

图 4-87　RL 超前移相电路

然后，画出平行四边形，画出输入信号电压 U_L，这样可以看出输入信号电压 U_L 与输出信号电压 U_o 之间的相位关系，输出信号电压 U_o 超前输入信号电压 U_L 一个角度，所以这是一个 RL 超前移相电路。

4.4.3　RL 滞后移相电路

图 4-88 所示是 RL 滞后移相电路，从电路中可以看出，输入信号电压 U_L 加到电感器 L1 上，输出信号电压 U_o 取自电阻 R1 上。

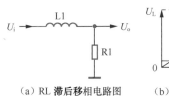

(a) RL 滞后移相电路图　　(b) RL 滞后移相矢量图

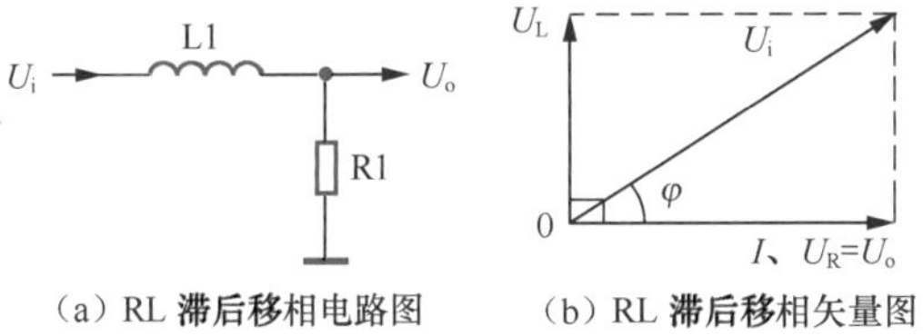

图 4-88　RL 滞后移相电路

同 RL 超前移相电路的画矢量图方法一样，如图 4-88（b）所示，由于输出信号电压 U_o 取自电阻 R1 上，所以输出信号电压 U_o 就等于电阻 R1 上的电压 U_R，与电流 I 重合。从图中可以看出，输出信号电压 U_o 滞后于输入信号电压 U_i 一个角度，所以这是一个 RL 滞后移相电路。

🚩 电路分析提示

关于 RL 移相电路分析主要说明以下几点：

（1）电路的分析方法同 RC 移相电路一样，但要注意对于电感器而言电压是超前电流的。

（2）要注意画矢量图的步骤，在分析电路过程中一般是只要知道是超前还是滞后 RL 移相电路，对于具体的移相量大小不必做计算、分析，这种计算十分复杂。

（3）RL 移相电路的应用没有 RC 移相电路多。

4.4.4　RC、LC、RL 电路特性小结

表 4-2 所示是 RC、LC、RL 电路特性小结。

表 4-2　RC、LC、RL 电路特性小结

名称	电路图	主要特性小结
RC 并联电路		有一个转折频率，频率高于转折频率时，电路阻抗随频率升高而下降，直至为零；低于转折频率时，电路阻抗等于 R1
RC 串联电路		有一个转折频率，频率高于转折频率时，电路阻抗等于 R1；低于转折频率时，阻抗随频率降低而增大
RC 串并联电路		有多于一个的转折频率，各个频段内电路的阻抗不同
LC 串联谐振电路		谐振时，电路的阻抗最小且为纯阻性，电路中的电流最大；失谐时，电路阻抗增大，频率越是偏离谐振频率，电路中的阻抗越大，电路中电流越小；Q 值越大，频带越窄
LC 并联揩振电路		谐振时，电路的阻抗最大且为纯阻性，电路中的电流最小；失谐时，电路阻抗减小，频率越是偏离谐振频率电路中的阻抗越小，电路中电流越大；Q 值越大，频带越窄
RC 超前移相电路		输出信号电压取自电阻 R1 上，输出信号超前输入信号，超前量不大于 90°
RC 滞后移相电路		输出信号电压取自电容 C1 上，输出信号滞后输入信号，滞后量不大于 90°
RL 超前移相电路		输出信号电压取自电感 L1 上，输出信号超前输入信号，超前量不大于 90°
RL 滞后移相电路		输出信号电压取自电阻 R1 上，输出信号滞后输入信号，滞后量不大于 90°
积分电路		输出信号电压取自电容 C1 上，输出信号为输入信号中的低频成分，去掉输入信号中的高频成分
微分电路		输出信号电压取自电阻 R1 上，输出信号为输入信号中的高频成分，是输入信号中的突变信号部分，去掉输入信号中的低频成分

第5章 图解直流电源电路

 重要提示 ──────────────────

交流供电的电子设备中电源电路是必不可少的，其工作电压是直流电源。电源电路中包含许多单元电路，各单元电路组成电源系统。电源系统是向电子设备提供不同工作电压和电能的系统。

5-1 视频讲解：直流电源电路简述

通常所讲的直流电源电路是将交流市电转换成直流工作电压的电路。直流电源电路装置有两种情况：

（1）与整机电路装配在一起的电源电路。

（2）独立外壳的电源电路，这时它又被称为电源适配器。

图 5-1 所示是几种独立外壳的直流电源。无论是独立外壳的电源，还是与整机电路装配在一起的电源电路，其电路结构等情况是一样的。

（a）小型电源适配器　　　　（b）开关稳压电源

图 5-1　几种独立外壳的直流电源和适配器

5.1　直流电源电路综述

5.1.1　图解无稳压电源电路方框图及各单元电路作用

图 5-2 是无稳压电源电路方框图，也是用得最多的一种电源电路。电源电路由电源开关电路、降压电路、整流电路、滤波电路几部分组成。

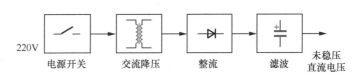

图 5-2　无稳压电源电路方框图

1 电源电路各部分电流回路分析

在电源电路中，会出现交流电、脉动性直流电、交流成分和直流电 4 种电信号。

（1）交流电回路。图 5-3 是电源电路中交流电回路示意图，从图中可以看出，这一电流回路是 220V 交流电流回路。

（2）脉动性直流电回路。图 5-4 是脉动性直流电回路示意图，这一回路为整流二极管回路，交流电经整流二极管变成了脉动性直流电。

图 5-5 是半波整流后的脉动性直流电示意图。

5-2 视频讲解：电源概念及知识点综述

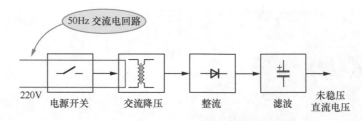

图 5-3　电源电路中交流电回路示意图

5-3 视频讲解：直流电源电路种类

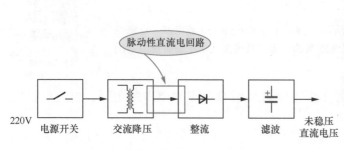

图 5-4　脉动性直流电回路示意图

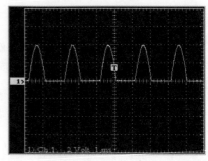

图 5-5　半波整流后的脉动性直流电示意图

（3）交流成分电流回路。图 5-6 是交流成分电流回路示意图，整流后产生的脉动性直流电中含有丰富的交流成分，它们通过滤波电容回路后被滤除掉。

（4）直流电流回路。图 5-7 是直流电流回路示意图，直流电流是流过负载的电流，RL 是电源电路的负载。

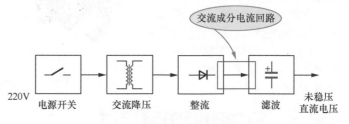

图 5-6　交流成分电流回路示意图

5-4 视频讲解：直流电源电路组成及单元电路作用

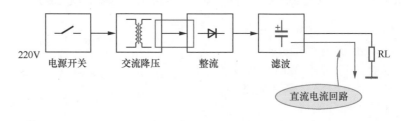

图 5-7　直流电流回路示意图

2　电源开关电路作用

电源开关电路用来控制电源电路是否进入工作状态。电源开关接通，整机电路获得电源而工作；电源开关断开，整机电路因为没有电源而停止工作。

3　交流降压电路作用

这一单元电路主要使用电源变压器。交流降压电路的作用是：由于输入电源电路的交流市电压高达 220V，而直流工作电压通常只需要很低的电压，所以交流市电压在进入电源电路后首先由降压电路对很高的交流电压进行降压，降至几伏或几十伏的交流电压。

 重要提示

　　电源电路中的降压电路通常采用一种称之为变压器的元器件来完成降压任务，这种变压器是一种能够降低 220V 交流市电压的降压变压器，在电源电路中的这种变压器通常称为电源变压器。图 5-8 是一种电源变压器实物示意图。

5-5 视频讲解：直流稳压电路工作原理简述

4 整流电路作用

　　这一单元电路主要使用整流二极管。整流电路是电源电路中的核心电路，它的作用是将交流电压通过整流二极管（通常是整流二极管，当然还可以使用其他元器件，如桥堆）转换成单向脉冲性的直流电压，整流是将交流电压转换成直流电压过程中的关键一步。图 5-9 是整流二极管和桥堆实物示意图。

 重要提示

　　无论什么类型的电源电路，都需要整流电路完成交流电至直流电的转换。整流电路的类型比较少，但具体电路的变化比较多，电子电路中基本的整流电路有 3 种：半波整流电路、全波整流电路和桥式整流电路。

5 滤波电路作用

　　这一单元电路主要使用滤波电容器且为有性极的电解电容，图 5-10 是滤波电容实物示意图。

5-6 视频讲解：电源变压器电路

整流二极管

桥堆

图 5-8 　一种电源变压器实物示意图

图 5-9 　整流二极管和桥堆实物示意图

图 5-10 　滤波电容实物示意图

　　从整流电路输出的单向脉动性直流电压是不能作为电子电路的直流工作电压的，因为这种单向脉动性直流电压中的交流成分很多，它必须通过滤波电路的滤波，才能得到可以用于电子电路的直流工作电压。

5.1.2　图解调整管稳压电源电路方框图

1 方框图

　　图 5-11 所示是调整管稳压电源电路方框图，在一些对直流工作电压稳定性要求比较高的场合，需要直流稳压电路。

　　从方框图中可以看出，它是在普通电源电路的基础上，再加入稳压电路。

5-7 视频讲解：电源输入回路抗干扰电路

5-8 视频讲解：
整流电路简述

图 5-11　调整管稳压电源电路方框图

2　稳压电路作用

调整管稳压主要使用三极管。

重要提示

电源电路有一个直流输出电压大小随交流市电输入电压大小变化而变化的现象，同时电源电路的直流输出电压还随电源电路负载大小变化而变化，为了减小输入电压大小和电源负载大小对电源电路直流输出电压的大小变化影响，可以采用直流稳压电路，以稳定电源电路输出的直流电压。

稳压电路是一种能够在一定范围内稳定输出电压的电路。稳压电路有交流稳压电路和直流稳压电路两种，这里的稳压电路是指直流稳压电路，它的作用是对滤波电路输出的直流工作电压进行稳定，使这一电源电路输出的直流工作电压稳定在某一电压上。

3　直流电源电路工作原理简述

电源电路工作原理是：220V 交流市电通过高频抗干扰电路加到降压电路中，将220V 交流电压幅度下降至合适的交流电压值，然后送入整流电路中，将交流电压转换成单向脉动性直流电压，再送入滤波电路中将单向脉冲直流电压中的交流成分去掉，得到能够用于电子电路的直流工作电压，这一直流电压再加到直流稳压电路中，进行直流稳压处理，得到比较稳定的直流工作电压。

5.1.3　图解开关电源电路方框图

1　开关电源电路方框图

图 5-12 是开关电源电路方框图。电路主要由整流电路、滤波电路、开关稳压电路和保护电路组成。

2　开关电源电路

这一电源电路与前面几种电源电路

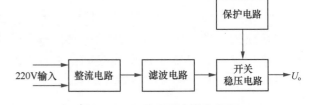

图 5-12　开关电源电路方框图

主要不同之处是 220V 的交流市电没有经过降压电路，而是直接加到了整流电路中进行整流，在滤波电路之后又加了开关稳压电路和保护电路。另外，这种电源电路的具体电路很复杂，电路变化也多，保护电路也很复杂。

电源电路中的整流电路直接整流 220V 交流电压，交流市电电压比较高，所以要求这一整流电路中的整流二极管能承受的反向耐压比较高。在不同的整流电压大小下，对整流二极管的反向耐压要求是不同的。

重要提示

　　开关稳压电路是直流稳压电路中的一种，对直流电压进行稳定。这种稳压电路的性能比普通的调整管稳压电路性能要好许多，并且能够比较容易地加入各种保护电路。开关稳压电路的变化多，电路结构比较复杂，识图也比较困难。

5-9 视频讲解：
半波整流电路

　　对开关电源电路的保护比较复杂，所能保护的功能也比较齐全。在保护电路动作时，往往会使开关电源电路停止工作。

　　在开关稳压电路中，很容易加入各种形式的保护电路。

5.1.4　电源电路种类

　　了解电源电路的种类可以从整体上对电源电路有一个认识，有利于学习电源电路知识。

5-10 视频讲解：
全波整流电路

　　按有无直流稳压功能划分，电源电路有下列两种：

　　（1）没有直流稳压功能的电源电路。这种电源电路的数量很多，大量的电子电器都是采用这种电源电路。

　　（2）具有直流稳压电路的电源电路。这种电源电路比较复杂，成本比较高。这种电源电路在电子电器中应用较多。

❶　按直流稳压电路类型划分

　　表 5-1 所示是直流稳压电路种类说明。

5-11 视频讲解：
桥式整流电路

表 5-1　直流稳压电路种类说明

名称	电路示意图	说明
稳压二极管稳压电路		这种稳压电路利用硅稳压二极管的稳压特性，实现直流工作电压的稳压输出。这种直流稳压电路的稳压特性一般，往往只用于稳定局部的直流电压，在整机电源电路中一般不采用这种稳压电路
串联调整管稳压电路		这种稳压电路利用了三极管集电极与发射极之间阻抗随基极电流大小变化而变化的特性，进行直流输出电压的自动调整，实现直流输出电压的稳定。在这种稳压电路中的三极管（调整管）一直处于导通状态
开关型稳压电路	开关稳压电路	这是一种高性能的直流稳压电路，稳压原理比较复杂，在这种电路中的三极管（开关管）处于导通、截止两种工作状态的转换中，即工作在开关状态，开关型稳压电路由此得名
三端集成稳压电路		这是一种集成电路的稳压电路，其功能是稳定直流输出电压，在许多场合，这种集成电路有着广泛的应用，它只有 3 根引脚，使用很方便

❷　按直流电压输出电路数目划分

　　（1）只有一路直流输出电压的电源电路。图 5-13 是只有一路直流输出电压的电源电路方框图。这种电源电路比较简单，只能输出一路直流工作电压，电源电路本身只能输出一个等级的直流工作电压。但是，这种电源电路并不代表只能有一种等级的直流工作电压，它可以通过直流降压电路来得到更多等级的直流输出电压。

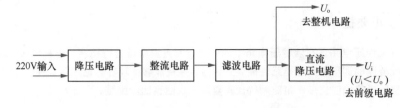

图 5-13　只有一路直流输出电压的电源电路方框图

 重要提示

从滤波电路输出的直流工作电压 U_o 最高，经直流降压电路后获得电压等级更低的直流工作电压 U_i。这样的直流降压电路可以一节节串联下去，便能得到更多的大小不同的直流工作电压。

图 5-14 是这种电源电路输出电流回路示意图，从图中可以看出，滤波电路输出的直流电流分成了两路。

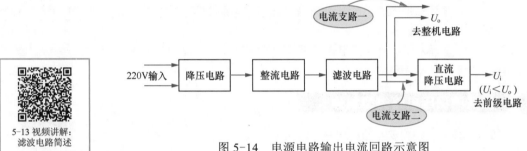

图 5-14　电源电路输出电流回路示意图

（2）具有多路直流输出电压的电源电路。图 5-15 是两路直流输出电压的电源电路方框图。这种电源电路能够直接输出两个或更多等级的直流工作电压，而不是通过直流降压电路来得到多种等级的直流工作电压。

这一电源电路有两套整流和滤波电路，降压电路共用。220V交流市电经降压电路后得到两路

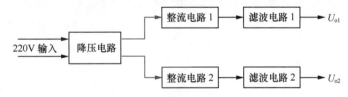

图 5-15　两路直流输出电压的电源电路方框图

交流低电压输出，分别加到各自的整流、滤波电路中，得到直流工作电压 U_{o1} 和 U_{o2}。

 重要提示

由于从降压电路输出了两路交流低电压且这两个交流电压的大小不同，电源电路输出的两路直流工作电压 U_{o1} 和 U_{o2} 大小不同。如果从降压电路输出更多路的交流低电压，并配置相应的整流、滤波电路，就能得到更多的直流工作电压。

图 5-16 是这一电源电路电流回路示意图，从图中可以看出，它从降压电路输出端开始电路分成了两个支路。

（3）能够同时输出直流和交流电压的电源电路。图 5-17 所示是能够同时输出直流和交流工作电压的电源电路。

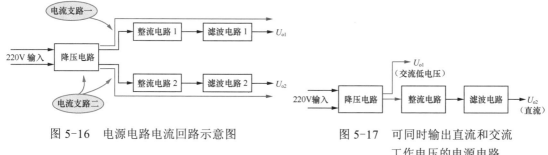

图 5-16　电源电路电流回路示意图

图 5-17　可同时输出直流和交流
工作电压的电源电路

一些电子电器中，不仅需要电源电路能够输出直流工作电压，同时还要求输出适当大小的交流工作电压，图 5-17 所示的电源电路就能够同时输出直流和交流两种工作电压。

从降压电压输出两种交流低电压：一路加到整流、滤波电路，得到直流工作电压 U_{o2}；另一路直接输出一个交流低电压 U_{o1}，加到整机电路中需要交流低电压的那一部分电路中。

图 5-18 所示是这一电源电路电流回路示意图，从图中可以看出，从降压电路输出端开始分成两个支路。

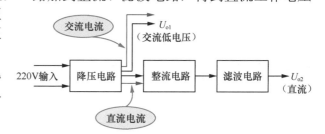

图 5-18　电源电路电流回路示意图

3　按直流输出电压极性划分

（1）输出正极性直流工作电压的电源电路。图 5-19 所示是输出正极性直流电压电源电路。这是最常见的电源电路，电源电路输出端的直流工作电压最高，地端的直流电压为 0V，是整机电路中最低的直流电压。

图 5-19　输出正极性直流电压的电源电路

图 5-20 是这一电源电路输出回路电流示意图，电流方向是从上向下地流过负载 R_L。

（2）输出负极性直流工作电压的电源电路。图 5-21 所示是输出负极性直流工作电压的电源电路。这种电源电路不常见，电源电路输出端的直流工作电压最低，地端的直流电压为 0V，是整机电路中最高的直流电压。

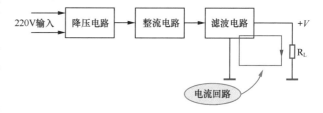

图 5-20　电流回路示意

图 5-21　输出负极性直流工作电压的电源电路

 电路检修提示

对于这种电源电路的检修，无论怎样测量电路中的直流电压都是负电压，注意万用表直流电压挡的红表棒要接地端，黑表棒接电路中的测试点。

图 5-22 是这一电源电路输出回路电流示意图，从图中可以看出，流过负载 R_L 的电流方向是从下到上。

（3）输出正、负极性直流工作电压的电源电路。图 5-23 所示是输出正、负极性直流电压电源电路。

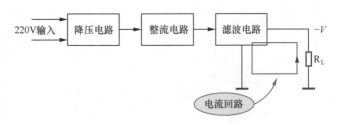

图 5-22　电源电路输出回路电流示意图

在这种电源电路中，电源电路在输出正极性直流电压的同时，还能输出另一组负极性的直流电压。整机电路中，地端的直流电压为 0V，正极性直流工作电压输出端的直流电压最高，负极性直流工作电压输出端的直流电压最低，正、负极性直流电压都是以地端为参考点。

图 5-23　输出正、负极性直流电压电源电路

图 5-24 是这一电源电路输出回路电流示意图，它共有 3 个电流回路。

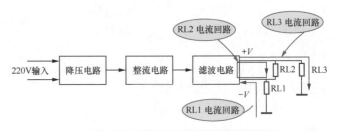

图 5-24　电源电路输出回路电流示意图

 4　按电源电路数量划分

按电源电路数量划分，直流电源电路主要有下列 3 种。

（1）整机电路通常只有一个电源电路，通常情况下，大多数整机是这种电源电路。

（2）一些电子电器中（如部分遥控彩色电视机）会出现两个电源电路，一个是主电源电路，另一个是副电源电路，副电源电路具有控制主电源电路的作用。

（3）一些电子电器中（如电视机电路）除整机电源电路之外，还会在整机电路中出现用于局部电路的电源电路，例如电视机中的高压、中高电源电路。

5.1.5　直流电源电路几个特点

电源电路是各种整机电路的电动力源，各种电子电器都含有电源电路。整机电源电路的"一举一动"都将影响整机电路的正常工作。

电路检修提示

电源电路是整机各系统电路的电源供给电路，电源电路的工作状态直接影响整机各系统电路的工作情况，了解这些对检修整机电路故障很重要。

1　电源电路输入交流电压输出直流电压

图 5-25 是电源电路输入电压与输出电压波形示意图。从图中可以看出，输入电源电路的是交流市电，经过电源电路的处理之后，输出直流工作电压。

我国交流市电的电压是 220V，所以输入电源电路是 220V、50Hz 交流电压。

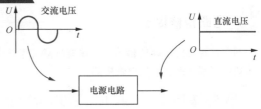

图 5-25　电源电路输入电压与输出电压波形示意图

但是，对于一些进口电子电器或一些出口的电子电器，会出现 220V、50Hz 和 110V、60Hz 两种交流市电压的输入电路，以适应世界不同地区的不同交流市电压输入。

2　电源电路直接影响整机电路工作状态

图 5-26 是电源电路与整机电路之间关系示意图。从图中可以看出，电源电路输出的直流电压直接为整机电路服务。

图 5-26　电源电路与整机电路之间关系示意图

电路检修提示

电源电路出了故障导致整机没有直流电压输出，这时整机各系统电路都因为没有直流工作电压而停止工作；如果电源电路出故障导致整机直流输出电压升高许多，这将使整机各系统电路的直流工作电压相应升高，将会严重影响整机各系统电路的工作安全。

3　电源电路输出的直流电压在整机直流电压中最高

电源电路所输出的直流工作电压在整机电路中是最高的，而且输出电流的能力最强。

电源电路输出的直流工作电压通常直接加到功率放大器这样的后级电路中，作为直流工作电压，如图 5-27 所示，功率放大电路得到的直流工作电压为整机最高，且消耗的直流电源功率也最大。

图 5-27　电源电路输出直流电压直接供给功率放大电路示意图

电源电路输出的直流工作电压还要通过一节节的 RC 滤波电路或电子滤波电路进行降压和滤波，再送到整机电路中的一些前级电路中，如图 5-28 所示。

图 5-29 是这一前级电压供给电路直流电流回路示意图。

图 5-28　电源电路给前级电路供电示意图　　图 5-29　前级电压供给电路直流电流回路示意图

4　直流电源电路中单元电路识别方法

电路分析提示

整机电路图中，电源电路中的元器件画在一起，各种类型的电子电器电源电路图在整机电路图中的位置有一定的规律，例如，音响中电源电路图一般画在整机电路图的右下方，掌握了这样的规律比较容易从整机电路图中很快找到电源电路。

根据电源电路中的元器件电路符号能准确地在整机电路中确定电源电路的位置，对电源单元电路位置的识别方法说明如表 5-2 所示。

5-14 视频讲解：单向脉动性直流电

表 5-2　电源单元电路位置识别方法说明

名称	示意图	说明
电源变压器和电源开关	T1 L1 S1	根据电源变压器的电路符号、电源开关的电路符号比较容易找到整机电路图中的电源电路位置，因为电源变压器、电源开关电路符号在整机电路图中只有一个，并且特征明显，很容易找到
整流电路		整机电路图中，如果有数只二极管在一起，通常是 4 只，或有许多二极管在一起时，这很可能就是电源电路，这些二极管是电源电路中的整流二极管，根据这一电路特征知道是电源电路所在
滤波电路	C1 1000μ	发现整机电路图中有只容量非常大的电解电容器时（数千微法），这是电源电路中的滤波电容，在它附近的电路则是电源电路

5.2　图解电源变压器电路和整流电路

5.2.1　图解电源开关电路和变压器降压电路

1　双刀电源开关电路和变压器降压电路

图 5-30 所示是一种双刀电源开关电路和变压器降压电路。电路中的 S1-1 和 S1-2 是双刀电源开关，F1 是保险丝，T1 是电源变压器，它内部设有屏蔽层。

当双刀电源开关 S1-1 和 S1-2 接通时，220V 交流电压通过 S1-1 和 S1-2、交流输入回路中保险丝 F1 加到电源变压器一次线圈两端，一次线圈中便产生交流电流，如图 5-31 所示，这样二次线圈输出低压的交流电压。

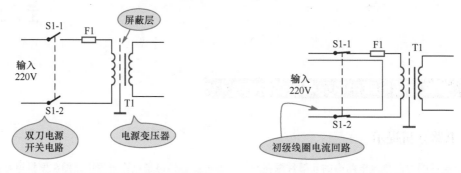

图 5-30　一种双刀电源开关电路和变压器降压电路　　　　图 5-31　一次线圈电流回路示意图

电路中的电源开关 S1-1 和 S1-2 采用双刀开关，更有利于安全，当它断开时，同时切断了电源变压器 T1 一次线圈两端的电压。

保险丝起过电流保险作用。当电源电路出现过电流故障时，T1 一次回路电流增大，流过 F1 的电流大到一定程度时，F1 自动熔断，防止电路故障进一步扩大。

重要提示

电源变压器 T1 的一次线圈与二次线圈之间加有屏蔽层，该屏蔽层的一端接地，这一结构相当于一个小电容，能将从交流市电窜入电源变压器的高频干扰旁路到地，高频干扰不能加到变压器的二次线圈中，达到抗干扰的目的。

这一抗干扰电路通过电源变压器本身实现，是一种磁屏蔽抗干扰方式。

2　具有交流输入电压转换功能的电源变压器降压电路

图 5-32 所示是具有交流输入电压转换功能的电源变压器降压电路。电路中，T1 是电源变压器，S1 是一个单刀双掷交流电压转换开关。

（1）**220V/110V 交流输入电压转换电路分析**。在 220V 地区使用时，交流电压转换开关 S1 在图 5-32 所示的"220V"位置上，这时 220V 交流电压加到 T1 全部的一次线圈上，T1 二次输出交流电压为 U_o。图 5-33 是 220V 输入电压时的电流回路示意图。

在 110V 地区使用时，交流电压转换开关 S1 转换到图示"110V"位置上，这时 110V 交流电压加到 T1 一部分的一次线圈上，二次线圈输出交流电压大小也是为 U_o，大小不变，实现交流输入电压的转换。图 5-34 是 110V 输入电压时的电流回路示意图。

（2）**交流输入电压转换原理**。这种交流电压转换电路利用了变压器的一次线圈抽头。变压器有一个特性，即一次和二次线圈每伏电压的匝数相同。

如果这个电源变压器一次线圈共有 2200 匝，二次线圈共有 50 匝，那么二次线圈输出 5V 交流电压，每 10 匝 1V，一次和二次线圈是一样的。

 分析结论

在电源变压器 T1 一次全部线圈为 2200 匝时，在 110V 抽头至下端线圈的匝数是 1100 匝，当送入 110V 交流电压时，也是每 1V 为 10 匝线圈，所以二次线圈同样输出 5V，实现了不同交流输入电压下电源变压器 T1 有相同交流输出电压的功能。

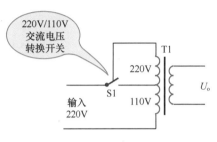

图 5-32　具有交流输入电压转换功能的电源变压器降压电路

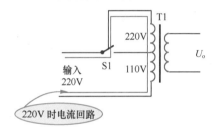

图 5-33　220V 输入电压时的电流回路示意图

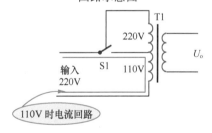

图 5-34　110V 输入电压时的电流回路示意图

5.2.2　共模和差模电感抗干扰电路

 重要提示

所谓共模信号就是两个大小相等、方向相同的信号。
所谓差模信号就是两个大小相等、方向相反的信号。
图 5-35 所示是共模和差模电感器电路，这也是开关电源交流市电

5-15 视频讲解：滤波电容工作原理

输入回路中的 EMI 滤波器，电路中的 L1、L2 是差模电感器，L3 和 L4 为共模电感器，C1 为 X 电容，C2 和 C3 为 Y 电容，该电路输入 220V 交流市电，输出电压加到整流电路中。

1　共模电感器电路

开关电源产生的共模噪声频率范围为 10kHz ～ 50MHz，甚至更高，为了有效衰减这些噪声，要求在这个频率范围内共模电感器能够提供足够高的感抗。

讲解共模电感器工作原理前应该了解共模电感器结构，这有助于理解共模电感器如何抑制共模高频噪声。图 5-36 是共模电感器实物图和结构示意图。

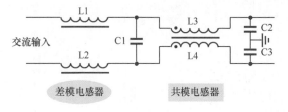

图 5-35　共模和差模电感电路

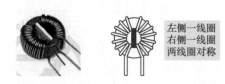

图 5-36　共模电感器实物图和结构示意图

　重要提示

共模电感器的两组线圈绕在磁环上，绕相同的匝数，同一个方向绕制，只是一组线圈绕在左侧，另一组线圈绕在右侧。共模线圈采用高磁导率的锰锌铁氧体或非晶材料，以提高共模线圈性能。

（1）正常的交流电流流过共模电感器分析。如图 5-37 所示，220V 交流电是差模电流，它流过共模线圈 L3 和 L4 的方向如图中所示，两线圈中电流产生的磁场方向相反而抵消，这时正常信号电流主要受线圈电阻的影响（这一影响很小），以及少量因漏感造成的阻尼（电感），加上 220V 交流电的频率只有 50Hz，共模电感器电感量不大，所以共模电感器对于正常的 220V 交流电感抗很小，不影响 220V 交流电对整机的供电。

（2）共模电流流过共模电感器分析。当共模电流流过共模电感时，电流方向如图 5-38 所示，由于共模电流在共模电感器中同方向，线圈 L3 和 L4 内产生同方向的磁场，增大了线圈 L3、L4 电感量，也就是增大了 L3、L4 对共模电流的感抗，使共模电流受到了更大的抑制，达到衰减共模电流的目的，起到了抑制共模干扰噪声的作用。

加上两只 Y 电容 C2 和 C3 对共模干扰噪声的滤波作用，使共模干扰得到了明显的抑制。

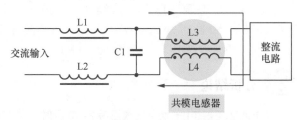

图 5-37　交流电差模电流流过共模电感示意图

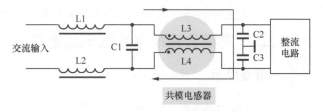

图 5-38　共模电流流过共模电感示意图

2　差模电感器电路

图 5-39 是差模电感器实物图和结构示意图，显然它与共模电感器不同，它只有一组线圈。

差模电感器磁芯材料有 3 种。铁硅铝磁粉芯的单位体积成本最低，因此最适合制作民用差模电感器，铁镍 50 和铁镍钼磁粉芯的价格远远高于铁硅铝磁粉芯，更适合军用和一些对体积和性能要求高的场合。

图 5-40 所示是差模电感器电路，差模电感器 L1、L2 与 X 电容串联构成回路，因为 L1、L2 对差模高频干扰的感抗大，而 X 电容 C1 对高频干扰的容抗小，这样将差模干扰噪声滤除，而不能加到后面的电路中，达到抑制差模高频干扰噪声的目的。

图 5-41 是开关电源电路板中差模电感器和共模电感器位置示意图，利用这两种电感器外形特征的不同可以方便地区分它们。另外，一些开关电源中利用共模电感器漏感来代替差模电感器，这时在开关电源电路板上就见不到差模电感器。

5-16 视频讲解：电容滤波电路

（a）实物图　　（b）结构图

图 5-39　差模电感器实物图和结构示意图

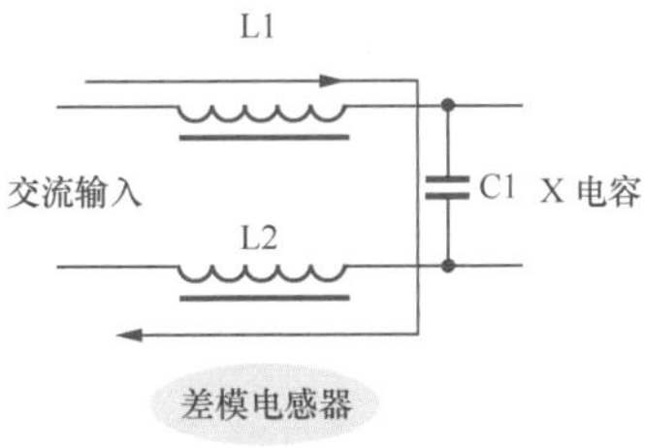

图 5-40　差模电感器电路

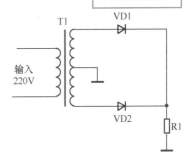

图 5-41　开关电源电路板中差模电感器和共模电感器

5.2.3　图解全波整流电路

电路种类提示

电源电路中的整流电路主要有半波整流电路、全波整流电路和桥式整流电路，使用量最多的是全波整流电路和桥式整流电路。

5-17 视频讲解：高频滤波电路

1　正极性全波整流电路

图 5-42 所示是正极性全波整流电路。电路中，VD1 和 VD2 是两只整流二极管，R1 是这一全波整流电路的负载。T1 是电源变压器，这一变压器的特点是二次线圈有一个抽头且为中心抽头，这样抽头以上和以下二次线圈输出的交流电压大小相等。

当电源变压器 T1 二次线圈上端输出正半周交流电压时，二次线圈下端输出大小相等的负半周交流电压。图 5-43 是电源变压器 T1 二次线圈两端交流电压示意图。

图 5-42　正极性全波整流电路

（1）半周分析。T1 二次线圈上端正半周交流电压"1"使 VD1 导通，图 5-44 是导通电流回路示意图。VD1 导通后的电流回路是：二次线圈上端→整流二极管 VD1 正极→ VD1 负极→负载电阻 R1 →地端→二次线圈中心抽头→二次线圈中心抽头以上线圈，成回路。

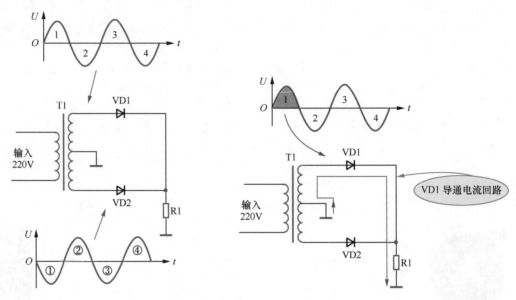

图 5-43　电源变压器 T1 二次线圈两端交流电压示意图　　图 5-44　VD1 导通电流回路示意图

从图 5-44 中可以看出，这时电流从上到下地流过负载 R1，所以输出的是正极性单向脉动性直流电压。

 电路分析提示

在线圈上端输出正半周交流电压的同时，下端输出的负半周交流电压加到整流二极管 VD2 正极，这一负半周交流电压给 VD2 反向偏置电压，VD2 不能导通，这时 VD2 处于截止状态。

（2）另半周分析。在 T1 二次线圈输出的交流电压变化到另一个半周时，二次线圈上端输出的负半周交流电压加到 VD1 正极，给 VD1 反向偏置电压，使 VD1 截止。

此时，二次线圈下端输出正半周交流电压"②"，这一电压给 VD2 正向偏置电压而使之导通，图 5-45 是 VD2 导通电流回路示意图。VD2 导通后的电流回路是：二次线圈下端→整流二极管 VD2 正极→ VD2 负极→负载电阻 R1 →地端→二次线圈中心抽头→二次线圈中心抽头以下线圈，成回路。

从图 5-45 中可以看出，流过整流电路负载电阻 R1 的电流仍然是从上到下，所以也是输出正极性的单向脉动性直流电压。

图 5-46 是这一正极性全波整流电路输出电压 U_o 波形示意图，从图中可以看出，VD1 和 VD2 导通后的信号电压波形均为正半周，正极性全波整流电路相当于将交流输入电压的负半周翻到了正半周。

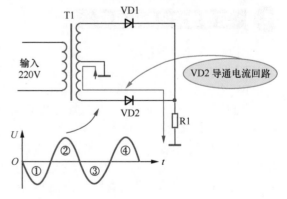

图 5-45　VD2 导通电流回路示意图

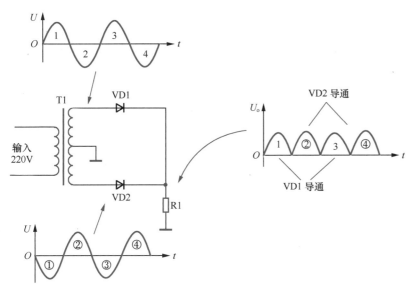

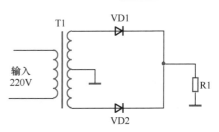

图 5-46　正极性全波整流电路输出电压 $U_{\circ}$ 波形示意图

（3）**整流二极管 VD1 作用分析**。VD1 用来整流，它只让电源变压器 T1 二次线圈上端的正半周电压通过，将负半周电压削除。

（4）**整流二极管 VD2 作用分析**。VD2 用来整流，它只让电源变压器 T1 二次线圈下端的正半周电压通过，将负半周电压削除。

（5）**电源变压器 T1 作用分析**。T1 将 220V 交流电压降压，同时二次线圈是中心抽头，这样抽头以上线圈和抽头以下线圈分别得到两个大小相等、相位相反的交流电压。

 电路特征提示

在全波整流电路中，电源变压器二次线圈必有抽头，且为中心抽头，以此电路特征可以判断是不是全波整流电路。

2　**负极性全波整流电路**

图 5-47 所示是负极性全波整流电路。电路中，VD1 和 VD2 是两只整流二极管，它们的负极与电源变压器 T1 的二次线圈相连，这一点与正极性的全波整流电路不同（主要不同点）。T1 是电源变压器，与正极性全波整流电路中的电源变压器一样，R1 是这一全波整流电路的负载。

（1）**正半周分析**。当电源变压器 T1 二次线圈上端输出正半周交流电压时，VD1 截止。同时二次线圈下端输出大小相等的负半周交流电压，使 VD2 导通，图 5-48 是 VD2 导通电流回路示意图。VD2 导通后的电流回路是：地端→负载电阻 R1 →整流二极管 VD2 正极→ VD2 负极→二次线圈下端→二次抽头以下线圈→二次线圈抽头，成回路。

由于流过负载电阻 R1 的电流是从下到上的，所

图 5-47　负极性全波整流电路

以这是负极性的单向脉动性直流电压。

（2）负半周分析。在 T1 二次线圈输出的交流电压变化到另一个半周时，二次线圈上端输出的负半周交流电压加到 VD1 负极，给 VD1 正向偏置电压，VD1 导通，图 5-49 是 VD1 导通电流回路示意图。VD1 导通后的电流回路是：地端→负载电阻 R1→整流二极管 VD1 正极→VD1 负极→二次线圈上端→二次抽头以上线圈→二次线圈抽头，成回路。这时，因为 T1 二次线圈下端为正半周，所以 VD2 截止。

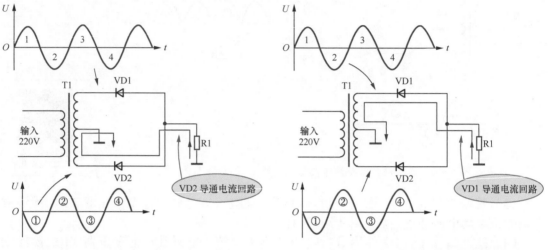

图 5-48　VD2 导通电流回路示意图　　　　图 5-49　VD1 导通电流回路示意图

由于流过负载电阻 R1 的电流也是从下而上的，所以这也是负极性的单向脉动性直流电压。

图 5-50 是这一负极性全波整流电路输出电压 $U_\circ$ 波形示意图，从图中可以看出，VD1 和 VD2 导通后的信号电压波形均为负半周，负极性全波整流电路相当于将交流输入电压的正半周翻到了负半周。

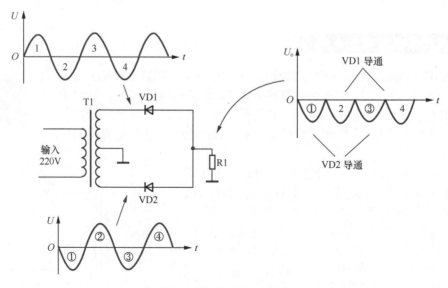

图 5-50　负极性全波整流电路输出电压 $U_\circ$ 波形示意图

5.2.4　图解桥式整流电路

图 5-51 所示是正极性桥式整流电路，VD1～VD4 是 4 只整流二极管，T1 是电源变压器，这是一种十分常见的整流电路。

 电路分析方法提示

对桥式整流电路的分析与全波整流电路基本一样，将交流输入电压分成正、负半周两种情况进行分析。电源变压器 T1 二次线圈上端和下端输出的交流电压相位是相反的，上端为正半周时下端为负半周，上端为负半周时下端为正半周，图 5-52 所示的二次线圈交流输出电压波形。

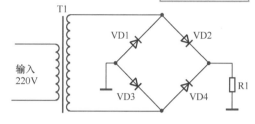

图 5-51　正极性桥式整流电路

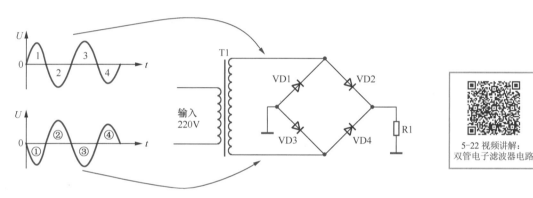

图 5-52　二次线圈输出波形

1　半周期间电路分析

T1 二次线圈上端的正半周电压"1"同时加在整流二极管 VD1 的负极和 VD2 的正极，给 VD1 反向偏置电压而使之截止，给 VD2 加正向偏置电压而使之导通。与此同时，T1 二次线圈下端的负半周电压"①"同时加到 VD3 的负极和 VD4 正极，这一电压给 VD4 是反向偏置电压而使之截止，给 VD3 是正向偏置电压而使之导通。图 5-53 是正半周期间整流二极管导通示意图。

图 5-54 是 VD2、VD3 导通电流回路示意图，VD2 和 VD3 的导通电流回路是：T1 二次线圈上端→VD2 正极→VD2 负极→负载电阻 R1 →地端→VD3 正极→VD3 负极→T1 二次线圈下端→通过二次线圈回到线圈的上端。

流过整流电路负载电阻 R1 的电流方向为从上到下，所以在 R1 上的电压为正极性。

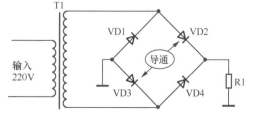

图 5-53　正半周期间整流二极管导通示意图

2 **负半周期间电路分析**

当 T1 二次线圈两端的输出电压变化到另一个半周时，即二次线圈上端为负半周电压"2"，下端为正半周电压"②"。二次线圈上端的负半周电压加到 VD2 正极，给 VD2 反向偏置电压而使之截止，这一电压加到 VD1 负极，给 VD1 正向偏置电压而使之导通。与此同时，T1 二次线圈下端的正半周电压"②"加到 VD3 的负极和 VD4 正极，

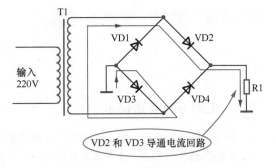

图 5-54　VD2、VD3 导通电流回路示意图

这一电压给 VD3 是反向偏置电压而使之截止，给 VD4 是正向偏置电压而使之导通。图 5-55 是负半周期间整流二极管导通示意图。

图 5-56 是 VD4、VD1 导通电流回路示意图。VD4 和 VD1 的导通电流回路是：T1 二次线圈下端→ VD4 正极→ VD4 负极→负载电阻 R1 →地端→ VD1 正极→ VD1 负极→ T1 二次线圈上端→通过二次线圈回到线圈的下端。

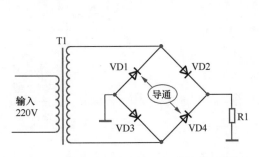

图 5-55　负半周期间整流二极管导通示意图

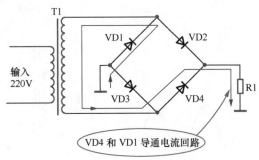

图 5-56　VD4、VD1 导通电流回路示意图

流过整流电路负载电阻 R1 的电流方向为从上到下，所以在 R1 上的电压为正极性。

图 5-57 是正极性桥式整流电路输出电压 $U_{\circ}$ 波形示意图，从图中可以看出，电路的作用同正极性全波整流电路一样，也是将交流电压的负半周翻到了正半周来。

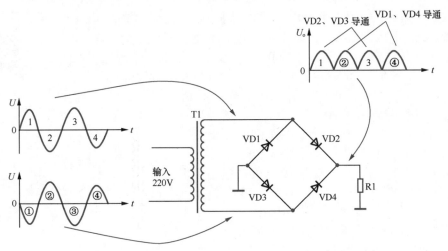

图 5-57　正极性桥式整流电路输出电压 $U_{\circ}$ 波形示意图

5.3　图解滤波电路

电源滤波电路中主要使用大容量的电容器。

5.3.1　图解典型电容滤波电路

 电路分析提示

在电源滤波电路中，主要运用电容器隔直通交特性，使用一只大容量电解电容器，滤除整流电路输出电压中的交流成分，输出直流电压。

5-24 视频讲解：
地线有害交连

图 5-58 所示是典型的整流电路后面第一级电容滤波电路，这是电容滤波原理示意图。电路中，C1 是滤波电容，它接在整流电路的输出端与地端之间，整流电路输出的单向脉动性直流电压加到电容 C1 上。R1 是整流、滤波电路的负载电阻，在实际电路中负载电阻是滤波电路的负载电路，即是一个具体电路而不是一个电阻器。

图 5-59 所示是不加滤波电路时整流电路输出的单向脉动性的直流电压波形，从图中可以看出，它是一连串一个方向的半周正弦波。

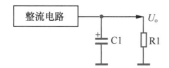

图 5-58　整流电路的电容滤波
原理示意图

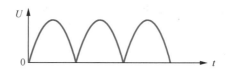

图 5-59　不加滤波电路时整流电路输出的
单向脉动性直流电压波形

 重要提示

滤波电路紧接在整流电路之后，加了滤波电路之后的输出电压是直流电压 U_o，不再是整流电路输出的单向脉动性的直流电压。

① 电容滤波电路

电容滤波的过程是：整流电路输出的单向脉动性直流电压加到电容 C1 上，在脉动性直流电压从零增大过程中，电压开始对滤波电容 C1 充电，如图 5-60 所示。充电使 C1 上充至脉动性电压的峰值。此时，电容 C1 上的充电电压最大，C1 中的电荷最多，电容具有储能特性，电容 C1 存储了这些电荷。

图 5-61 是对滤波电容 C1 充电电流回路示意图。

在上述电容充电期间，整流电路输出的电压一方面对电容 C1 充电，另一方面与电容上所充的电压一起对负载电阻 R1 供电。

在脉动性电压从峰值下降时，整流电路输出的电

5-25 视频讲解：
滤波电容接地

图 5-60　滤波电容器上充电和
放电电压波形示意图

压降低，此时电容 C1 对负载电阻 R1 放电，图 5-62 是 C1 放电电流回路示意图。由于滤波电容 C1 的容量通常很大，存储了足够多的电荷，对负载电阻 R1 的放电很缓慢，即 C1 上的电压下降很缓慢。整流电路输出的第二个半波电压到来，再次对电容 C1 充电，以补充 C1 放掉的电荷。

5-26 视频讲解：复杂的滤波电容接地

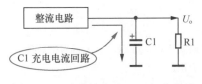

图 5-61　对滤波电容 C1 充电电流
回路示意图

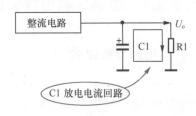

图 5-62　C1 放电电流回路示意图

 电路分析结论

　　整流电路输出的单向脉动性直流电压不断变化，电容 C1 不断充电、放电，这样负载电阻 R1 上得到连续的直流工作电压，完成电容滤波任务。

2　更为方便的等效理解和分析

　　对于电容滤波电路还有一种更为简单的等效分析方法，对理解电容滤波电路的工作原理非常有帮助。图 5-63 是整流电路输出波形及分解波形示意图，交流电压经整流电路之后输出的是单向脉动性直流电，即电路中的 U_{o1}。

　　根据波形分解原理可知，电压可以分解成一个直流电压和一组频率不同的交流电（图中画出一种主要频率的交流电流波形）。+V 是单向脉动性直流电压 U_{o1} 中的直流电压分量，交流分量是 U_{o1} 中的交流成分，滤波电路的作用是将直流电压 +V 取出，滤除交流成分。

　　由于电容 C1 对直流电相当于开路，整流电路输出的单向脉动性直流电压中的直流成分不能通过 C1 到地，只有加到整流电路负载电阻 R1 上。图 5-64 是直流电流回路示意图，它是流过负载 R1 的电流。

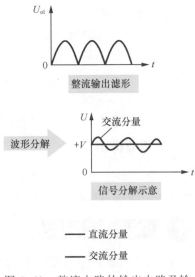

图 5-63　整流电路的输出电路及输
出电压波形示意图

　　对于整流电路输出的单向脉动性直流电压中的交流成分，因为 C1 容量较大，其容抗小，交流成分通过 C1 流到地端，而不能加到整流电路的负载 R1 上，图 5-65 是交流成分电流回路示意图。这样，通过电容 C1 的滤波，从单向脉动性直流电压中取出了所需要的直流电压 +V，达到滤波目的。

 电路分析提示

　　滤波电路中的滤波电容其容量相当大，通常至少是 470μF 的有极性电解电容。滤波电容 C1 的容量越大，对交流成分的容抗越小，使残留在整流电路负载 R1 上的交流成分越小，滤波效果就越好。

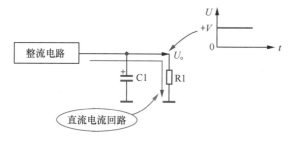

图 5-64　直流电流回路示意图，它是流过负载 R1 的电流

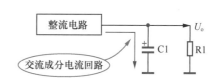

图 5-65　交流成分电流回路示意图

3　电源滤波电路中高频滤波电容电路

图 5-66 所示是电源滤波电路中的高频滤波电路。电路中，一个容量很大的电解电容 C1（2200μF）与一个容量很小的电容 C2（0.01μF）并联，C2 是高频滤波电容，用来进行高频成分的滤波，这种一大一小两个电容相并联的电路在电源电路中十分常见。

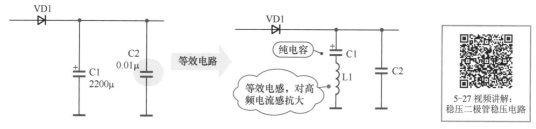

图 5-66　高频滤波电容电路

 重要提示

由于交流电网中存在大量的高频干扰，所以要求在电源电路中对高频干扰成分进行滤波。电源电路中的高频滤波电容就是起这一作用的。

（1）理论容抗与实际情况矛盾。从理论上讲，在同一频率下容量大的电容其容抗小，图 5-66 中一大一小两电容相并联，容量小的电容 C2 似乎不起什么作用。但是，由于工艺等原因，大容量电容器 C1 存在感抗特性，在高频情况下它的阻抗为容抗与感抗的串联，因为频率高，所以感抗大，限制了它对高频干扰的滤除作用。

（2）高频滤波电容。为了补偿大电容 C1 在高频情况下的这一不足，再并联一个小电容 C2。小电容的容量小，制造时可以克服电感特性，所以小电容 C2 几乎不存在电感。电路的工作频率高时，小电容 C2 的容抗已经很小，这样，高频干扰成分通过小电容 C2 滤波到地。

（3）大电容的工作状态。整流电路输出的单向脉动性直流电中绝大部分是频率比较低的交流成分，小电容对低频交流成分的容抗大而相当于开路，因而，对低频成分主要是大电容 C1 在工作，所以流过 C1 的是低频交流成分，图 5-67 是低频成分电流回路示意图。

（4）小电容的工作状态。对于高频成分而言，频率比较高，大电容 C1 因为感抗特性而处于开路状态，小电容 C2 容抗远小于 C1 的阻抗，处于工作状态，它滤除各种高频干扰，所以流过 C2 的是高频成分，图 5-68 是高频成分电流回路示意图。

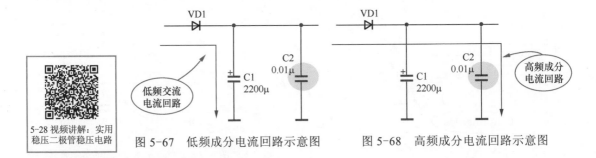

图 5-67　低频成分电流回路示意图　　　图 5-68　高频成分电流回路示意图

5-28 视频讲解：实用
稳压二极管稳压电路

4　电源电路中电容保护电路

重要提示

在电源电路中，从滤波角度讲，滤波电容的容量越大越好，但是，第一节的滤波电容的容量太大对整流电路中的整流二极管是一种危害。

图 5-69 是开机时大电流流过 VD1 回路示意图，电路中的 VD1 是整流二极管，C1 是滤波电容。在整机电路通电之前，滤波电容 C1 上没有电荷，所以 C1 两端的电压为 0V。

在整机电路刚通电的瞬间，整流二极管在交流输入电压的作用下导通，对滤波电容 C1 开始充电，由于原先 C1 两端的电压为 0，这相当于将整流二极管 VD1 负极对地短路，因此，这一瞬间流过整流二极管 VD1 的电流，即对滤波电容 C1 的充电电流非常大。

不仅如此，由于 C1 的容量很大，C1 的充电电压上升很慢，这意味着在比较长的时间内整流二极管中都有大电流流过，这会烧坏整流二极管 VD1。第一节滤波电容 C1 的容量越大，大电流流过 VD1 的时间就越长，损坏整流二极管 VD1 的可能性就越大。

为了解决大容量滤波电容与整流二极管长时间过电流之间的矛盾，可用两种方法：一是采用多节 RC 滤波电路（由电阻和电容构成的滤波电路），提高滤波效果，可以将第一节滤波电容的容量适当减小；二是加接整流二极管保护电容。

图 5-70 所示是保护电容电路，电路中小电容 C1 只有 0.01μF，C1 保护整流二极管 VD1。

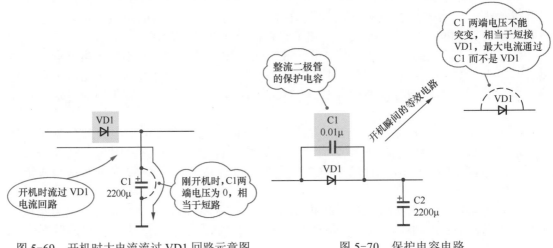

图 5-69　开机时大电流流过 VD1 回路示意图　　　图 5-70　保护电容电路

电路保护原理是：在电源开关（电路中未画出）接通时，由于电容 C1 内部原先没有电荷，C1 两根引脚之间电压为 0V，C1 相当于短路，这样，开机瞬间的最大电流（冲击电流）通过 C1 对滤波电容 C2 充电，图 5-71 是开机时冲击电流回路示意图。开机时最大的冲击电流没有流过整流二极管 VD1，从而达到了保护 VD1 的目的。开机之后，C1 内部很快充得足够的电荷，这时 C1 相当于开路，由 VD1 对交流电压进行整流。

如果交流电网中存在高频干扰，这一干扰成分通过 VD1 的整流而窜入整流电路输出电压之中，如图 5-72 所示。加入小电容 C1 之后，由于高频干扰的频率高，C1 对它的容抗很小，高频干扰成分直接通过 C1（而不通过 VD1 整流），被滤波电路中的高频电容 C3 滤掉，这样消除了交流电网中的高频干扰，达到净化直流输出电压的目的。

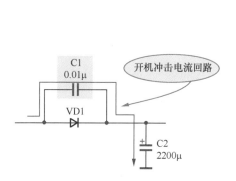

图 5-71　开机时冲击电流回路示意图

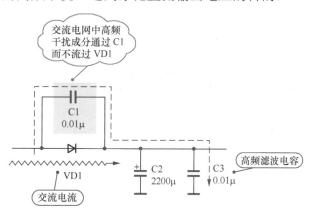

图 5-72　高频干扰电流回路示意图

5.3.2　图解 π 型 RC 滤波电路

 重要提示

π 型 RC 滤波电路是一种常用的滤波电路，几乎所有的电源电路中都使用这种滤波电路，它的成本低，电路结构简单。它是一种复合型的滤波电路，主要是由滤波电阻器和滤波电容器复合而成。

π 型 RC 滤波电路中，前节的滤波电容容量较大，后节的滤波电容容量较小。

图 5-73 所示是 π 型 RC 滤波电路。电路中的 C1、C2 是两只滤波电容，R1 是滤波电阻，C1、R1 和 C2 构成一节 π 型 RC 滤波电路，由于这种滤波电路的形式如同字母 π 和采用了电阻、电容，所以称为 π 型 RC 滤波电路。从电路中可以看出，π 型 RC 滤波电路接在整流电路的输出端。

图 5-73　π 型 RC 滤波电路

1 **电路工作原理分析**

电路的滤波原理是：从整流电路输出的电压首先经过 C1 的滤波，将大部分的交流成分滤除。图 5-74 是流过电容 C1 的交流电流回路示意图。

5-29 视频讲解：典型三端稳压集成电路

经过 C1 滤波后的电压，再加到由 R1 和 C2 构成的滤波电路中，电容 C2 进一步对交流成分进行滤波，有少量的交流电流通过 C2 到达地端。图 5-75 是残留交流电流回路示意图。

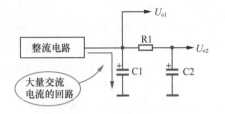

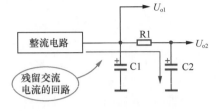

图 5-74　流过电容 C1 的交流电流回路示意图　　　　图 5-75　残留交流电流回路示意图

图 5-76 是直流电流回路示意图，从图中可以看出，电路中有两条直流电流支路。

2　等效理解方法说明

理解 R1 和 C2 滤波电路工作原理可以这样：电容 C2 的容抗 X_C 与电阻 R1 构成一个分压电路，图 5-77 所示是等效电路。

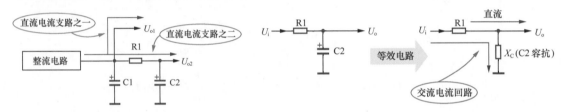

图 5-76　直流电流回路示意图　　　　　　　图 5-77　R1、C2 等效电路

对于直流电而言，由于电容 C2 具有隔直作用，直流电流不能流过电容 C2，直流电流只能流过电阻 R1，所以，R1 和 C2 分压电路对直流电压不存在分压衰减的作用，这样直流电压通过 R1 输出。

对于交流电流而言，因为 C2 的容量很大，容抗很小，所以 R1、C2 构成的分压电路对交流成分的分压衰减量很大，达到滤波的目的。

 电路分析结论提示

多节 RC 滤波电路中，最后一节的直流输出电压最低而且交流成分最少，这一电压一般供给前级电路作为直流工作电压，因为前级电路的直流工作电压比较低，而且要求直流工作电压中的交流成分少。

5.3.3　电源电路中电感滤波电路

重要提示

电感滤波电路是由电感器构成的一种滤波电路，其滤波效果十分好，只是要求滤波电感的电感量较大，电路的成本比较高。电路中常使用 π 型 LC 滤波电路。

图 5-78 所示是 π 型 LC 滤波电路。电路中的 C1 和 C3 是滤波电容，C2 是高频滤波电容，L1 是滤波电感，L1 代替 π 型 RC 滤波电路中的滤波电阻。电容 C1 是主滤波

电容，将整流电路输出电压中的绝大部分交流成分滤波到地。

5-30 视频讲解：三端稳压集成电路的可变电阻电压调节电路

1 直流等效电路

图 5-79 所示是 π 型 LC 滤波电路的直流等效电路，电感 L1 的直流电阻小到为零，就用一根导线代替。

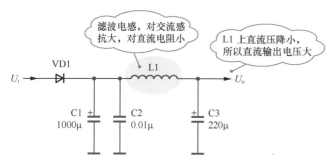

图 5-78　π 型 LC 滤波电路

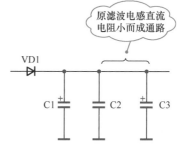

图 5-79　π 型 LC 滤波电路的直流等效电路

重要提示

由于电感 L1 的直流电阻很小，所以直流电流流过 L1 时在 L1 上产生的直流电压降很小，这一点比滤波电阻要好。

2 交流等效电路

图 5-80 所示是 π 型 LC 滤波电路的交流等效电路。

对交流成分而言，因为电感 L1 感抗的存在且电感很大，感抗与电容 C3 的容抗（容抗很小）构成分压衰减电路，对交流成分有很大的衰减作用，达到滤波的目的。

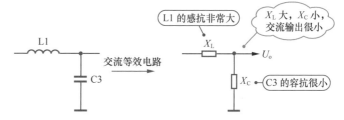

图 5-80　π 型 LC 滤波电路的交流等效电路

5.4 电子滤波器电路工作原理分析与理解

重要提示

电子滤波器中使用晶体三极管，要使三极管正常工作必须给它建立直流电路，电子滤波器中的三极管也要有相应的直流电路。

在分析电子滤波器之前应该掌握三极管重要特性和直流电路工作原理，这部分内容详见第 2 章内容。

5-31 视频讲解：三端稳压集成电路的二极管电压调整电路

5.4.1 单管电子滤波器电路工作原理分析与理解

图 5-81 所示是一种电子滤波器电路。电路中，VT1 是电子滤波管，C1 是电子滤

波器输出端滤波电容，C2 是电子滤波管 VT1 基极滤波电容，R1 是这一滤波电路的负载电阻，R2 是 VT1 基极偏置电阻。

① 直流电路分析

电子滤波管 VT1 工作在导通状态，+V 是没有经过电子滤波的直流工作电压，电子滤波管 VT1 所需要的直流工作电压由 +V 提供。

电路中，VT1 集电极直接接直流工作电压 +V 端，电阻 R2 给 VT1 基极提供偏置电压，VT1 发射极直流电流通过负载电阻 R1 到地端。这样，VT1 建立了直流工作状态，VT1 处于导通，即直流工作电压 +V 通过 VT1 集电极、发射极加到负载电阻 R1 上。

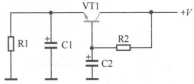

图 5-81　单管电子滤波器电路

电路中，电阻 R2 阻值大小决定了 VT1 基极电流大小，从而决定了 VT1 集电极与发射极之间的管压降，也就决定了 VT1 发射极输出直流电压的大小，VT1 发射极输出电压等于直流工作电压 +V 减去 VT1 集电极与发射极之间的管压降。R2 阻值越小，VT1 集电极与发射极之间的管压降越小，VT1 发射极输出的直流电压越大。所以，改变 R2 阻值大小，可以调整直流输出电压＋V 的大小。

② 滤波原理分析

（1）电子滤波器的作用是进行滤波，它的滤波效果相当于一只容量为 $C2 \times \beta$ 的电容器的滤波效果（C2 是电子滤波管基极滤波电容容量，β 为 VT1 电流放大系数，一般电流放大系数大于 50），可见电子滤波器的滤波性能是很好的。例如，其 C2 为 220μF，β 为 50 时，电子滤波器的滤波效果就相当于一只容易为 11000μF 滤波电容的滤波效果。

（2）对电子滤波器电路工作原理的理解可以有多种方法，这里介绍一种比较简单的方法：电路中，R2 和 C2 构成一节 RC 滤波电路，R2 一方面为 VT1 提供基极偏置电流，同时也是滤波电阻。由于流过 R2 的电流是 VT1 基极偏置电流，此电流很小，所以 R2 阻值可以比较大，这样 R2 和 C2 的滤波效果很好，使 VT1 基极上直流电压中的交流成分很少。由于三极管发射极电压具有跟随基极电压的特性，这样 VT1 发射极输出电压中交流成分也很少，达到滤波的目的。

（3）电子滤波器电路中，滤波主要是靠 R2 和 C2 实现的，这也是 RC 滤波电路，但与 RC 滤波电路有所不同，在这一电路中流过负载电阻 R1 的直流电流是 VT1 发射极电流，流过滤波电阻 R2 的电流是 VT1 基极电流，基极电流很小，所以可以将滤波电阻 R2 阻值设得很大（滤波效果好），但直流输出电压不会下降很多。

（4）电子滤波器电路中有两只滤波电容，其中起主要作用的是电子滤波管基极上的滤波电容，即电路中的 C2。

（5）电子滤波器的滤波效果很好，所以应用比较广泛。

5.4.2　双管电子滤波器电路工作原理分析与理解

一些场合下，为了进一步提高滤波效果，可采用双管电子滤波器电路，电路中两只电子滤波管构成了复合管电路，总的电流放大倍数为各管电流放大倍数之积，可以大幅提高滤波效果。

电路特点说明如下。

（1）它是电子滤波中的一种电路，电路结构与单管电子滤波器电路基本一样，不同之处是采用了复合管作为电子滤波管。

（2）采用复合管作为电子滤波管之后，滤波效果更好，所以在一些对滤波要求很高的电路中使用双管电子滤波器电路。

（3）电子滤波器中采用两只三极管的主要目的是提高电流的放大倍数，因为电子滤波器的效果与三极管的电流放大倍数成正比。

（4）与普通的电容滤波电路相比，由于三极管的成本低，所以采用双管电子滤波器电路不仅可以大幅度提高滤波的效果，还可以降低滤波电路的成本。

图 5-82 所示是双管电子滤波器电路。电路中，VT1 和 VT2 是两只同极性三极管，它们构成复合管。电阻 R2 是两只三极管的基极偏置电阻，R1 是电子滤波器的负载电阻。C1 是电子滤波器的输出端滤波电容，C2 是电子滤波管基极滤波电容。

VT1 和 VT2 复合管直流偏置电路是这样：电阻 R2 给 VT2 基极偏置，使之产生基极偏置电流，VT2 有发射极电流，其发射极电流直接流入 VT1 基极，这样 VT1 也有了静态偏置电流，VT1 和 VT2 处于导通状态。

复合管电路中，VT1 和 VT2 复合后可以等效成一只 NPN 型三极管，它的电流放大倍数 β 等于两只三极管电流放大倍数之积，如果两只三极管的电流放

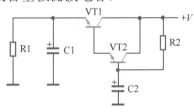

图 5-82　双管电子滤波器电路

大倍数都是 60，那复合管的电流放大倍数是 3600，可见复合管可大幅度提高电流放大倍数。

重要提示

双管电子滤波器电路与单管电子滤波器电路的工作原理一样，只是因为采用了复合管后电流放大倍数增大了许多，使滤波效果更好。

5.4.3　具有稳压功能电子滤波器电路工作原理分析与理解

重要提示

电子滤波器电路本身只起滤波作用，没有稳压作用，如果在电路中加入稳压二极管之后，电子滤波器输出的直流工作电压比较稳定。

如图 5-83 所示的电路，在 VT1 基极与地端之间接入稳压二极管 VD1 后，由于稳压二极管的稳压特性使 VT1 基极电压稳定，由于三极管发射极电压跟随其基极电压变化，这样 VT1 发射极输出的直流电压也比较稳定。

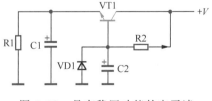

图 5-83　具有稳压功能的电子滤波器电路

5-32 视频讲解：三端稳压集成电路的稳压二极管电压调整电路

1　电路分析

（1）电子滤波器的输出电压稳定是由于 VD1 稳压特性决定的，与电子滤波器本身没有关系，因为电子滤波器没有稳压功能。

（2）电阻 R2 为电子滤波管 VT1 提供偏置电流的同时，还是稳压二极管 VD1 的限流保护电阻，当流过稳压二极管的电流增大时，在电阻 R2 上的电压降增大，加到稳压二极管 VD1 上的电压减小，防止了流过 VD1 的电流进一步增大，达到保护稳压二极管的目的。

重要提示

电子滤波器中加入稳压二极管 VD1 后，改变 R2 的阻值大小已不能改变 VT1 发射极输出电压的大小，电子滤波器的直流输出电压大小由稳压二极管的稳压值决定，实际的 VT1 发射极直流输出电压比 VD1 稳压值略小（受 VT1 发射结的压降影响）。

5-33 视频讲解：三端稳压集成电路的提高输出电流电路

2　电路分析小结

关于电子滤波器识图小结下列几点。

（1）进行电子滤波器电路分析时，要知道滤波管基极上的电容是滤波的关键元件。

（2）分析电子滤波器工作原理时要进行直流电路分析，电子滤波管有基极电流、集电极电流和发射极电流，流过负载的电流是电子滤波管的发射极电流。没有加入稳压二极管的情况下，改变基极电流的大小可以改变电子滤波管集电极与发射极之间的管压降，从而可以改变电子滤波器输出的直流电压大小。

（3）电子滤波器本身没有稳压功能，但是加入稳压二极管之后可以使电子滤波器输出的直流电压比较稳定。

5.4.4　地端有害耦合与滤波电路关系

5-34 视频讲解：三端稳压集成电路并联运用电路

重要提示

滤波电路不仅要对整流电路输出的单向脉动直流电中的交流成分进行滤波，还要去掉直流电流中的各种干扰成分。

1　单路直流电源电路

图 5-84 所示是单路直流电源电路。电路中，T1 是电源变压器，它只有一组二次线圈。C1 是滤波电容，C2 是高频滤波电容。

从电路中可以看出，如果电路中 A 点存在各种干扰成分，高频干扰成分通过高频滤波电容 C2 流到地端，低频干扰成分通过 C1 流到地端，这样就不能加到后面的负载电路中了。如果没有滤波电容 C1 和 C2，电路中 A 点的干扰成分将流入负载电路中，影响负载电路的正常工作。

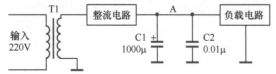

图 5-84　单路直流电源电路

重要提示

直流电源电路由于只有一路，所以干扰成分主要来自交流电网中，而许多整机电路中需要有多路直流电源电路，这时干扰成分来源又增加了。

2 **两路直流电源电路之一**

5-35 视频讲解：实用三端稳压集成电路

图 5-85 所示是一种双路直流电源电路。电路中，T1 是电源变压器，它只有一组带抽头的二次线圈。C1 和 C2 是低频滤波电容，C3 和 C4 是高频滤波电容。

（1）电路中 A 点的干扰成分分别通过 C1 和 C3 流到地端，电路中 B 点的干扰成分分别通过 C2 和 C4 流到地端。

（2）从电路中可以看出，电源变压器 T1 二次线圈由于有抽头，接入了两组整流、滤波电路，能够输出两路直流工作电压。

（3）两路整流、滤波电路有共用的部分，即电源变压器 T1 二次线圈抽头以下线圈和接地引线，两个负载电路中电流都流过了这一共用的电路，这个共用电路所产生的干扰成分会对两个负载电路造成干扰。

（4）图 5-86 是共用电路对两个负载电路的有害影响示意图。电路中，R1 构成两个负载电路的共用电路。负载电路 1 的电流流过 R1，在电路中 A 点会产生一个电压降，这个电压降就相当于负载电路 2 的输入信号而加到负载电路 2 中，对负载电路 2 的正常工作造成有害影响。同时，负载电路 2 的电流在电路中 A 点产生的电压降影响负载电路 1 正常工作。所以，在负载电路的输入端接入对地旁路电容势在必行。

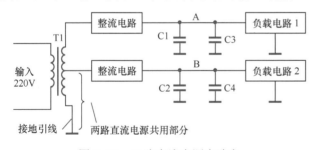

图 5-85　双路直流电源电路之一

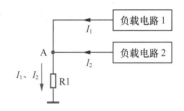

图 5-86　共用电路对两个负载
电路的有害影响示意图

（5）图 5-87（a）所示是逻辑学上的交叉关系示意图，上述电路分析可以用逻辑学中的交叉概念来说明其基本原理，这也是电路故障分析常用的逻辑推理方法。

从交叉关系示意图中可以看出，C 部分是 A 和 B 的共用部分，C 部分同时影响 A 和 B。当 C 部分出现故障时，必将导致 A 和 B 同时出现故障。

图 5-87（b）所示是逻辑学的重合概念示意图，它也可以用来对应电路中的故障部位。

（a）交叉关系　　（b）重合关系

图 5-87　逻辑学上的交叉关系和
重合关系示意图

3 **两路直流电源电路之二**

图 5-88 所示是一种双路直流电源电路。电路中，T1 是电源变压器，它只有一组带

抽头的二次线圈，但是二次线圈的结构不同，抽头接地。C1 和 C2 是低频滤波电容，C3 和 C4 是高频滤波电容。

（1）由于电源变压器的二次线圈抽头接地，两组整流、滤波和负载电路只有二次线圈的抽头接地引线是共用的，共用部分电路相当少，所以两组直流电源电路之间的相互耦合比前一种电路少，两组直流电源电路之间相互有害影响小。

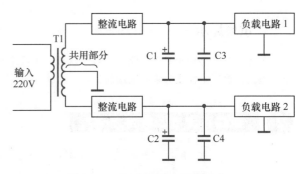

图 5-88　两路直流电源电路之二

（2）虽然电源变压器二次线圈抽头接地，将二次线圈分成了两组相对"独立"的线圈，但是二次抽头以上线圈和抽头以下线圈之间仍然存在磁路（磁力线所通过的路径，相当于电路）之间的相互影响。

（3）这一电路的其他部分电路工作原理与前面相同。

④ 两路直流电源电路之三

图 5-89 所示是一种双路直流电源电路。电路中，T1 是电源变压器，它只有两组独立的二次线圈。C1 和 C2 是低频滤波电容，C3 和 C4 是高频滤波电容。

（1）电路与前面一种电路相比较，由于两组二次线圈独立，所以相互影响要少一些，两种整流、滤波和负载电路之间主要是地端共用和电源变压器两组二次线圈之间的磁路相互影响。

（2）由于电源变压器是两组独立的二次线圈，所以变压器制作工艺复杂一些，成本增加了，但抗干扰效果优于带抽头的一组二次线圈变压器。

⑤ 两路直流电源电路之四

图 5-90 所示是一种双路直流电源电路。电路中，T1 是电源变压器，它只有两组独立的二次线圈。C1 和 C2 是低频滤波电容，C3 和 C4 是高频滤波电容。

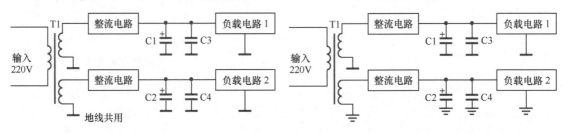

图 5-89　两路直流电源电路之三　　　　图 5-90　两路直流电源电路之四

（1）从电路图中可以看出，这一电路与前面电路的不同之路是两组整流、滤波、负载电路接地符号不同，表示两组整流、滤波、负载电路之间使用不同的地端回路，使由于地端造成的两组直流电源之间有害影响为零，其抗干扰性能显然优于前面的电路。

（2）电路中的电源变压器两组二次线圈之间仍然存在磁路上的相互影响。如果电路要求上将磁路之间的相互影响也降低到最低程度，可以采用两只独立的电源变压器供电，而且两只电源变压器接地线路彼此独立。

5.5　稳压二极管稳压电路分析

在整机电源电路中很少采用稳压二极管稳压电路，在整机电路的局部直流电压供给电路中时常采用稳压二极管稳压电路和简易二极管稳压电路。

5.5.1　典型稳压二极管稳压电路

图 5-91 所示是稳压二极管稳压电路。电路中，ZD1 是稳压二极管，U_i 是没有经过稳压的直流电压，在此电路中是输入电压。U_o 是经过电路稳定后的直流输出电压，其电压大小稳定。

5-36 视频讲解：串联调整型稳压电路方框图和单元电路作用

1　电路分析

（1）如果电路中没有接入稳压二极管 ZD1，当直流输入电压 U_i 大小在波动时，直流输出电压 U_o 也随之大小波动，这时直流输出电压 U_o 没有稳压特性。

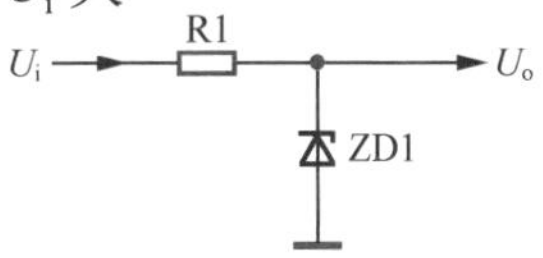

（2）加入稳压二极管 ZD1 之后，直流输入电压 U_i 经电阻 R1 加到 ZD1 上，使 ZD1 导通，根据稳压二极管特性可知，这时 ZD1 两端的直流电压降是稳定的，这样直流输出电压 U_o 是稳定的，达到稳压目的。

图 5-91　稳压二极管稳压电路

（3）稳压二极管稳压电路中，稳压电路的直流输出电压大小就是电路中稳压二极管 ZD1 的稳压值。选择不同稳压值的稳压二极管，可以得到不同的直流输出电压。

（4）当直流输入电压 U_i 大小波动时，流过电阻 R1 的电流大小在波动，电阻 R1 上的电压降大小也波动，这一波动保证了直流输出电压 U_o 大小稳定。当直流输入电压 U_i 增大时，流过 R1 的电流增大，R1 上的电压降增大；当直流输入电压 U_i 减小时，流过 R1 的电流减小，R1 上的电压降减小。

2　限流保护电阻

R1 称为稳压二极管的限流保护电阻，具有限制大电流流过 ZD1 的保护作用，R1 的阻值大，对 ZD1 的保护作用强。在稳压二极管保护电路中必须接这样的保护电阻。如果没有限流保护电阻 R1，直流输入电压 U_i 大于稳压二极管的稳压值时，将有很大的电流流过 ZD1，ZD1 烧坏。

5-37 视频讲解：串联调整型稳压电路稳压原理

电阻 R1 限流保护稳压二极管 ZD1 的原理是：当流过稳压二极管的电流增大时，在电阻 R1 上的电压降相应地加大。由于 R1 上的直流电压降增大，加到稳压二极管 ZD1 上的电压减小，ZD1 上的压降减小可以防止 ZD1 的电流进一步增大，这样通过接入电阻 R1 达到保护稳压二极管的目的。

5.5.2　稳压二极管实用稳压电路

1　稳压二极管实用电路分析

图 5-92 所示是一种稳压二极管实用电路。电路中，VT1 和 VT2 构成双管阻容耦合放大器，VT1 是第一级放大管，VT2 是第二级放大管。

5-38 视频讲解：典型串联调整型稳压电路的直流电路分析

ZD1 是稳压二极管，它接在第一级放大器的直流电压供给电路中。

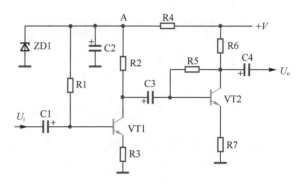

（1）加入稳压二极管 ZD1 目的是稳定 VT1 的直流工作电压。R4 是稳压二极管 ZD1 的限流保护电阻。

（2）如果没有加入 ZD1，电路中 A 点的直流电压大小会随直流工作电压 +V 的大小变化而变化，因为直流工作电压 +V 没有经过稳压电路处理，它的大小会随着许多因素而变化，电压的大小波动会通过电阻 R4 引起电路中 A 点的电压大小变化。

图 5-92　稳压二极管稳压实用电路

（3）电路中 A 点直流电压的波动通过电阻 R1 和 R2 分别将引起 VT1 基极和集电极直流电压的大小变化，这对三极管 VT1 的稳定工作不利，为此在一些要求比较高的电路中设置这样的稳压电路，稳定前级放大器的直流工作电压。

（4）加入稳压二极管 ZD1 后，ZD1 两端稳定的直流电压就是电路中 A 点的直流电压，A 点直流电压稳定，三极管 VT1 基极和集电极直流工作电压稳定，所以 VT1 工作不受直流工作电压 +V 大小波动的影响。

② 特殊稳压二极管稳压电路

图 5-93 所示是特殊稳压二极管稳压电路。电路中，ZD1 是一种比较特殊的稳压二极管，内部由两只正极相连的相同特性稳压二极管组合而成。

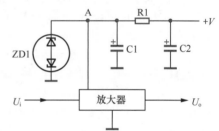

（1）这一稳压电路的作用是稳定电路中 A 点直流工作电压，为放大器提供稳定的直流工作，这一点与前面的稳压电路相同。

图 5-93　特殊稳压二极管稳压电路

（2）从 ZD1 电路符号中可以看出，两只稳压二极管正极相连，工作时上面一只工作在稳压状态，下面一只作为二极管使用，PN 处于正向导通状态，这样工作的稳压二极管不仅具有稳压作用，还具有温度补偿作用。

（3）所谓稳压二极管的温度补偿作用是指工作温度高低变化时，稳压二极管的稳压值大小不变。普通稳压二极管在工作温度大小变化时，其稳压值有一个较小的变化量，在一些要求稳压性能很高的电路中，可以使用具有温度补偿特性的稳压电路。

（4）ZD1 进行温度补偿的原理是：由于 ZD1 中两只稳压二极管一只正向运用，一只反向运用，所以它们的温度特性相反。当温度升高时，一只稳压二极管的管压降增大，另一只稳压二极管的管压降则下降，这样两只串联稳压二极管总的管压降随温度升高的变化量大幅减小，达到温度补偿的目的；当温度降低时也一样，一只稳压二极管的管压降减小，另一只稳压二极管的管压降则增大，也具有温度补偿特性。

5.6 图解三端稳压集成电路

 重要提示

所谓三端稳压集成电路就是只有 3 根引脚的具有直流稳压功能的集成电路，使用非常方便，电路结构也很简单，在许多电源电路中应用。

5.6.1　图解典型三端稳压集成电路

图 5-94 所示是三端稳压集成电路典型应用电路。电路非常简单，三端稳压集成电路 A1 的外电路非常简单。三端稳压集成电路接在整流滤波电路之后，输入集成电路 A1 的是未稳定的直流电压，输出的是经过稳定的直流电压。

1　引脚外电路分析

① 脚是集成电路的直流电压输入引脚，整流滤波电路输出的未稳定直流电压从这根引脚输入到 A1 内电路中。

② 脚是接地引脚，在典型应用电路中接地，如果需要进行直流输出电压的调整时，这根引脚不直接接地。

③ 脚是稳定直流电压输出引脚，其输出的直流电压加到负载电路中。

图 5-95 是集成电路直流电流回路示意图，电路中 RL 为三端稳压集成电路的负载。

2　元器件作用分析

电路中的 C1 为滤波电容，其容量比较大。

C2 为高频滤波电容，用来克服 C1 的感抗特性。

C3 是三端稳压集成电路输出端滤波电容，一般容量较小。

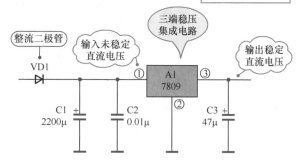

5-39 视频讲解：典型串联调整型稳压电路的基准、取样和比较电路

图 5-94　三端稳压集成电路典型应用电路

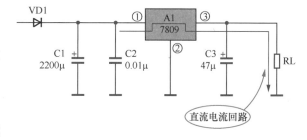

图 5-95　集成电路直流电流回路示意图

5.6.2　图解三端集成电路输出电压微调电路

典型的三端稳压集成电路②脚直接接地，如果实用电路中所要求的输出电压不在 78 或 79 系列的输出电压值中，可以通过调节电路来实现。

1　输出电压任意调节电路分析

图 5-96 所示是三端稳压集成电路输出电压大小任意调节电路。电路与典型应用电路不同之处是在②脚与地端之间接入一只可变电阻器 RP1。

②脚流出的电流流过 RP1 存在电压降，该压降是这一电路输出电压的增大

5-40 视频讲解：典型串联调整型稳压电路的稳压、输出电压微调电路

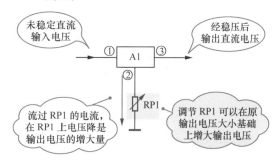

图 5-96　三端稳压集成电路输出电压大小任意调节电路

量。设 A1 采用 7809，那么③脚相对于②脚是 9V。而③脚相对于地端的电压是 9V 加上 RP1 上电压降。

重要提示

调节 RP1 的阻值，可以改变 RP1 的阻值大小，从而可以调节 RP1 上的电压降，达到调整稳压电路输出电压大小的目的。当 RP1 的阻值调到为 0 时，就是典型的三端稳压电路；当 RP1 阻值增大时，电路的输出电压增大。

5-41 视频讲解：直流电压供给电路（1）

2 串联二极管应用电路

图 5-97 所示是三端稳压集成电路 A1 ②脚串联二极管电路。电路中的 VD1 是二极管，正极接 A1 的②脚，VD1 在②脚输出电压作用下导通，VD1 上的压降为 0.7V，所以此稳压电路输出电压比典型电路高 0.7V。如果多串联几只二极管，输出电压还会增大。

3 串联稳压二极管电路应用电路

图 5-98 所示是三端稳压集成电路 A1 ②脚串联稳压二极管电路。ZD1 是稳压二极管，集成电路 A1 ②脚输出电压使 ZD1 导通，这样②脚对地之间的电压就是 ZD1 的稳压值，所以此稳压电路的输出电压大小就是在 A1 输出电压值基础上加 ZD1 的稳压值。

5-42 视频讲解：直流电压供给电路（2）

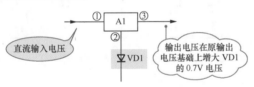

图 5-97　三端稳压集成电路 A1 ②脚
串联二极管电路

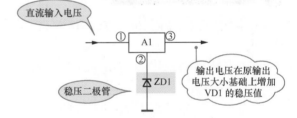

图 5-98　三端稳压集成电路 A1 ②脚
串联稳压二极管电路

5.6.3　图解三端集成电路增大输出电流电路

采用单只三端稳压集成电路不能满足输出电流要求时，可以采用增大输出电流电路。

1 分流管电路

5-43 视频讲解：直流电压供给电路（3）

图 5-99 所示是三端稳压集成电路分流管电路。电路中的 R1 和 VT1 是在典型应用电路基础上另加的，用来构成集成电路 A1 的分流电路。

流过 R1 电流在其两端产生电压降，其极性为左正右负，压降加到 VT1 基极与发射极之间，是正向偏置电压，VT1 导通，一部分负载电流通过 VT1 发射极、集电极供给负载。

R1 阻值可以取 1Ω，流过 R1 电流比较大，要求它的额定功率比较大，否则会烧坏 R1。

VT1 是 PNP 型管，为 A1 分流，称为分流管，流过 VT1 和 A1 电流之和是负载电流。

2　并联运用电路工作原理详解

图 5-100 所示是三端稳压集成电路并联运用电路。电路中的 A1 和 A2 是两块同型号三端稳压集成电路，要求两块集成电路性能一致，否则会在烧坏一块集成电路后继续烧坏另一块集成电路。

集成电路 A1 为负载平均分担工作电流，如图 5-101 所示，A1 和 A2 为负载电路提供相同的工作电压。

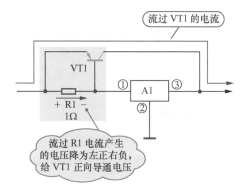

图 5-99　三端稳压集成电路分流管电路

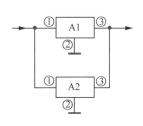

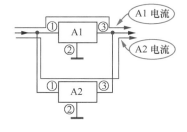

5-44 视频讲解：直流电压供给电路（4）

图 5-100　三端稳压集成电路并联运用电路　　图 5-101　电流示意图

5.7　图解串联调整型稳压电路

实用的直流稳压电路大量使用的是串联调整型稳压电路，这种稳压电路的稳压性能比较好。

5.7.1　串联调整型稳压电路组成及各单元电路作用

图 5-102 是串联调整型稳压电路方框图，从图中可以看出它由调整管、比较放大器、基准电压电路和取样电路组成，有的稳压电路中还接入了各种保护电路等。稳压电路的输入电压是整流、滤波电路输出的直流电压，是不稳定的直流电压，经过稳压电路稳定后的直流电压 U_o 是稳定的。

5-45 视频讲解：套件装配：电源套件简述

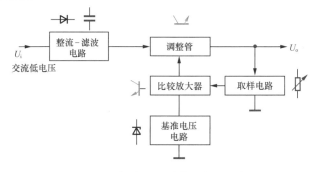

图 5-102　串联调整型稳压电路方框图

5-46 视频讲解：套件装配：电源电路分析

各单元电路作用

（1）基准电压电路作用。电路用来为比较放大器提供一个稳定的直流电压，直流电压作为比较放大器的一个基准电压。

重要提示

基准电压也是一个直流电压，而且是一个电压非常稳定的直流电压，在 2 个电压的比较中用它作为标准，所以称为基准电压。基准电路中的主要元器件是稳压二极管。

（2）取样电路作用。电路的作用是将稳压电路输出的直流电压大小变化量取样出来，再将该取样电压送入比较放大器电路中。从取样电路中取出的直流电压变化量反映了稳压电路直流输出电压大小波动的情况。

（3）比较放大器作用。电路的作用是对两个输入电压进行比较，并将比较的结果送到调整管电路中，对调整管进行控制。输入比较放大器的两个信号是取样电压和基准电压，这两个电压信号在比较放大器中进行比较，比较的结果有误差时，比较放大器放大输出这一误差电压，由误差电压去控制调整管的工作电流大小。

（4）调整管作用。调整管是一只三极管，利用三极管集电极与发射极之间内阻可改特性，对稳压电路的直流输出电压进行大小调整。调整管的基极工作电流受比较放大器的误差输出电压控制，当比较放大器有误差电压输出时，调整管基极电流大小做相应的改变，进行稳压电路的直流输出电压自动调整，实现稳压。

由于调整管 VT1 与稳压电路负载 R1 串联，所以称这种稳压电路为串联稳压电路。又因为直流输出电压的稳定是靠调整管 VT1 集电极与发射极之间电压降自动调整实现的，所以称为串联调整型稳压电路。

重要提示

稳压电源所有的工作电流均流过调整管，所以调整管通常是一个功率三极管。

 直流稳压原理

5-47 视频讲解：套件装配：电源套件装配（1）

图 5-103 所示是串联调整型稳压电路的稳压原理电路。电路中，VT1 是调整管，U_i 是输入稳压电路的直流电压，U_o 是经过稳压电路稳压之后的直流工作电压，R1 是稳压电路的负载（实际电路中 R1 是整机电路）。

直流输入电压 U_i 从 VT1 集电极输入，经过 VT1 集电极与发射极之间的内阻，从 VT1 发射极输出，加到负载 R1 上，R1 上的直流电压为 U_o。

从电路中可以看出，调整管 VT1 集电极与发射极之间的电压降加上 R1 上的电压降（U_o）等于直流输入电压 U_i。

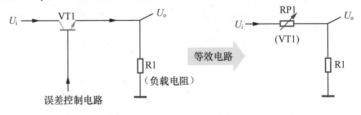

图 5-103　串联调整型稳压原理电路

（1）直流输出电压 U_o 增大时电路分析。由于某种因素使负载 R1 两端的直流输出电压 U_o 增大时，VT1 基极电流做出相应的减小变化，使 VT1 集电极与发射极之间管压降增大，这样直流输入电压 U_i 在 VT1 集电极与发射极之间的管压降减小，使负载 R1 上的直流工作电压 U_o 下降，稳定稳压电路的直流输出电压 U_o。

（2）直流输出电压 U_o 减小时电路分析。由于某种因素使负载 R1 两端的直流输出电压 U_o 减小时，VT1 基极电流增大，使 VT1 集电极与发射极之间内阻减小，这样在 VT1 集电极与发射极之间的管压降减小，使负载 R1 上的直流工作电压 U_o 增大，稳定稳压电路的直流输出电压 U_o。

等效理解方法提示

见电路中稳压电路的等效电路，调整管 VT1 相当于一只可变电阻器 RP1，RP1 与负载 R1 串联，流过 RP1 的电流等于流过 R1 的电流。当负载 R1 两端的直流输出电压大小变化时，RP1 的阻值做相应的变化，使 RP1 两端的直流压降有相应的改变，迫使负载 R1 两端的直流工作电压 U_o 稳定。

5.7.2 图解典型串联调整型稳压电路

图 5-104 所示是典型串联调整型稳压电路。电路中，VT1 是调整管，它构成电压调整电路；ZD1 是稳压二极管，它构成基准电压电路；VT2 是比较放大管，它构成电压比较放大器电路；RP1 和 R3、R4 构成取样电路。

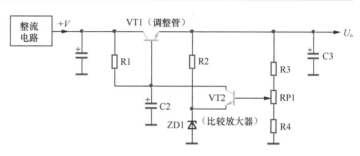

图 5-104　典型串联调整型稳压电路

1 直流电路分析

从整流和滤波电路输出的直流电压 +V 加到调整管 VT1 集电极，同时经电阻 R1 加到 VT1 基极和 VT2 集电极。

（1）**VT1 直流电路工作原理**：直流工作电压 +V 直接加到调整管 VT1 集电极，R1 为 VT1 提供一定的正向偏置电流，VT1 发射极电流通过 R3、RP1、R4 和稳压电路负载电路（图中未画出）成回路。

5-48 视频讲解：套件装配：电源套件装配（2）

图 5-105 是 VT1 直流电流回路示意图，一路是 VT1 集电极和发射极直流电流回路，另一路是 VT1 基极直流电流回路示意图。

（2）**VT2 直流电路**：直流工作电压 +V 经 R1 加到比较放大管 VT2 集电极。R3、RP1、R4 构成 VT2 基极分压式偏置电路，RP1 动片输出的直流电压加到 VT2 基极，为 VT2 提供基极偏置电压。VT2 发射极电流通过导通的 ZD1 到地端。

图 5-106 所示是 VT2 直流电流回路示意图，一路是 VT2 集电极和发射极直流电

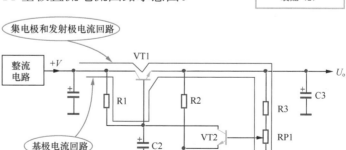

图 5-105　VT1 直流电流回路示意图

流回路，另一路是 VT2 基极直流电流回路示意图。

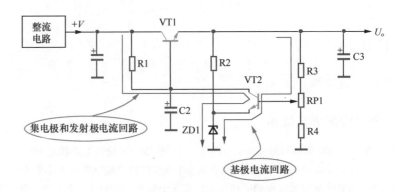

5-49 视频讲解：
套件装配：电源套件
装配（3）

图 5-106　VT2 直流电流回路示意图

VT1 发射极输出的直流电压通过 R2 加到 ZD1 上，使 ZD1 处于导通状态，R2 是稳压二极管 ZD1 的限流保护电阻。

电路分析提示

R3、RP1、R4 构成分压电路，RP1 动片输出电压为 VT2 基极提供正向偏置电压的同时，稳压电路直流输出电压 U_o 的大小波动变化量也通过 R3、RP1、R4 取样电路，由 RP1 动片加到 VT2 基极。

2　稳压原理

设某种因素影响导致稳压电路的直流输出电压 U_o 增大，通过取样电路 R3、RP1、R4 使 VT2 基极电压增大，因为直流输出电压 U_o 增大时，RP1 动片上的输出电压也增大，即 VT2 基极电压增大。

由于 VT2 发射极电压上直流电压取自稳压二极管上的电压，所以电压是稳定的，直流电压作为比较放大管 VT2 基准电压。

因为加到 VT2 基极上的取样电压使基极电压升高，所以 VT2 集电极电压下降（VT2 接成共发射放大器，它的集电极电压与基极电压相位相反），使 VT1 基极电压下降，VT1 发射极直流输出电压下降（发射极电压跟随基极电压变化），即稳压电路直流输出电压下降。

由上述电路分析可知，当稳压电路直流输出电压增大时，通过电路的一系列调整，使稳压电路的直流输出电压 U_o 下降，达到稳定直流输出电压的目的。图 5-107 是输出端反馈信号加到调整管传输线路示意图。

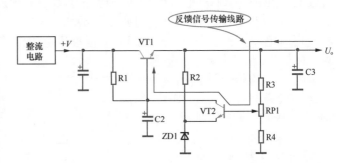

图 5-107　输出端反馈信号加到调整管传输线路示意图

电路分析提示

同理，由于某种因素使稳压电路的直流输出电压 U_o 下降时，VT2 基极电压下降，VT2 集电极电压在升高，

VT1 基极电压升高，使 VT1 发射极电压降升高，使稳压电路的直流输出电压 U_o 升高，达到稳定输出电压 U_o 的目的。

5-50 视频讲解：
套件装配：电源套件
装配（4）

3 **直流输出电压调整电路**

串联调整型稳压电路输出的直流工作电压 U_o 大小是可以进行连续微调的，即在一定范围内对直流输出电压大小进行调整。

（1）**RP1 动片向上端调整电路分析**。这时 RP1 动片输出的直流电压升高，使 VT2 基极电压升高，VT2 集电极电压下降，VT1 基极电压降低，VT1 发射极电压下降，使稳压电路的直流输出电压 U_o 减小。由此可知，将 RP1 动片向上调整时，可以降低直流输出电压 U_o。注意，虽然直流输出电压 U_o 下降，但是仍然是稳定的。

（2）**RP1 的动片向下端调整电路分析**。这时 RP1 动片输出的直流电压下降，使 VT2 基极电压下降，通过电路的一系列调整，直流输出电压 U_o 增大。

 元器件作用提示

电路中，电容 C1、C2 和 C3 是滤波电容，其中电容 C2 与调整管 VT1 构成了电子滤波器电路。

5.8　图解直流电压供给电路

电子电路使用直流工作电压，采用电池可直接供电，采用交流电源供电时则要通过电源电路转换成直流电源。

5-51 视频讲解：
套件装配：电源套件
装配（5）

 重要提示

电路工作原理的分析重点之一是直流电路分析，电路故障检修中的重点是检查直流电压供给电路，通过测量直流电压供给电路有关测试点的直流电压大小情况，判断电路故障部位，所以掌握直流电压供给电路工作原理的意义重大。

5.8.1　图解直流电压供给电路

了解下列几点直流电压供给电路作用，对分析这一电路工作原理有益。

（1）直流电压供给电路是一节节的 RC 电路串接起来的电路，具有降低直流工作电压的特点，越是串接电路的后级其直流输出电压越低。

（2）直流电压供给电路对直流工作电压具有进一步滤波的作用。

（3）直流电压供给电路在多级放大器中还具有级间退耦的作用。

1 **直流工作电压重要性**

一个整机电路中，直流电压供给电路无处不在，只要存在有源器件就有直流电压供给电路，所以处处需要进行直流电压供给电路的分析。

电子电路的工作电压是直流电压，所以电路中只要存在有源器件（如三极管、集成电路）的地方就存在直流电压供给电路，图 5-108 所示是集成电路的直流电压供给电路，直流电压是这些有源器件正常工作的保证，当直流工作电压大小或其他方面不正常时，将会影响整个电路的正常工作。

5-52 视频讲解：套件
装配：电源套件装配
后交流电压测量

从整流滤波电路输出端之后的电路中都存在直流电压供给电路。这一直流电压通过串联、并联电路形式，为每一级放大器、每一个有源器件提供直流工作电压。

2　整机直流电压供给电路

图 5-109 是直流电压供给电路示意图。电路中的 R1、R2、R3 作用相同，都是直流电压供给电阻（退耦电阻），C1、C2 和 C3 都是滤波、退耦电容。

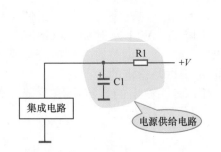

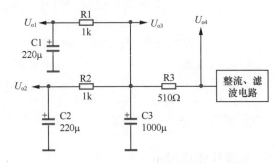

图 5-108　集成电路直流电压供给电路　　　　图 5-109　直流电压供给电路示意图

整机的直流电压供给电路有许多条，这些电路采用并联和串联的形式向外发散，有时这些并联、串联直流电压供给电路十分复杂。

整机电路中的直流工作电压等级（大小）有许多，如这一电路中的 $U_{o1} \sim U_{o4}$。越是靠近整流滤波电路输出端直流电压越高，越向外电压越低，如 U_{o1} 低于 U_{o3}。

单独一路直流电压供给电路非常简单，主要是由电阻和电容构成，每一条直流电压供给电路的结构都是相同的。

⚑　电路分析提示

直流电压供给电路中的电阻比较小，电容比较大，见电路中的标称参数，这是直流电压供给电路特征，必须牢记。

图 5-110 是各支路电流示意图。

3　实用直流电压供给电路

直流电压供给电路中，采用电阻串联或是并联的形式向整机各部分电路供电，在部分直流电压供给电路中也会采用电感滤波电路，如图 5-111 所示。

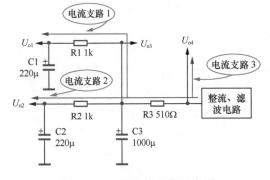

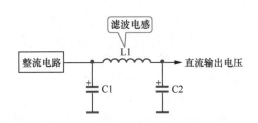

图 5-110　各支路电流示意图　　　　图 5-111　滤波电感直流电压供给电路

图 5-112 是电感滤波电路的直流电流示意图。

滤波和退耦电容接在直流电压供给线路与地端之间，绝不会串联在直流电压供给电路中的，因为电容具有隔直的作用。

还有一些电路中使用电子滤波器的直流电压供给电路，如图 5-113 所示。

滤波和退耦电容接在直流电压供给线路与地端之间，绝不会串联在直流电压供给电路中的，因为电容具有隔直的作用，如图 5-113 中所示。

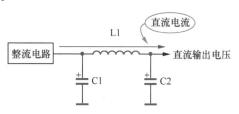

图 5-112　电感滤波直流电流示意图

 重要提示

直流电压供给电路按照直流电压的极性不同有两种：一是正极性的直流电压供给电路，二是负极性的直流电压供给电路。

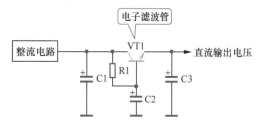

图 5-113　采用电子滤波器的直流电压供给电路

这两种直流电压供给电路的结构一样，识别方法是：如果滤波、退耦电容的负极接地，则是正极性的直流电压供给电路；如果滤波、退耦电容的正极接地，则是负极性的直流电压供给电路。

5.8.2　图解整机直流电压供给电路方法

1　**整机电路中找出整流电路输出端方法**

检修或分析整机直流电压供给电路时，第一步是在整机电路图中找出整流滤波电路的输出端，因为输出端的端点是整机直流电压供给电路的起点。

图 5-114 是找出整流滤波电路输出端方法示意图。

整机电路图中，整流滤波电路一般画在右下方或左上方（也有例外），更为准确的方法是找出整机电路图中有多只二极管的地方，这很可能就是整流电路。

5-54 视频讲解：套件装配：电源套件最后一步装配

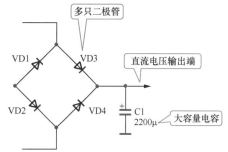

图 5-114　找出整流滤波电路输出端方法示意图

5-53 视频讲解：套件装配：电源套件装配后直流电压测量

 电路分析方法提示

根据滤波电容容量在整机电路中容量最大（通常大于 1000μF）、体积最大的特点，找出整机的滤波电容 C1，它接在整流电路输出端与地端之间，这样可以确定整流滤波电路的输出端。

2　**确定直流电压供电极性方法**

根据整机滤波电容接地引脚极性确定是什么极性的直流电压供给电路，如图 5-115

所示，一般采用正极性直流电压供给电路。

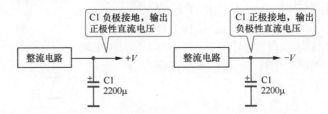

图 5-115　根据整机滤波电容接地引脚极性确定直流电压极性方法示意图

3　分析直流电压供给电路的主要目的

　　分析直流电压供给电路的主要目的是，查清楚直流电压是如何供给整机中各部分主要电路的。例如，如何供给功率放大器，如何供给集成电路的电源引脚，如何供给各三极管的集电极和基极等，如图 5-116 所示。

　　（1）如果供给电路有支路，那是并联供给电路的连接形式，此时要分两路分别进行分析。通常在整流滤波电路输出端分成两路：一路加到整机功率消耗最大的电路中，如功率放大器电路；另一路通过一节 RC 滤波电路向前级电路供电，如图 5-116 所示。

　　（2）整机电路中，整流滤波电路输出端的直流电压最高，通过一节 RC 串接电路后直流电压下降，因为滤波、退耦电阻上的电压降去除了直流电压，同时直流电压中的交流成分越来越少，滤波、退耦电容滤除了直流电压中的交流成分。

　　（3）部分直流电压供给电路中，整流滤波电路输出端回路串联了保险丝管，起到过电流保护作用。有的电路中还设置了直流电源开关，以控制整机的直流电压，图 5-117 是直流电压输出电路中保险丝、电源开关位置示意图。

　　（4）直流电压供给电路中的每一个节点（电路板上接有滤波、退耦电容的点）都是要特别注意的关键点，在故障检修中需要测量这些点上的直流工作电压有还是没有，大还是小，以便对供电电路的工作状态进行正确的判断。

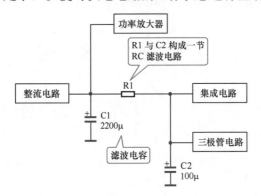

图 5-116　分析直流电压负载电路示意图

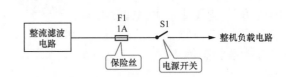

图 5-117　直流电压输出电路示意图

第6章 图解音频功率放大器

6.1 图解音频功率放大器基础知识

音频功率放大器用来对音频信号进行功率放大。所谓功率放大就是通过先放大信号电压，再放大信号电流，实现信号的功率放大。

掌握音频功率放大器工作原理，可以更容易地学习其他功率放大器。习惯上，音频功率放大器又称为低放电路（低频信号放大器）。

6-1 视频讲解：音频功率放大器简述

6.1.1 图解音频功率放大器电路结构、作用和种类

音频功率放大器放大的是音频信号，在不同机器中由于对输出信号功率等要求不同，所以采用了不同种类的音频功率放大器。

1 音频功率放大器电路组成方框图

图6-1是音频功率放大器电路组成方框图。这是一个多级放大器，由最前面的电压放大级、中间的推动级和最后的功放输出级共三级电路组成。

6-2 视频讲解：了解多级放大器

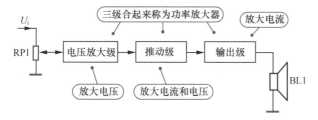

图 6-1　音频功率放大器电路组成方框图

6-3 视频讲解：多级放大器直流电路

🚩 **重要提示**

电路分析中，时常需要识别一个电路的前、后相关联电路，这有利于了解信号的"来龙去脉"。与音频功率放大器前、后连接的电路是：负载为扬声器电路，输入信号 U_i 来自音量电位器 RP1 动片的输出信号。

2 功率放大器中各单元电路作用

（1）音量控制器作用。音量控制器 RP1 用来控制输入功率放大器的信号大小，从而可以控制功率放大器输出到扬声器中的信号功率大小，达到控制声音大小（音量）的目的。

（2）电压放大级作用。电压放大级用来对输入信号进行电压放大，

6-4 视频讲解：功放电路方框图及各单元电路作用

使加到推动级的信号电压达到一定的程度。根据机器对音频输出功率要求的不同，电压放大器的级数不等，可以只有一级电压放大器，也可以是采用多级电压放大器。

（3）**推动级作用**。推动级用来推动功放输出级，对信号电压和电流进行进一步放大，有的推动级还要完成输出两个大小相等、方向相反的推动信号。推动放大器也是一级电压、电流放大器，它工作在大信号放大状态下。

（4）**输出级作用**。输出级用来对信号进行电流放大。电压放大级和推动级对信号电压已进行了足够的电压放大，输出级再进行电流放大，以达到对信号功率放大的目的，这是因为输出信号功率等于输出信号电流与电压之积。

（5）**扬声器作用**。扬声器是功率放大器的负载，功率放大器输出信号用来激励扬声器（或音箱）发出声音。

6-5 视频讲解：多级放大器信号传输和元器件作用

🚩 电路结构提示

一些要求输出功率较大的功率放大器中，功放输出级分成两级，除输出级之外，在输出级前再加一级末前级，这一级电路的作用是进行电流放大，以便获得足够大的信号电流来激励功率输出级的大功率三极管。

3 信号传输线路

图 6-2 是音频功率放大器信号传输线路示意图。

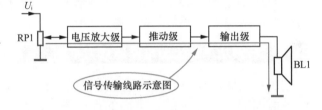

图 6-2　音频功率放大器信号传输线路示意图

4 功率放大器种类

6-6 视频讲解：多级放大器中各级放大器有所不同

功率放大器以功放输出级电路形式来划分种类，常见的音频功率放大器如下。

（1）**变压器耦合甲类功率放大器**。这种电路主要用于一些早期的半导体收音机和其他一些电子电器中，如小功率的电子管功率放大器中，现在很少见到。

（2）**变压器耦合推挽功率放大器**。这种电路主要用于一些输出功率较大的收音机中，常用于电子管功率放大器中。

（3）**OTL 功率放大器**。它是目前广泛应用的一种功放电路，收音机、录音机、电视机等许多设备中都使用。

（4）**OCL 功率放大器**。它主要用于一些输出功率要求较大的设备，如扩音机和组合音响中。

（5）**BTL 功率放大器**。它主要用于一些要求输出功率比较大的设备，还用于一些低压供电的设备中。

6-7 视频讲解：补充知识：差分放大器

（6）**矩阵式功率放大器**。它主要用于低电压供电情况下的设备中，采用这种功率放大器后，可以使低压供电机器左、右声道输出较大功率。

重要提示

OTL 功率放大器应用最多，所以必须深入掌握。掌握了典型的分立元器件 OTL 功率放大器工作原理后，才能比较顺利地分析各种 OTL 功率放大器的变形电路、集成电路 OTL 功率放大器、OCL 功率放大器和 BTL 功率放大器。

6.1.2　图解甲类放大器、乙类放大器和甲乙类放大器

根据功放输出三极管在放大信号时的信号工作状态和三极管静态电流大小划分，常见放大器有甲类放大器、乙类放大器和甲乙类放大器 3 种。

6-8 视频讲解：功率放大器种类

1　甲类放大器

在单级放大器介绍了共发射极、共集电极和共基极放大器，这几种放大器是根据三极管输入、输出回路共用哪个电极进行划分的。如果根据三极管在放大信号时的信号工作状态和三极管静态电流大小划分，放大器主要有甲类、乙类和甲乙类 3 种放大器，其外还有超甲类等许多种放大器。

甲类放大器就是给放大管加入合适的静态偏置电流，这样用一只三极管同时放大信号的正、负半周。在功率放大器中，功放输出级中的信号幅度已经很大，如果仍然让信号的正、负半周同时用一只三极管来放大，这种电路称之为甲类放大器。

在功放输出级电路中，甲类放大器的功放管静态工作电流设置得比较大，要设置在放大区的中间，以便给信号的正、负半周有相同的线性范围，这样当信号幅度太大时（超出放大管的线性区域），信号的正半周进入三极管饱和区而被削顶，信号的负半周进入截止区而被削顶，此时对信号正半周与负半周的削顶量相同，如图 6-3 所示。

甲类放大器主要特点如下。

（1）音质好。由于信号的正、负半周用一只三极管来放大，如图 6-3 所示，这样信号的非线性失真很小，声音的音质比较好，这是甲类功率放大器的主要优点之一，所以一些音响中采用这种放大器作为功率放大器。

（2）输出功率不够大。信号的正、负半周用同一只三极管放大，使放大器的输出功率受到了限制，即一般情况下甲类放大器的输出功率不可能做得很大。

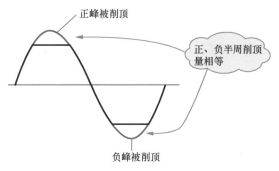

图 6-3　示意图

（3）电源消耗大。功率三极管的静态工作电流比较大，没有输入信号时对直流电源的消耗比较大，当采用电池供电时这个问题更加突出，因为对电源（电池）的消耗大。

2　乙类放大器

所谓乙类放大器就是不给三极管加静态偏置电流，而且用两只性能对称的三极管来分别放大信号的正半周和负半周，在放大器的负载上将正、负半周信号合成一个完整周期的信号。

图 6-4 是没有考虑这种放大器非线性失真时的乙类放大器工作原理示意图。关于乙类放大器工作原理说明下列几点：

6-9 视频讲解：推动管静态工作电流

（1）输出管无直流偏置电流。如图 6-5 所示，电路中 VT1 和 VT2 构成功率放大器输出级电路，两只三极管基极没有偏置电路，所以它没有静态直流电流。输入信号 U_{i1} 加到 VT1 基极，输入信号 U_{i2} 加到 VT2 基极，这个输入信号大小相等、相位相反，且幅度足够大，这样由输入信号电压直接驱动 VT1 和

VT2 进入放大工作状态。

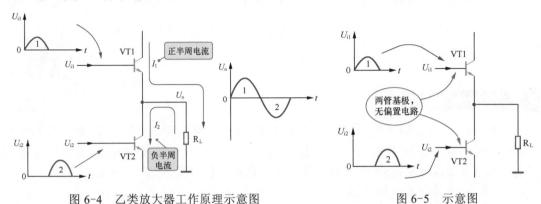

图 6-4　乙类放大器工作原理示意图　　　　图 6-5　示意图

（2）**正半周情况分析**。由于加到功放级的输入信号 U_{i1}、U_{i2} 幅度已经足够大，所以可以用输入信号 U_{i1} 本身使 VT1 进入放大区，这一信号经 VT1 放大后加到负载 RL，其信号电流方向如图 6-6 所示，即从上到下流过 R_L，在负载 R_L 上得到半周信号 1。VT1 进入放大状态时，VT2 处于截止状态。

（3）**负半周情况分析**。半周信号 1 过去后，另半周信号 U_{i2} 加到 VT2 基极，由输入信号 U_{i2} 使 VT2 进入放大区，VT2 放大这一半周信号，VT2 的输出电流方向如图 6-7 所示，从下到上地流过负载电阻 R_L，这样在负载电阻上得到负半周信号 2。VT2 进入放大状态时，VT1 处于截止状态。

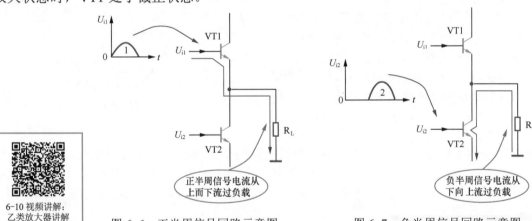

6-10 视频讲解：
乙类放大器讲解

图 6-6　正半周信号回路示意图　　　　图 6-7　负半周信号回路示意图

这样在负载 R_L 上能够得到一个完整的信号，图 6-8 是负载 R_L 上的信号波形示意图。

（4）**交越失真**。由于三极管工作在放大状态下，三极管又没有静态偏置电流，而是用输入信号电压给三极管加正向偏置，这样在输入较小的信号或大信号的起始部分时，信号落到了三极管的截止区，由于截止区是非线性的，将产生如图 6-9 所示的失真。

重要提示

图 6-10 是将正、负半周信号合成起来后的信号波形示意图，从乙类放大器输出信号波形中可以看出，其正、负半周信号在幅度较小时存在失真，放大器的这种失真称为交越失真，这种失真是非线性失真中的一种，对声音的音质破坏严重，所以乙类放大器不能用于音频放大器中，只用于一些对非线性失真没有要求的功率放大场合。

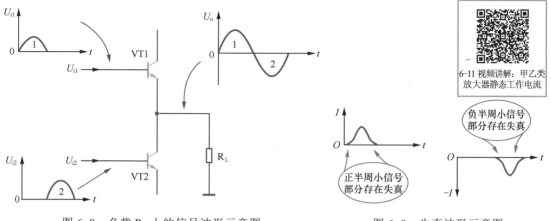

图 6-8　负载 R_L 上的信号波形示意图　　　　图 6-9　失真波形示意图

（5）**输出功率大**。输入信号的正、负半周各用一只三极管放大，可以有效地提高放大器的输出功率，即乙类放大器的输出功率可以做得很大。

（6）**省电**。在没有输入信号时，三极管处于截止状态，不消耗直流电源，这样比较省电，这是乙类放大器的主要优点之一。

③　甲乙类放大器

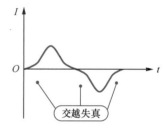

为了克服交越失真，必须使输入信号避开三极管的截止区，可以给三极管加入很小的静态偏置电流，如图 6-11 所示，电路中的 VT1 和 VT2 构成功率功放大器输出级电路，电阻 R1 和 R2 分别给 VT1 和 VT2 提供很小的静态偏置电流，以克服两管的截止区，使两管进入微导通状态，这样输入信号便能直接进入三极管的放大区。

图 6-12 是输出管基极直流电流回路示意图。

图 6-10　乙类放大器交越失真波形示意图

在甲乙类放大器中，给输出管加以较小的直流偏置电压后，可以使输入信号"骑"在很小的直流偏置电流上，如图 6-13 所示，这样可以避开了三极管的截止区，使输出信号不失真。

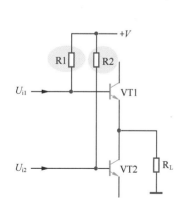

图 6-11　甲乙类放大器

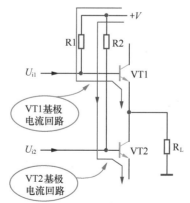

图 6-12　输出管基极直流电流回路示意图

从图 6-13 中可以看出，输入信号 U_{i1} 和 U_{i2} 分别"骑"在一个直流偏置电流上，用这一很小的直流偏置电流克服三极管的截止区，使两个半周信号分别工作在 VT1 和 VT2 的放大区，达到克服交越失真的目的。

图 6-14 所示是甲乙类放大器输出信号波形示意图，从图中可以看出，输出信号已不存在交越失真。

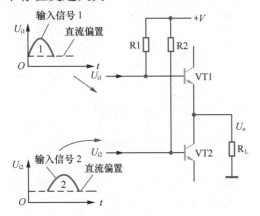

图 6-13　甲乙类放大器克服交越失真示意图　　　　图 6-14　甲乙类放大器输出信号波形示意图

甲乙类放大器主要特点如下。

（1）**功放管刚进放大区**。甲乙放大器同乙类放大器一样，用两只三极管分别放大输入信号的正、负半周信号，但是给两只三极管加入了很小的直流偏置电流，以使三极管刚刚进入放大区。

（2）**具有甲类和乙类放大器优点，同时克服了它们的缺点**。由于给三极管所加的静态直流偏置电流很小，在没有输入信号时，放大器对直流电源的消耗比较小（比起甲类放大器要小得多），这样具有乙类放大器的省电优点，同时因为加入的偏置电流克服了三极管的截止区，对信号不存在失真，又具有甲类放大器无非线性失真的优点。

所以，甲乙放大器具有甲类和乙类放大器的优点，同时克服了这两种放大器的缺点。正是由于甲乙类放大器无交越失真和省电的优点，广泛地应用于音频功率放大器中。

（3）**产生交越失真**。当这种放大电路中的三极管静态直流偏置电流太小或没有时，就成了乙类放大器，将产生交越失真；如果这种放大器中的三极管静态偏置电流太大，就失去了省电的优点，同时也造成信号动态范围的减小。

6.1.3　图解推挽、互补推挽和复合互补推挽放大器

掌握了功率放大器中的重要单元电路工作原理，便可能轻松分析功率放大器。

❶　推挽放大器

图 6-15 所示是推挽放大器工作原理电路。VT1 和 VT2 构成推挽输出级电路，VT1 和 VT2 是 NPN 型大功率三极管，性能参数非常接近（同型号三极管，所谓配对），两管构成一级放大器。T1 称为输入耦合变压器，T2 称为输出耦合变压器。

（1）**基极电流回路分析**。图 6-16 是两管基极电流回路示意图，R1 是两管共用的固定式偏置电阻，为 VT1 和 VT2 提供很小的静态电流，使两管工作在甲乙类状态。C1 为滤波电容。

6-13 视频讲解：
推挽功率放大器（2）
推挽分析

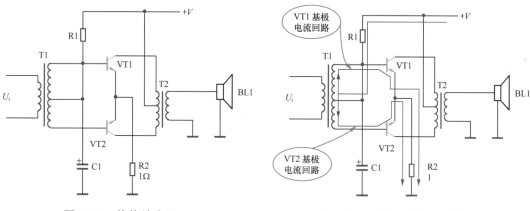

图 6-15 推挽放大器　　　　　图 6-16 两管基极电流回路示意图

（2）**VT1 导通时集电极电流回路分析**。在 VT1 进入导通放大状态时，其导通电流回路是：图 6-17 是 VT1 集电极电流回路示意图，+V → T2 初级线圈上半部分→ VT1 集电极→ VT1 发射极→ R2 →地。

（3）**VT2 导通时集电极电流回路分析**。在 VT2 进入导通放大状态时，其导通电流回路是：图 6-18 是 VT2 集电极电流回路示意图，+V → T2 初级线圈下半部分→ VT2 集电极→ VT2 发射极→ R2 →地。

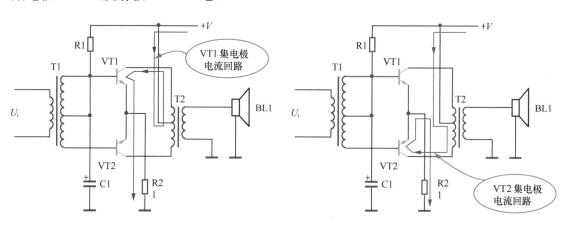

图 6-17　VT1 集电极电流回路示意图　　　图 6-18　VT2 集电极电流回路示意图

（4）**认清输入变压器 T1 两个输出信号**。次级的中心抽头通过电容 C1 交流接地，次级线圈两端输出大小相等、相位相反的两组信号，如图 6-19 所示，用来驱动 VT1 和 VT2。

VT1 基极幅度很大的正半周信号使 VT1 导通，负半周给 VT1 反向偏置，VT1 截止。VT2 基极为正半周信号时，VT1 导通；信号为负半周时，VT2 截止。

（5）**VT1 导通放大过程分析**。图 6-20 是 VT1 导通放大时信号电流回路示意图，正半周信号电流在 VT1 基极回路流过，这时 VT1 集电极电流流过输出变压器抽头以上初级线圈，在 T2 次级回路输出信号电流，电流流过扬声器 BL1，使 BL1 发声。

6-14 视频讲解：推挽功率放大器（3）信号电流分析

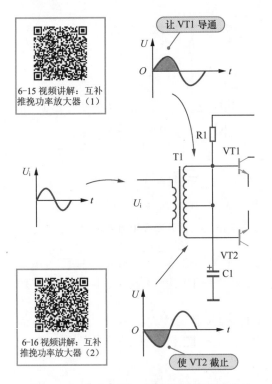

图 6-19　大小相等、相位相反的两组信号

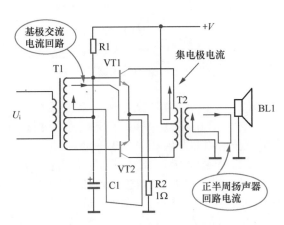

图 6-20　VT1 导通放大时信号电流回路示意图

（6）**VT2 导通放大过程分析。** 图 6-21 是 VT2 导通放大时信号电流回路示意图，正半周信号电流在 VT2 基极回路流过，这时 VT2 集电极电流流过输出变压器抽头以下初级线圈，在 T2 次级回路输出信号电流，电流流过扬声器 BL1，使 BL1 发声。

 理解方法提示

　　VT1 导通时，信号一个半周电流流过 T2 初级线圈；VT2 导通时，信号另一个方向相反的半周电流流过 T2 初级线圈，这样 T2 次级线圈输出正、负半周一个完整的信号，加到扬声器上。

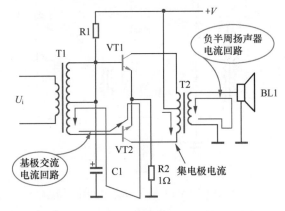

图 6-21　VT2 导通放大时信号电流回路示意图

（7）**推挽工作状态。** VT1 基极为正半周信号时，VT2 基极为负半周信号；VT1 基极为负半周信号时，VT2 基极为正半周信号。两只三极管一只导通、一只截止，分别放大半周信号称推挽工作状态。

2 **互补推挽放大器**

　　图 6-22 所示是互补推挽放大器工作原理电路。VT1 是 NPN 型大功率三极管，VT2 是 PNP 型大功率三极管，要求两只三极管极性参数十分相近，VT1 和 VT2 构成互补推挽输出级电路。两只三极管基极直接相连，在两管基极加有一个音频输入信号 U_i。

用一个激励信号。利用不同极性三极管的输入极性不同，用一个信号来激励两只三极管，这样可以不需要两个大小相等、相位相反的激励信号。

两管基极相连，由于两只三极管的极性不同，基极上的输入信号电压对两管而言一个是正向偏置，一个是反向偏置。

输入信号为正半周时，两管基极电压同时升高，输入信号电压给 **VT1** 加正向偏置电压，**VT1** 进入导通和放大状态；基极电压升高对 **VT2** 是反向偏置电压，所以 **VT2** 处于截止状态。

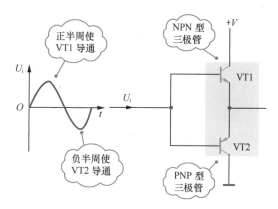

图 6-22　互补推挽放大器工作原理电路

当输入信号变化到负半周后，两管基极电压同时下降，使 **VT2** 进入导通和放大状态，而 **VT1** 进入截止状态。

重要提示

利用 NPN 型和 PNP 型三极管的互补特性，可以用一个信号来同时激励两只三极管的电路，称为"互补"电路。由互补电路构成的放大器称为互补放大器。

两只不同极性三极管工作时，一只导通放大，另一只截止，工作在推挽状态，称为互补推挽放大器。

3　复合互补推挽放大器工作原理详解

6-17 视频讲解：复合互补推挽功率放大器

互补推挽放大器中两只输出管是不同极性的大功率三极管，要求两管的性能参数相同比较困难，配对时成本较高，采用复合互补推挽式电路就能够解决这一问题，在实用电路中普遍采用复合互补推挽式电路。

图 6-23 所示是复合互补推挽放大器工作原理电路，VT1 和 VT2 构成一只复合管，VT3 和 VT4 构成另一只复合管。VT2 和 VT4 是两只 NPN 型的大功率三极管，同极性大功率三极管性能相同容易做到。不同极性的小功率三极管 VT1 和 VT3 性能相同比不同极性的大功率三极管性能相同容易做到，这是为什么要采用复合互补推挽电路的原因。

电路中，VT1 和 VT3 构成的是互补电路，VT1 是 NPN 型三极管，VT3 是 PNP 型三极管。

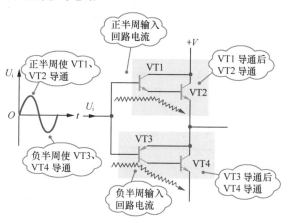

图 6-23　复合互补推挽放大器工作原理电路

重要提示

VT2 由 VT1 导通后的发射极电流驱动，VT1 不通，VT2 不通，两管同时导通，同时截止；VT4 由 VT3 导通后集电极电流驱动，两管同时导通，同时截止。

推挽过程是：将 VT1 和 VT2 两管等效成 NPN 型三极管、VT3 和 VT4 两管等效成 PNP 型三极管，这样可以方便地分析推挽工作过程。

6-18 视频讲解：
复合管电路

4 复合管电路

复合管电路共有 4 种。复合管用两只三极管按一定的方式连接起来，等效成一只三极管，功率放大器中常采用复合管构成功放输出级电路。表 6-1 所示是复合管电路说明。

表 6-1　复合管电路说明

复合管电路	等效电路	说明
VT1　VT2	PNP 型	两只同极性 PNP 型三极管构成的复合管，等效成一只 PNP 型三极管
VT1　VT2	NPN 型	两只 NPN 型三极管构成的复合管，等效成一只 NPN 型三极管
VT1　VT2	PNP 型	VT1 是 PNP 型、VT2 为 NPN 型三极管，是不同极性三极管构成的复合管，等效成一只 PNP 型三极管
VT1　VT2	NPN 型	VT1 是 NPN 型，VT2 为 PNP 型三极管，是不同极性构成的复合管，等效成一只 NPN 型三极管

识别方法提示

复合管极性识别绝招：两只三极管复合后的极性取决于第一只三极管的极性。

关于复合管需要掌握下列几个电路细节：

（1）**VT1 为输入管，VT2 为第二级三极管。** VT1 是小功率的三极管，VT2 则是功率更大的三极管。

（2）**复合管总的电流放大倍数 β 为各管电流放大倍数之积。** 复合管总的 $\beta = \beta_1 \times \beta_2$（$\beta_1$ 为 VT1 电流放大倍数，β_2 为 VT2 电流放大倍数），可见采用复合管可以大幅度提高三极管的电流放大倍数。

（3）**复合管的集电极 - 发射极反向截止电流（俗称穿透电流）I_{CEO} 很大。** 这是因为 VT1 的 I_{CEO1} 全部流入了 VT2 基极，经 VT2 放大后从其发射极输出。三极管 I_{CEO} 大，对三极管的稳定工作状态十分不利。为了减小复合管的 I_{CEO}，常采用图 6-24 所示的电路措施减小复合管的 I_{CEO}。

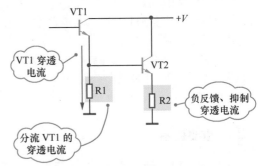

图 6-24　减小复合管 I_{CEO} 电路措施

R1 作用是：接入分流电阻 R1 后，使 VT1 输出的部分 I_{CEO} 经 R1 分流到地，减小流入 VT2 基极的电流量，达到减小复合管 I_{CEO} 的目的。当然，R1 对 VT1 输出信号也同样存在分流衰减作用。

R2 作用是：电阻 R2 构成 VT2 发射极电流串联负反馈电路，用来减小复合管的 I_{CEO}，因为加入电流负反馈能够稳定复合管的输出电流，这样可以抑制复合管的 I_{CEO}。另外，串联负反馈有利于提高 VT2 的输入电阻，这样 VT1 的 I_{CEO} 流入 VT2 基极的量更少，流过 R1 的量更多，也能达到减小复合管 I_{CEO} 的目的。

6-19 视频讲解：推挽级偏置电路（1）

6.1.4　图解推挽输出级静态偏置电路

为了使功率放大管工作在甲乙类状态，需要给功率管建立静态偏置电路，以提供较小的静态工作电流。

　重要提示

功率放大器输出级的工作电压和电流比较大，所以故障发生率比较高。在检修放大器电路故障时，往往是通过检测静态电路的工作情况来推断交流电路工作状态，所以分析放大器电路的静态偏置电路显得非常重要。

推挽输出级放大器的静态偏置电路有多种形式，掌握这些电路工作原理才能真正掌握推挽输出级放大器的工作原理。

6-20 视频讲解：推挽级偏置电路（2）

①　二极管偏置电路

图 6-25 所示是二极管构成的推挽输出级静态偏置电路。VT1 是推动管，VT2 和 VT3 构成推挽输出级，VD1 和 VD2 是输出管 VT2 和 VT3 的偏置二极管，给 VT2 和 VT3 很小的静态偏置电流，使两管工作在甲乙类状态。

A 点是这一放大器的输出端，该电路的直流工作电压是 +12V。

（1）**二极管导通后压降**。二极管 VD1 和 VD2 串联，它们在加到 R1 的直流工作电压 +V 作用下，处于导通状态。其导通后的电流回路是：如图 6-26 所示，+V 端 → R1 → VD1 正极 → VD1 负极 → VD2 正极 → VD2 负极 → VT1 集电极 → VT1 发射极 → 地端。

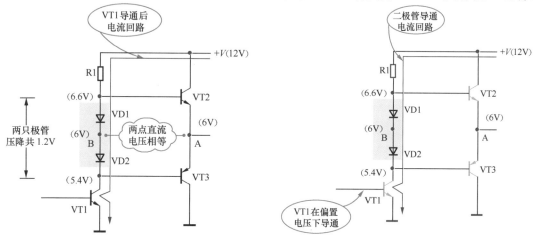

图 6-25　二极管构成的推挽输出级静态偏置电路　　图 6-26　二极管导通电流回路示意图

每只二极管导通后的管压降为 0.6V，这样 VT2 基极电压比 VT3 基极电压高出 2×0.6V，为 1.2V，使两管基极之间有了直流电压降，这就是两管的静态偏置电压。

（2）**VT1 集电极电压是关键。** VD1 和 VD2 两端的电压降不变，VT1 集电极直流电压不仅决定了 VT3 基极电压大小，同时决定了 VT2 基极直流电压大小。

改变 VT1 集电极直流电压大小的方法是改变它的静态工作电流，即改变基极、集电极电流。集电极电流大时，在电阻 R1 上的压降大，集电极电压就低，反之则高。

只要适当调整 VT1 静态工作电流大小，就可以使电路中 B 点的直流电压等于输出端 A 点直流电压。

（3）**输出管偏置电路工作原理。** 导通的 VD1 和 VD2 使 VT2 基极直流电压高于发射极电压 0.6V，对于 NPN 型的 VT2 而言是正向偏置电压；VT3 基极直流电压低于发射极电压 0.6V，对于 PNP 型的 VT2 而言是正向偏置电压。这样，两只输出管建立了静态偏置电流，工作在甲乙类状态。

（4）**对 VD1 和 VD2 的理解。** VD1 和 VD2 二极管导通后，它们的内阻很小，在进行交流电路分析时，可以认为两只二极管的内阻为零。

6-21 视频讲解：推挽级偏置电路（3）

2 输出端直流电压

输出端的直流电压等于工作电压 +V 一半，+V 为 12V 时，输出端 A 点的直流电压等于 6V，图 6-27 所示的电路可以说明这一问题。

VT1 和 VT2 两管有相同的正向偏置电流，VT1 和 VT2 性能一致，所以 VT1 和 VT2 集电极与发射极之间的内阻大小相等，从等效电路中可以看出，两只阻值相同的等效电阻构成对直流工作电压 +V 的分压电路，由分压电路特性可知，输出端 A 点的直流电压等于 +V 的一半。

6-22 视频讲解：定阻式和定压式输出功率放大器

3 电阻和二极管混合偏置电路

图 6-28 所示是电阻和二极管构成的推挽输出级偏置电路。VT1 是推动管，VT2 和 VT3 构成推挽输出级电路，R2 与 VD1 构成 VT2 和 VT3 直流偏置电路，使两管工作在甲乙类状态。

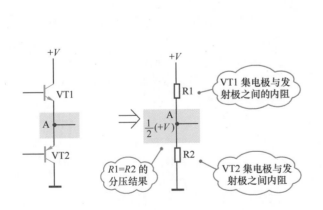
图 6-27 输出端直流电压等于工作电压 +V 一半原理图

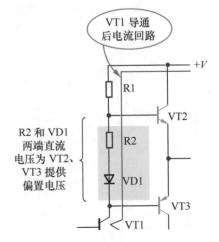
图 6-28 电阻和二极管构成的推挽输出级偏置电路

R2 与 VD1 串联后接在 VT2 和 VT3 基极之间，电流从上到下地流过 R2 和 VD1，在 VT2、VT3 基极之间产生了电压差，这个电压差为 VT2 和 VT3 提供静态直流偏置电压。

6.1.5　功率放大器定阻式输出和定压式输出

功率放大器的输出特性有两种：一是定阻式输出，二是定压式输出。

1　功率放大器定阻式输出

 重要提示

6-23 视频讲解：
OTL 功放输出端
耦合电容（1）

变压器耦合的功率放大器为定阻式输出特性，在这种输出式电路中要求负载阻抗确定不变。在功率放大器输出级电路中的输出变压器初级和次级匝数确定后，扬声器的阻抗便不能改变。

例如，原来采用 4Ω 扬声器，则不能采用 8Ω 等其他阻抗的扬声器，否则扬声器与功率放大器输出级之间阻抗不匹配，此时会出现下列一些现象。

（1）扬声器得不到最大输出功率。

（2）许多情况下要烧坏电路中的元器件。

一些采用定阻式输出的功率放大器中，输出耦合变压器次级线圈设有多个抽头，供接入不同阻抗扬声器时选择使用，此时要注意扬声器（或音箱）阻抗与接线柱上的阻抗标记一致。

显然，定阻式输出的功率放大器在与扬声器配接时使用不方便。

2　功率放大器定压式输出

6-24 视频讲解：
OTL 功放输出端耦
合电容（2）

 重要提示

所谓定压式输出是指负载阻抗大小在一定范围内变化时，功率放大器输出端的输出信号电压不随负载阻抗的变化而变化。OTL、OCL、BTL 等功放电路具有定压式输出的特性。

在定压式输出的功率放大器中，对负载（指功率放大器的负载）阻抗要求没有定阻式输出那么严格，负载阻抗可以有些变化而不影响放大器的正常工作，但是负载所获得的功率将随负载阻抗不同而有所变化。

 公式提示

负载上的信号功率由下式决定：

$$P_{\mathrm{o}} = \frac{U_{\mathrm{o}}^2}{Z}$$

6-25 视频讲解：OTL
功放输出端耦合电容
（3）

式中　P_{o}——功率放大器负载所获得的信号功率，W；

$\quad\quad U_{\mathrm{o}}$——功率放大器输出信号电压，V；

$\quad\quad Z$——功率放大器的负载阻抗，Ω。

从上式可以看出，由于 U_{o} 不随 Z 变化，所示 P_{o} 的大小主要取决于负载阻抗 Z。负载阻抗 Z 越小，负载获得的功率越大，反之则越小。

OTL、OCL、BTL 功率放大器中，为了使负载获得较大信号功率，扬声器大多采用 3.2Ω、4Ω，而很少采用 8Ω 和 16Ω 的扬声器。

6.2 图解 OTL 功率放大器

6-26 视频讲解：OTL
功放电路分析

重要提示

前面介绍的功率放大器要设输出耦合变压器，OTL（Output Transformer Less，无输出变压器）功率放大器就是没有输出耦合变压器的功率放大器。

6.2.1 图解 OTL 功率放大器输出端耦合电容电路

6-27 视频讲解：OTL
功放直流电路（1）

一个功率放大器采用输出耦合变压器后会带来以下几个问题。

（1）变压器安装不方便，成本高，体积大。

（2）对于低频信号而言，由于一般输出变压器的电感量不足，使放大器对低频信号的放大倍数不够，造成低音不足现象。

（3）变压器的漏磁对整个放大器的工作构成了危害，它会干扰放大器的正常工作。

OTL 功率放大器采用输出端耦合电容取代输出耦合变压器解决了上述问题，所以应用十分广泛。

图 6-29 所示是 OTL 功率放大器输出端耦合电容电路。VT1 和 VT2 是 OTL 功率放大器输出管，C1 是输出端耦合电容，BL1 是扬声器。

1 输出端耦合电容 C1 的两个作用

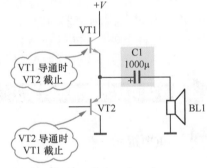

图 6-29 OTL 功率放大器输出
端耦合电容电路

（1）隔直通交作用。C1 将功率放大器输出端的交流信号耦合到扬声器 BL1 中，同时将输出端的直流电压与扬声器隔离。扬声器的直流电阻很小，没有 C1 输出端将直流短路。

6-28 视频讲解：OTL
功放直流电路（2）

（2）负半周放大管电源作用。VT2 进入导通、放大状态时，C1 作为 VT2 的直流电源之用。

2 输出端耦合电容充电过程

通电后，直流工作电压 +V 对电容 C1 充电电流回路是：直流工作电压 +V → VT1 集电极 → VT1 发射极（VT1 已在静态偏置电压下导通）→ C1 正极 → C1 负极 → BL1（直流电阻很小）→ 地端，如图 6-30 所示。很快电容 C1 充电完毕，C1 中无电流流过，扬声器 BL1 中也没有直流电流流过。

静态时，OTL 功率放大器输出端直流电压等于 +V 的一半。

电容 C1 一端接输出端，另一端通过扬声器 BL1 接地，根据电容充电特性可知，静态时，在 C1 上充到 +V 一半大小的直

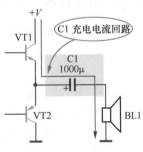

图 6-30 电容 C1 充电
电流回路示意图

流电压，极性为左正右负，即 C1 两端的直流电压就是输出端的直流电压。

3 输出端耦合电容的电源作用

（1）+V 无法对 VT2 供电。VT2 进入导通、放大状态时，VT1 截止（推挽放大器中一只三极管导通，另一只截止），VT1 集电极与发射极之间相当于开路，直流工作电压 +V 不能通过 VT1 加到 VT2 发射极，在此期间直流电压 +V 不对 VT2 供电。

（2）输出耦合电容上的电压是 VT2 电源。静态时，电容 C1 上已经充得左正右负的电压，其值为 +V 的一半。

VT2 导通、放大期间，C1 上电压供电就是 C1 的放电过程，其放电电流回路是：C1 正极 → VT2 发射极 → VT2 集电极 → 地端 → BL1 → C1 负极，构成回路，如图 6-31 所示。

（3）负半周信号放大过程分析。C1 放电过程中，它的放电电流大小受 VT2 基极上所加信号控制，所以 C1 放电电流变化的规律为负半周信号电流的变化规律。

（4）输出端耦合电容容量足够大。为了改善放大器的低频特性和能够为 VT2 提供充足的电能，要求输出端耦合电容容量很大，在音频放大器中，C1 一般取 470 ～ 1000μF，输出功率越大，输出端耦合电容容量要求越大。

6-29 视频讲解：OTL
功放各管导通分析

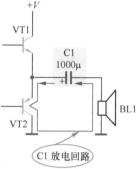

图 6-31 C1 放电过程
回路示意图

6.2.2 图解分立元器件复合互补推挽式 OTL 功率放大器

图 6-32 所示是分立元器件构成的 OTL 功率放大器。通过这一分立元器件电路可以掌握 OTL 功率放大器的工作原理。

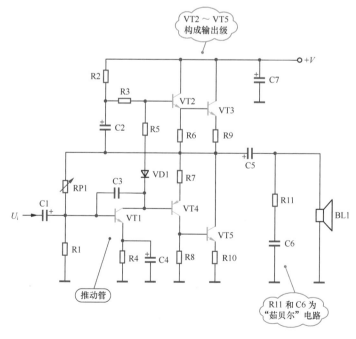

6-30 视频讲解：OTL
功放信号传输分析

6-31 视频讲解：OTL
功放元器件作用（1）

图 6-32 分立元器件构成的 OTL 功率放大器

VT1 构成推动级放大器。VT2～VT5 这 4 只三极管构成复合互补推挽式输出级，VT2 和 VT3 组成复合管，可等效成一只 NPN 型三极管；VT4 和 VT5 可等效成一只 PNP 型三极管。为了方便电路分析，可以用等效极性的三极管进行电路分析。VT2 和 VT4 采用小功率不同极性三极管，VT3 和 VT5 采用同极性大功率三极管。

1 直流电路分析

（1）**RP1** 可以调节静态电流。RP1 和 R1 对输出端的直流电压进行分压，分压后的电压给 VT1 提供基极直流偏置电压，调节 RP1 阻值大小可改变 VT1 静态偏置状态，从而可改变 VT2～VT5 静态偏置状态。图 6-33 是 VT1 直流电流回路示意图。

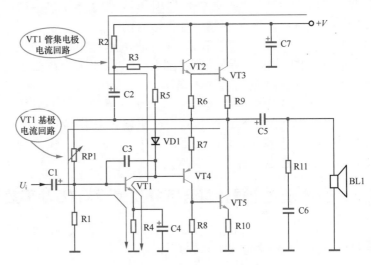

图 6-33　VT1 直流电流回路示意图

电路分析提示

通过调节 RP1 的阻值，可以使功放输出级放大器输出端直流电压为 +V 的一半，这样整个放大器直流电路进入正常的工作状态。

（2）复合管偏置电路分析。+V 提供的直流电流流过 R5 和 VD1 偏置电路，在 R5 和 VD1 两端产生了电压降，使 VT2 和 VT4 基极之间有一定的电压差，为 VT2～VT5 建立直流偏置电压。

电路分析提示

R5 和 VD1 是复合输出管 VT2～VT5 的静态偏置电路，提供很小的静态偏置电流，以克服交越失真。

（3）电阻 **R5** 作用分析。设置电阻 R5 目的是为了加大 VT2 和 VT4 基极之间的电压，采用复合管后需要更大正向偏置电压（VT2 和 VT3 发射结串联），而 VD1 只有 0.6V 管压降，加入电阻 R5，利用电阻 R5 产生的压降使 VT2 和 VT4 基极之间存在足够大的电压降。

❷　交流电路分析

（1）**推动管 VT1 分析**。输入信号经 VT1 放大后从集电极输出。VT1 集电极输出信号直接加到 VT4 基极，同时通过已处于导通状态的 VD1 和 R5 加到 VT2 基极，由于 VD1 导通后内阻小，R5 阻值也很小，这样加到 VT2 和 VT4 基极上的信号可以认为大小一样。

6-36 视频讲解：OTL
功放元器件作用（6）

（2）**正半周信号分析**。VT1 集电极输出正半周信号期间，使 VT2 和 VT3 导通、放大，VT4 和 VT5 截止。

（3）**负半周信号分析**。VT1 集电极输出负半周信号期间，使 VT4 和 VT5 导通、放大，VT2 和 VT3 处于截止状态。

（4）**信号合成分析**。两只复合管输出的信号，通过输出端耦合电容 C5 加到扬声器 BL1 中，在 BL1 中得到完整的信号。

（5）**信号传输过程分析**。输入信号 U_i → C1（耦合）→ VT1 基极→ VT1 集电极（推动放大）→ VT2 基极（通过导通的 VD1 和阻值很小的 R5）、VT4 基极→ VT2、VT3 发射极（射极输出器，电流放大）放大半周信号和 VT4、VT5 放大另一半周信号→ C5（输出端耦合电容）→ BL1 →地端。

❸　电路启动过程分析

接通直流工作电源瞬间，+V 经 R2 和 R3 给 VT2 基极提供偏置电压，使 VT2 导通；其发射极直流电压加到 VT3 基极，VT3 导通；其发射极输出电压经 R9、RP1 和 R1 分压后加到 VT1 基极，给 VT1 提供静态直流偏置电压，VT1 导通。

6-37 视频讲解：OTL
功放元器件作用（7）

VT1 导通后，其集电极电压下降，也就是 VT4 基极电压下降，使 VT4 也处于导通状态，VT5 导通，这样电路中的 5 只三极管均进入导通状态，电路完成启动过程。

❹　电路中元器件作用分析

C1 为输入端耦合电容，C4 为 VT1 发射极旁路电容，C5 为输出端耦合电容。C3 为 VT1 高频负反馈电容，用来消除放大器自激和抑制放大器的高频噪声。C7 为滤波电容。

R6、R9、R8 和 R10 用来减小两只复合管穿透电流。

R11 和 C6 构成"茹贝尔"电路，消除可能出现的高频自激，改善放大器音质。

6-38 视频讲解：
集成电路知识综述

6.3　集成音频功率放大器电路

6.3.1　集成电路音频前置放大器

图 6-34 所示是某型号集成电路音频前置放大器实用电路，下面以这一电路为例详细讲述集成电路音频前置放大器工作原理。

6-39 视频讲解：
快速认识集成电路
外形特征

6-40 视频讲解：集成电路常用引脚外电路

6-41 视频讲解：集成电路前置放大器（1）

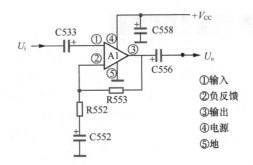

图 6-34　某型号集成电路音频前置放大器实用电路

① 输入
② 负反馈
③ 输出
④ 电源
⑤ 地

1　集成电路引脚作用

分析集成电路工作原理的关键之一是要了解各引脚的作用。这一集成电路共有 5 根引脚，各引脚作用如表 6-2 所示。

表 6-2　集成电路各引脚的作用

6-42 视频讲解：集成电路前置放大器（2）

① 脚	信号输入引脚，用来将前级的信号输入到集成电路 A1 内部
② 脚	负反馈引脚，用来外接负反馈电路中的元件
③ 脚	信号输出引脚，用来将这一前置放大器的信号（电压信号）从集成电路内部输出到外部
④ 脚	电源引脚，为整个集成电路 A1 内部电路提供正极性直流工作电压
⑤ 脚	接地引脚，是整个集成电路 A1 内部电路的接地端

2　直流电路和交流电路分析

6-43 视频讲解：集成电路前置放大器（3）

（1）直流电路。集成电路的直流电路分析比较简单。电路中的直流工作电压 $+V_{cc}$ 直接从④脚加到集成电路的内电路中，供给内部电路。集成电路内部所有电路的电流都从⑤脚流出这一集成电路，集成电路内电路通过这一引脚与外电路中的地端相连。地端与电源的负极性相连。

（2）交流电路。输入信号 U_i 经输入端耦合电容 C533，加到 A1 的输入端①脚，经 A1 内电路前置放大器放大后从③脚输出，再经输出端耦合电容 C556 加到后级电路中。

3　集成电路交流负反馈电路

集成电路放大器通常都存在负反馈电路，负反馈电路中的一部分电路在集成电路内电路中，另一部分电路通过集成电路的负反馈引脚外接，由于在集成电路外部负反馈电路不完整，给电路分析带来了困难，所以需要通过负反馈引脚外电路来分析整个负反馈电路。

（1）集成电路负反馈引脚②脚外电路。电路中，R552 和 C552 构成交流负反馈电路。其中，电容 C552 起隔直通交作用（C552 对音频信号呈通路），隔直的目的是为了不让直流成分通过，以便获得强烈的直流负反馈，以稳定集成电路 A1 的直流工作状态。

重要提示

R552 是交流负反馈电阻，它的阻值一般在几十至几百欧。它的阻值越小，放大器的交流负反馈量越小，放大器闭环放大倍数越大，反之则放大倍数越小。

（2）集成电路内电路中负反馈电路。结合集成电路的内电路来说明这一负反馈电路工作原理，将负反馈电路和集成电路内部相关电路如图 6-35 所示。

6-45 视频讲解：集成电路前置放大器（5）

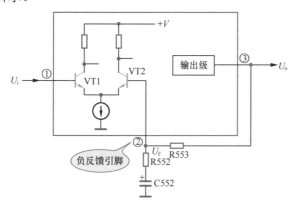

图 6-35 交流负反馈电路

电路中，VT1 和 VT2 构成差分输入级，VT1 基极为集成电路的同相输入端①脚，VT2 基极为集成电路的反相输入端②脚。电路中，R552、C552 和 R553 构成负反馈电路。

此电路的分析要分成直流和交流负反馈两种情况。

6-46 视频讲解：集成电路前置放大器（6）

1）交流负反馈。C552 对交流信号的容抗为零，这样③脚输出信号 U_o 经 R553 和 R552 分压后大小为 U_F，该反馈信号电压通过②脚加到 VT2 基极。VT2 基极电流越大，VT1 基极电流越小，可见这是负反馈过程。这样，加到 VT2 基极的负反馈信号 U_F 越大，放大器负反馈量越大，放大器的闭环增益越小。

6-47 视频讲解：单声道 OTL 功放集成电路（1）

重要提示

在负反馈电阻 R553 阻值不变时，R552 的阻值越大，负反馈信号 U_F 越大。

2）直流负反馈。对直流电流而言，电容 C552 开路，这样 R2 与 VT2 输入阻抗（很大）构成负反馈电路，由于 VT2 的输入阻抗很大而具有强烈的直流负反馈。

许多集成电路放大器中，R553 这只负反馈电阻设在集成电路的内电路中，外电路中只有 R552 和 C552 串联的交流负反馈电路，如图 6-36 所示。

在一些集成电路中，为了进一步减少外电路中元器件，还将负反馈电阻 R552 这样的电阻也设在集成电路的内电路中，

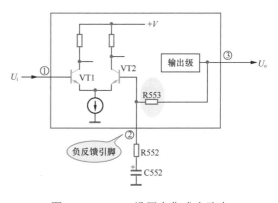

图 6-36 R553 设置在集成电路中

如图 6-37 所示。

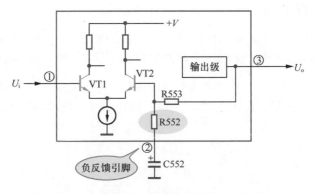

6-48 视频讲解：单声道 OTL 功放集成电路（2）

图 6-37　R552 设置在集成电路中

6.3.2　单声道 OTL 集成电路音频功率放大器

在所有集成电路中，功率放大器集成电路的故障发生率最高，这是因为这种集成电路工作在高电压、大电流、大功率的状态下，比较容易出现故障。

6-49 视频讲解：单声道 OTL 功放集成电路（3）

重要提示

OTL 功率放大器集成电路有两种：一是单声道的 OTL 功率放大器集成电路；二是双声道的 OTL 功率放大器集成电路。这两种集成电路工作原理是一样的，只是双声道电路多了一个声道。

图 6-38 所示是典型的单声道 OTL 音频功率放大器集成电路。电路中，A1 为单声道 OTL 音频功放集成电路，U_i 为输入信号，这一信号来自前级的电压放大器输出端。RP1 是音量电位器，BL1 是扬声器。

对于典型的单声道 OTL 音频功率放大器集成电路工作原理分析需要分成以下几个部分进行：

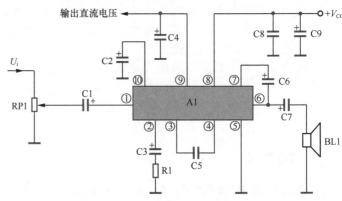

①输入　②负反馈　③高频消振　④高频消振　⑤地　⑥输出
⑦自举　⑧电源　⑨电源输出　⑩静噪

图 6-38　典型的单声道 OTL 音频功率放大器集成电路

1 **掌握集成电路 A1 各引脚作用**

分析集成电路工作原理的关键之一是要了解各引脚的作用。这一集成电路共有 10 根引脚，各引脚的作用如表 6-3 所示。

表 6-3　集成电路各引脚的作用

①	信号输入引脚，用来输入所需放大的音频信号，与音量电位器 RP1 动片相连
②	交流负反馈引脚，与地之间接入交流负反馈电路，以决定 A1 闭环增益

续表

③	高频消振引脚，接入高频消振电容，防止放大器出现高频自激
④	另一个高频消振引脚，接入高频消振电容，防止放大器出现高频自激
⑤	接地引脚，是整个集成电路 A1 内部电路的接地端
⑥	信号输出引脚，用来输出经过功率放大后的音频信号，与扬声器电路相连
⑦	自举引脚，供接入自举电容
⑧	电源引脚，为整个集成电路 A1 内部电路提供正极性直流工作电压
⑨	直流工作电压输出引脚，其输出的直流电压供前级电路使用
⑩	开机静噪引脚，接入静噪电容，以消除开机冲击噪声

2　直流电路和交流电路分析

（1）直流电路。直流工作电压 $+V_{cc}$ 从集成电路 A1 的⑧脚加到内部电路中，集成电路内部所有的电流从 A1 的⑤脚流出，经过地端到电源的负极。

（2）交流电路。音频信号传输和放大过程是这样：输入信号 U_i 加到音量电位器的热端，通过 RP1 动片控制后，音频信号通过 C1 耦合，加到 A1 的信号输入引脚①脚，经过集成电路 A1 内电路功率放大后的信号从 A1 的信号输出引脚⑥脚输出，通过输出端耦合电容 C7 加到扬声器 BL1 中。

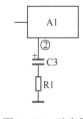

6-50 视频讲解：单声道 OTL 功放集成电路（4）

3　集成电路输入引脚①脚电路

集成电路的分析主要是外电路的分析，关键是搞清楚各引脚的作用和各引脚外电路中的元器件作用，为了做到这两点首先要掌握各种作用引脚的外电路特征。

输入引脚用来输入信号，从①脚输入的信号直接加到集成电路 A1 内部的输入级放大器电路中。①脚外电路接入耦合电容 C1，称为输入端耦合电容，其作用是将集成电路 A1 的①脚上直流电压与外部电路隔开，同时将音量电位器 RP1 动片输出的音频信号加到集成电路 A1 的①脚内电路中。

音频功率放大器的输入电容一般在 $1 \sim 10\mu F$ 之间，集成电路 A1 输入端的输入阻抗越大，输入耦合电容 C1 的容量越小，减小输入耦合电容的容量可以降低整个放大器的噪声。这是因为耦合电容的容量小了，其漏电流就小，而漏电流就是输入到下级放大器电路中的噪声。

音频功率放大器集成电路的信号输入引脚外电路特征是：从音量电位器的动片经一只耦合电容与集成电路的信号输入引脚相连，根据这一外电路特征，可以方便地从 A1 各引脚中找出哪根引脚是输入引脚，如图 6-39 所示。

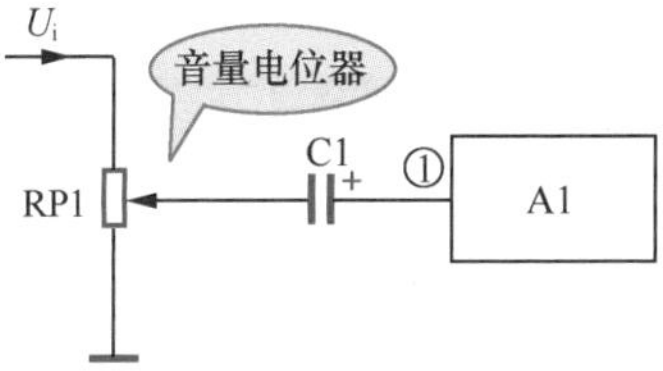

图 6-39　示意图

4　集成电路交流负反馈引脚②脚外电路

如图 6-40 所示，集成电路 A1 的②脚与地端之间接一个 RC 串联电路 C3 和 R1，这是交流负反馈电路，这是负反馈引脚的外电路的常见特征，利用这一特征可以方便地在集成电路 A1 的各引脚上找出哪根引脚是负反馈引脚。

 电路设计提示

音频功率放大器电路中，交流负反馈电路中的电容 C3 一般为 $22\mu F$，其交流负反馈电阻 R1 的阻值一般小于 10Ω。

图 6-40　示意图

⑤ 集成电路高频消振引脚③和④脚外电路

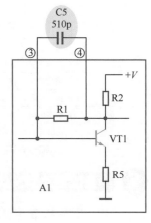

　　在集成电路 A1 的③脚和④脚之间接入一只小电容 C5（几百皮法），用来消除可能出现的高频自激的高频消振电容，这种作用的电容在音频功率放大器集成电路和其他音频放大器集成电路中比较常见，这里用图 6-41 所示的电路说明这一只小电容的工作原理。

　　电路中，集成电路 A1 的③脚和④脚内电路中是一只放大管 VT1，③脚是该管的基极，④脚是该管的集电极，所以这一消振电容 C5 实际上是接在放大管 VT1 的基极与集电极之间，构成高频电压并联负反馈电路，用来消除可能出现的高频自激。

　　通过集成电路的内电路可以明显地看出，R1 和 C1 构成标准的电压并联负反馈电路。

图 6-41　高频消振电容作用示意图

⑥ 集成电路高频消振电路的变异电路

　　音频放大器集成电路高频消振引脚也有例外情况，就是集成电路的某一引脚与地之间接入一只几千皮法的小电容，如图 6-42（a）所示。图 6-42（b）是 A1 的①引脚的内电路示意图，可以说明这种消振电路的工作原理。

　　通过集成电路内电路可以明显地看出，这是滞后式消振电路，消振电容一般取几千皮法。

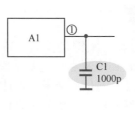

（a）接入小电容C1

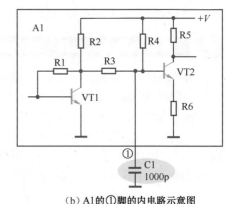

（b）A1的①脚的内电路示意图

图 6-42　高频消振电容变异接法

⑦ 集成电路信号输出引脚⑥脚外电路

　　如图 6-43 所示，集成电路 A1 的⑥脚是信号输出引脚，这一引脚的外电路特征是：它与扬声器之间有一只容量很大的耦合电容（一般大于几百微法）。

　　同时还有一只几十微法的电容与 A1 的自举引脚⑦脚相连，根据这一外电路特征可以方便地找出 OTL 功率放大器集成电路 A1 的信号输出引脚。注意，在一些输出功率很小的 OTL 功率放大器集成电路中不设自举电容，也没有自举引脚。

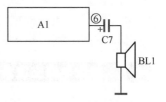

图 6-43　输出引脚与扬声器之间的耦合电容

 重要提示

　　对于 OTL 功率放大器集成电路而言，信号输出引脚外电路没有什么变化，记住这种集成电路信号输出引脚外电路特征即可分析各种型号 OTL 功率放大器集成电路的信号输出引脚外电路。

8　集成电路自举引脚⑦脚外电路

如图 6-44 所示，集成电路 A1 的⑦脚是自举引脚，这一引脚的外电路特征是：该引脚与信号输出引脚之间接有一只几十微法的自举电容 C6，且电容的正极接自举引脚，负极接信号输出引脚。在确定了信号输出引脚之后，根据这一外电路特征可以方便地找出自举引脚。

功率放大器集成电路自举引脚及自举电容的工作原理可以用图 6-44 所示的内电路来理解，这是集成电路 A1 的自举引脚和信号输出引脚内电路示意图，也是 OTL 功率放大器的自举电路。

集成电路 A1 的内电路中，VT1 和 VT2 构成功率放大器的输出级电路，⑥脚是信号输出引脚，⑦脚是自举引脚，⑧脚是直流工作电压引脚，外电路中的 C6 和内电路中的 R1、R2 构成自举电路。其中，C6 为自举电容，R1 为隔离电阻，R2 将自举电压加到 VT1 的基极。

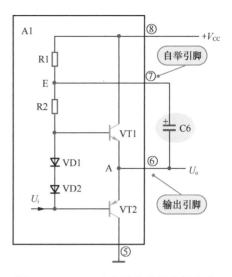

图 6-44　OTL 功率放大器的自举电路

重要提示

从电路中可以看出，这是一个标准的自举电路。分析集成电路 OTL 功放电路时，只需要能识别出哪根引脚是自举引脚，哪只电容是自举电容。

6-51 视频讲解：单声道 OTL 功放集成电路（5）

9　集成电路前级电源输出引脚⑨脚外电路

如图 6-45 所示的电路，集成电路 A1 的⑨脚是前级电源输出引脚，该引脚的外电路特征是：与前级放大器的电源电路相连，且该引脚与地之间有一只几百微法的电源滤波电容 C4，根据这一外电路特征可以方便地确定哪个引脚是前级电源引脚。

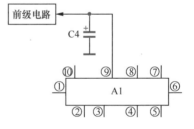

图 6-45　前级电源引脚特征示意图

10　集成电路开机静噪引脚⑩脚外电路

一些 OTL 功率放大器集成电路内电路中，为了消除接通电源时扬声器中发出"砰"的冲击噪声，在集成电路内电路中设置了开机静噪电路，如图 6-46 所示，其外电路中接入一只静噪电容，图 6-46 所示是集成电路静噪引脚⑩脚内电路及外电路。此电路的特征是在静噪引脚⑩脚与地之间接入开机静噪电容 C2。

⑩脚是该集成电路的静噪控制引脚，C2 是开机静噪电容，一般为几十微法。内电路中，VT1 和 VT2 等构成静噪电路，VT3 是低放电路中的推动管。

这一电路工作原理是：内电路中，电阻 R1 和 R2 分压后的电压加到 VT1 基极，R3 和 R4 分压后的电压加到 VT1 发射极上，这两个

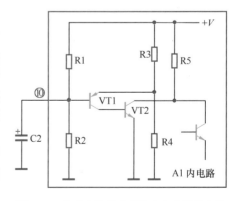

图 6-46　集成电路静噪引脚内电路及外电路

分压电路使 VT1 基极上的直流电压等于发射极上电压,这样在静态时 VT1 处于截止状态。

(1)开机瞬间。由于电容 C2 两端的电压不能发生突变(C2 内原先无电荷),使集成电路 A1 的⑩脚电压为 0V,此时 VT1 处于导通状态,其集电极电流流入 VT2 基极,使 VT2 饱和,其集电极为低电位,将推动管 VT3 基极对地端短接,使功率放大器输出级没有信号输出,这样开机时的冲击噪声不能加到扬声器中,开机时机器没有冲击噪声,达到开机静噪的目的。

(2)开机之后。直流工作电压 +V 通过 R1 对电容 C2 充电,很快使 C2 充满电荷,C2 对直流而言相当于开路,此时 VT1 的基极电压由 R1 和 R2 分压后决定,此时 VT1 处于截止状态,使 VT2 截止,这样 VT2 对推动管 VT3 的基极输入信号没有影响,此时没有静噪控制作用。

(3)关机后。电容 C2 中的电荷通过 R2 放电,使下次开机时静噪电路投入工作。

6.3.3 双声道 OTL 集成电路音频功率放大器

音频电器中,双声道电路是一种十分常见的电路形式。所谓双声道就是有左、右两个电路结构和元器件参数完全相同的电路。在立体声调频收音机、音响等电路中应用比较广泛。

双声道 OTL 集成电路音频功率放大器有下列两种组成方式,如图 6-47 所示。

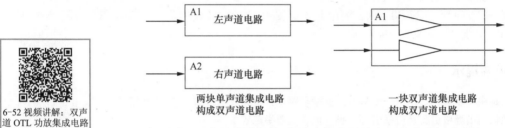

图 6-47 双声道 OTL 集成电路音频放大器的两种组成方式

6-52 视频讲解:双声道 OTL 功放集成电路

(1)采用两个单声道的集成电路构成一个双声道电路,这两个单声道集成电路的型号、外电路结构、元器件参数等完全一样。

(2)直接采用一个双声道的集成电路,这种电路形式最为常见。

图 6-48 所示是双声道 OTL 音频功率放大器集成电路。电路中,RP1-1 和 RP1-2 分别是左、右声道的音量电位器,这是一个双联同轴电位器,BL1 和 BL2 分别是左、右声道的扬声器。

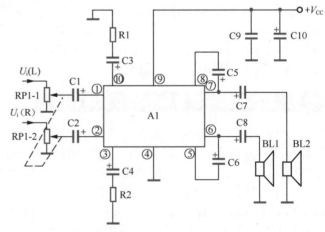

图 6-48 双声道 OTL 音频功率放大器集成电路

❶ 集成电路 A1 引脚作用

集成电路 A1 共有 10 根引脚,为双声道 OTL 音频功率放大器集成电路,各引脚的作用如表 6-4 所示。

表 6-4 双声道集成电路各引脚的作用

①脚	左声道信号输入引脚,用来输入左声道信号 U_i(L)
②脚	右声道信号输入引脚,用来输入右声道信号 U_i(R)
③脚	左声道交流负反馈引脚,用来接入左声道交流负反馈电路 C4 和 R2

④脚	接地引脚，这是左、右声道电路共用的接地引脚
⑤脚	左声道自举引脚，用来接入左声道自举电容 C6
⑥脚	左声道信号输出引脚，用来输出经过功率放大后的左声道音频信号
⑦脚	右声道信号输出引脚，用来输出经过功率放大后的右声道音频信号
⑧脚	右声道自举引脚，用来接入右声道自举电容 C5
⑨脚	电源引脚，这是左、右声道电路共用的电源引脚
⑩脚	右声道交流负反馈引脚，用来接入右声道交流负反馈电路 C3 和 R1

2　交流信号传输和放大分析

左、右声道电路的工作原理是一样的，这里以左声道电路为例，分析电路的左声道信号传输和放大过程。

左声道信号传输和放大过程是：左声道输入信号 U_i（L）经 C1 耦合从集成电路 A1 的信号输入引脚①脚送到内电路中，经内电路中左声道功率放大电路进行功率放大后，从集成电路的信号输出引脚⑥脚输出，通过输出端耦合电容 C8 加至左声道扬声器 BL1 中。

右声道电路与左声道电路对称，分析省略。

3　各引脚外电路分析

双声道 OTL 音频功率放大器集成电路与单声道 OTL 音频功率放大器集成电路相比，各引脚外电路的情况与单声道电路基本一样，只是多了一个声道电路。

双声道集成电路中，有的功能引脚左、右声道各一根引脚，有的则是左、右声道合用一根引脚。

（1）输入和输出引脚。集成电路的信号输入引脚左、右声道各有一个，且外电路完全一样；集成电路的信号输出引脚左、右声道也是各有一个，而且外电路完全相同。

（2）负反馈引脚。集成电路的交流负反馈引脚左、右声道各有一个，且外电路完全一样。

（3）高频自激消振引脚。如果集成电路中有高频自激消振引脚（有的集成电路中没有这根引脚），也是左、右声道电路各一根引脚，外电路也一样。

（4）旁路电容引脚。如果集成电路中有旁路电容引脚（多数集成电路中没有这根引脚），也是左、右声道各一根这样的引脚，外电路相同。

（5）开机静噪控制引脚。如果集成电路中设有开机静噪控制引脚（许多集成电路中没有这根引脚），只有一根这样的引脚，两个声道共用一根引脚。

4　双联同轴音量电位器电路

电路中，RP1-1 和 RP1-2 分别是左、右声道的音量电位器，这是一个双联同轴电位器，这种电位器与普通的单联电位器不同，它的两个联共用一个转柄来控制，当转动转柄时，左、右声道电位器 RP1-1、RP1-2 同步转动，这样保证左、右声道音量是同步、等量控制的，这是双声道电路所要求的。

5　电路分析小结

关于 OTL 功率放大器集成电路引脚外电路分析说明以下几点。

（1）除上述几种集成电路引脚之外，有些 OTL 音频功率放大器集成电路还有这么一些引脚：一是旁路引脚，它用来外接发射极旁路电容，该引脚外电路特征是该引脚与地之间接入一只几十微法的电容，如图 6-49 所示；二是开关失真补偿引脚，该引脚与地端之间接入一只 0.01μF 左右的电容。

（2）并不是所有的单声道 OTL 功率放大器集成电路中都上述各引脚，前级电源引脚、旁路引脚一般少见，高频消振引脚在一些集成电路中也没有。

（3）当集成电路中同时有旁路电容引脚和开机静噪引脚时，这两根引脚的功能通过识图就很难分辨出来，因为这两根引脚的外电路特征基本一样，即引脚与地之间接入容量相差不大的电容。

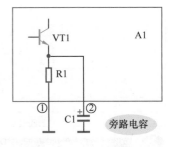

图 6-49　旁路电容示意图

方法提示

分辨方法是：将这两根引脚分别对地直接短路，若短路后扬声器中没有声音，说明该引脚是静噪引脚。另一种方法是分别测量这两根引脚的直流电压，电压高的引脚是静噪引脚。

（4）在进行引脚作用分析过程中，自举引脚和输出引脚之间容易搞错，记住经过一只电容后与扬声器相连的引脚是信号输出引脚，如果错误地将自举引脚作为输出引脚，输出信号要经过自举电容和输出耦合电容这两只电容后才能送至扬声器。

（5）如果采用两块单声道集成电路构成双声道电路，一般情况下左、右声道电路在绘图时上下对称，上面一般是左声道电路，下面是右声道电路。

（6）对于双声道电路，在进行交流电路分析时，只要对其中的一个声道电路进行分析即可，因为左、右声道电路是相同的。

（7）双声道电路的分析方法同单声道电路基本一样，只是要搞清楚哪些引脚是左声道的，哪些是右声道的。

6　快速电路分析方法训练

学习电路分析过程是一个知识积累的过程，在学习到一定程度之后没有必要按照书中前面所要求的那样分成直流电路、交流电路、元器件作用、电路故障分析等部分，可以学习快速分析方法，即知道电路中各元器件作用，能讲出这些元器件的名称，就能达到电路分析的目的。

例如，看出电容 C1 是输入耦合电容，那么就说明已经掌握了该电容将前级信号加到后级去的作用，此外也可以知道它隔开前级和后级电路的直流等耦合电容的作用。

下面运用这一原理对前面 OTL 功能放大器集成电路进行快速电路分析方法的学习，同时也复习和检验一下前面所学的内容，快捷学习电路分析的电路图如图 6-50 所示。

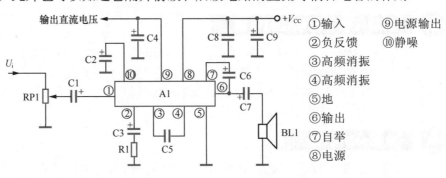

RP1—音量电位器　C1—输入耦合电容　C2—开机静噪电容　C3—交流负反馈电容　C4—退耦电容　C5—高频消振电容　C6—自举电容　C7—输出耦合电容　C8—高频滤波电容　C9—电源滤波电容　R1—交流负反馈电阻

图 6-50　快速学习电路分析的电路图

第**7**章　数字电路之逻辑门电路

重要提示

　　逻辑门电路是数字电路中最基本的单元电路，是构成各种逻辑功能电路的基本电路。逻辑是指思维的规律性，在电子电路上能够实现逻辑功能的电路就称为逻辑电路。在数字电路中，最基本的逻辑电路是按简单规律动作的电子开关电路，我们将这种电子开关电路称之为逻辑门电路。

7.1　开关电路

7.1.1　机械开关

　　由于数字电路中最基本的器件为电子开关，它只有两个状态：一是开关的开，二是开关的关。数字系统电路中的电子开关电路就是逻辑门电路。

　　机械开关如家庭使用的电灯开关我们很熟悉，这种开关的开与关动作是通过机械触点完成的，在开关的开与关动作过程中有机械触点的转换。

7-1 视频讲解：逻辑电路与机械开关

重要提示

　　机械开关的特点是开关断开时，两触点之间的断开电阻为无穷大；在开关接通时，两触点之间的电阻小到为零。但是，机械开关的动作频率不能很高，即这种开关在 1s 内的开关次数不能做到很多。

　　图 7-1 所示是机械开关电路，电路中 U_i 是开关电路的输入电压，S1 是机械开关，DX 是灯泡，为负载。

　　当开关 S1 断开时，DX 因为没有工作电压而不亮；当开关 S1 闭合时，由于开关 S1 的接触电阻小到为零，这样输入电压 U_i 全部加到 DX 上，DX 点亮。由于 S1 接通时的接触电阻为零，这样在开关 S1 上的电压降为零，输入电压 U_i 全部加到负载 DX 上。

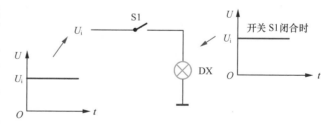

图 7-1　机械开关电路

7.1.2　电子开关

　　电子开关是通过电子元器件来实现机械开关动作的一种电子电路，它具有机械开关的开与关功能，特点是开关频率可以很高（比机械开关高得多），即开关速度快，可以适应数字系统电路工作频率高的要求。

但是，电子开关在开关接通时的接触电阻不能小到等于零，开关断开时的断开电阻也不能大到无穷大，只能够做到开关断开与接通时的电阻相差很大。数字系统电路中的开关电路并不要求像机械开关那样的接触电阻和断开电阻，电子开关的接触电阻和断开电阻特性已经能够满足数字系统电路的使用要求，所以数字系统电路中广泛使用电子开关电路，而无法使用机械开关。

 重要提示

电子开关可以由二极管、三极管等电子元器件构成。采用二极管构成电子开关时称为二极管开关电路，采用三极管构成电子开关时称为三极管开关电路。

1　二极管开关电路等效电路

二极管开关电路中要使用二极管，由于普通二极管的开关速度不够快，所以在这种开关电路中所使用的二极管为专门的开关二极管，图 7-2 所示是开关二极管的等效电路。

7-2 视频讲解：二极管电子开关

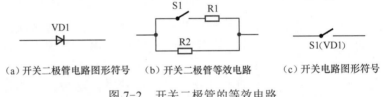

(a) 开关二极管电路图形符号　　(b) 开关二极管等效电路　　(c) 开关电路图形符号

图 7-2　开关二极管的等效电路

图 7-2（a）所示是开关二极管的电路图形符号，它与普通二极管的电路图形符号相同，所以只从电路图形符号上是无法分辨出开关二极管的。

图 7-2（b）所示是开关二极管的等效电路，从图中可看出，此时开关二极管在等效成一只开关 S1 的同时，还有两只电阻。等效电路中的开关 S1 认为是一个理想的开关，即其接通电阻为零，其断开电阻为无穷大。

 重要提示

开关二极管在实际电路中并不是一个理想的开关，这是因为等效电路中存在电阻 R1 和 R2。电阻 R1 与 S1 串联，它是开关 S1 接通时的接通电阻，R1 阻值小（远小于 R2），这样当开关二极管导通时的接通电阻就是 R1。

当开关二极管截止时（开关 S1 断开），由于电阻 R2 的存在，使开关二极管并不像机械开关那样断开电阻为无穷大，但是电阻 R2 的阻值相当大。

由于开关二极管接通时的电阻 R1 远小于截止时的电阻 R2，这样开关二极管也有一个开与关的动作差别，尽管这种差别不像机械开关那么理想，但是在数字电路中已经能够满足使用要求，所以开关二极管可以作为电子开关来使用。

在分析数字系统中的电子开关电路时，为了方便进行电路分析，通常将二极管的开关作用等效成一个理想的电子开关，即可以用图 7-2（c）所示的开关电路图形符号来等效开关二极管。

② 二极管开关电路

图 7-3（a）所示是采用开关二极管构成的电子开关电路，电路中 VD1 是开关二极管，U_i 是输入电压，R1 是负载电阻，U_o 是负载电阻 R1 上的电压。输入电压 U_i 和输出电压 U_o 波形如图 7-3（b）所示。

电路的工作原理是：输入电压 U_i 为一个矩形脉冲电压，在 t_0 之前输入电压为 0V，此时开关二极管 VD1 的正极

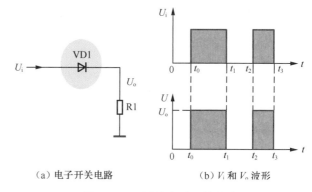

（a）电子开关电路　　　（b）V_i 和 V_o 波形

图 7-3　二极管电子开关电路

上没有电压，所以 VD1 处于截止状态，其内阻很大，VD1 相当于断开，输入电压 U_i 就不能加到负载电阻 R1 上，此时的输出电压 U_o 为 0V，如图 7-3（b）所示的 t_0 之前波形。

当输入电压 U_i 从 t_0 到 t_1-（t_1- 指 t_1 时刻到来前）期间为正脉冲，当足够大的电压加到 VD1 正极时，使 VD1 从截止状态转换到导通状态，此时 VD1 的内阻很小（可以认为小到为零），这样输入电压 U_i 就全部加到负载电阻 R1，此时电阻 R1 上的电压波形如图 7-3（b）所示。

当输入电压 U_i 在 t_1 时刻从高电平跳变到低电平时，输入电压 U_i 为 0V，这时开关二极管 VD1 截止，VD1 相当于开路，这时电阻 R1 上没有电压。

从上述电路分析可知，当有电压加到 VD1 正极时，VD1 导通，当没有电压加到 VD1 正极时，VD1 截止，负载电阻 R1 上没有电压。由此可见，VD1 起到了一个开关作用。

开关二极管在导通与截止之间的转换速度很快，即所谓的开关速度高。

③ 三极管开关电路基础知识

7-3 视频讲解：三极管电子开关

与二极管一样，三极管也能构成电子开关电路，这种电路中的三极管采用专门的开关三极管。图 7-4 所示是开关三极管的等效电路。

图 7-4（a）所示是三极管的电路图形符号，作为开关管使用时，集电极和发射极分别是开关的两个电极点，其基极则是控制开关三极管通与断的控制电极，如图 7-4（b）所示。

由三极管导通和截止的内阻特性可知，在三极管饱和导通时，其集电极与发射极之间的内阻很小，相当于集电极与发射极之间已经接通；当三极管截止时，集电极与发射极之间的内阻很大，相当于集电极与发射极之间已经断开。这样，三极管的集电极与发射极之间的阻值大小变化特性可作为开关来使用。

（a）三极管的电路图形符号　　（b）三极管基本及作用

图 7-4　开关三极管的等效电路

开关三极管与普通三极管的基本结构相同，只是导通时的内阻更小，截止时的内阻更大，开关三极管在截止与饱和状态之间转换时间更短，即开关三极管的开关速度更快。

④ 三极管开关电路

图 7-5 所示是由三极管构成的电子开关电路。电路中，VT1 是开关三极管，U_i 控

制电压，它加到 VT1 的基极，+V 是直流工作电压，DX 是灯泡。

这一电路的工作原理是：输入电压 U_i 在 t_1 时刻之前为 0V，这样 VT1 基极没有电压，VT1 因没有正常的直流偏置电压而处于截止状态，此时 VT1 集电极与发射极之间的内阻很大相当于开关的断开状态，这样直流电压 +V 不能通过 VT1 加到 DX 上，DX 不能点亮。

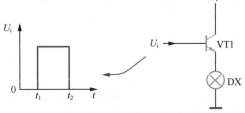

在 $t_1 \sim t_2$ 期间，输入信号 U_i 为高电平，VT1 基极上获得足够的正常直流偏置电压，电压使 VT1 处于饱和导通状态，这时 VT1 集电极与发射极之间相当于通路，所以直流电压 +V 通过 VT1 的集电极和发射极加到 DX 上，使 DX 点亮。

图 7-5　三极管电子开关电路

从上述分析可知，开关三极管的导通与截止是受基极上直流控制电压控制的，这点与二极管电子开关电路是不同的。

⑤ 开关电路识图小结

关于开关电路的识图主要说明下列几点。

（1）开关电路有机械开关电路和电子开关电路两种。机械开关的开与关都比较彻底，而电子开关接通时不是理想的接通，断开时也不是理想的断开，但这并不影响电子开关的功能。

（2）理解电子开关电路的工作原理要从机械开关电路入手，电子开关也同机械开关一样，要求有开与关的动作。

（3）电子开关电路中，作为电子开关器件的可以是开关二极管，也可以是开关三极管，还可以是其他电子器件。

（4）二极管开关电路与三极管开关电路有所不同。前者的开关动作直接受工作电压控制，而后者电路中有两个电压信号，一个直流工作电压，另一个是加到三极管基极的控制电压。控制电压只控制开关三极管的饱和与截止，不参与对开关电路的负载供电工作。

（5）二极管开关电路中的工作电压可以是加到二极管的正极（前面电路就是这样的），也可以是加到二极管的负极，这两种情况下的直流工作电压极性是不同的。无论哪种情况，加到开关二极管上的直流工作电压都要足够大，大到让二极管处于导通状态。

（6）对于三极管开关电路而言，开关管可以用 PNP 型三极管，也可以用 NPN 型三极管。采用不同极性开关三极管时，加到开关三极管基极上的控制电压极性是不同的，它们要保证开关三极管能够进入饱和与截止状态。

7.2　门电路

逻辑门电路又叫作逻辑电路。逻辑门电路的特点是只有一个输出端，而输入端可以只有一个，也可以有多个，输入端常常多于一个。

 重要提示

逻辑门电路的输入端和输出端只有两种状态：

（1）输出高电平状态，此时用 1 表示。

（2）输出低电平状态，此时用 0 表示。

7.2.1　或门电路

重要提示

按逻辑功能划分，基本的逻辑门电路主要包括或门电路、与门电路、非门电路、或非门电路和与非门电路。

按照构成门电路的电子元器件种类来划分，门电路包括二极管门电路、TTL 门电路和 MOS 门电路。

或门电路的英文名称为 OR gate。

7-4 视频讲解：或逻辑或门电路

1　或逻辑

或门电路可以完成或逻辑。图 7-6 所示中 3 个开关 S1、S2、S3 并联，如果要让灯泡 DX 亮，只要 S1、S2 或 S3 中有一个开关接通即可。这种满足灯泡亮的条件称之为"或"逻辑，能够实现或逻辑的电路称之为或门电路。

2　或门电路

图 7-7 所示是或门电路的逻辑符号和由二极管构成的或门电路，图 7-7（a）所示为过去规定的或门电路的电路图形符号，方框中用 + 表示是或逻辑。图 7-7（c）所示是最新规定的或门电路图形符号，注意新规定中的符号已经发生了变化。

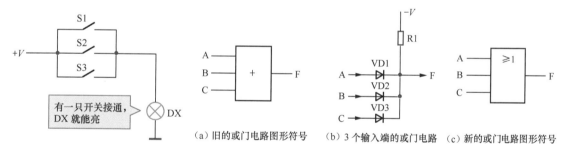

（a）旧的或门电路图形符号　（b）3 个输入端的或门电路　（c）新的或门电路图形符号

图 7-6　或逻辑概念示意图　　　　图 7-7　或门电路及新旧电路图形符号

这里的或门电路共有 3 个输入端 A、B、C，输出端是 F，其他或门电路可以是两个输入端，或是有更多的输入端，但无论或门电路有多少个输入端，或门电路的输出端只有一个。从或门电路图形符号中可以知道或门电路有几个输入端。图 7-7（b）所示是由二极管构成的有 3 个输入端的或门电路。

分析或门电路工作原理要将或门电路的输入端分成几种情况，这里以图 7-7（b）所示或门电路为例。

（1）设 A、B、C 的 3 个输入端均为逻辑 0（逻辑 0 为低电平，简称 0，此 0 不是算术中的 0），此时 VD1、VD2 和 VD3 正极全部为低电平，这样 3 只二极管全部导通，此时输出端 F 通过电阻 R1 与电源 $-V$ 相连，这样输出端 F 输出低电平，即 F 为 0。

（2）设只有输入端 A 为高电平 1（此为逻辑 1，简称 1，不是算术中的 1），设这一高电平 1 的电压为 +3V，B、C 输入端仍为 0，由于 A 端为 1，+3V 电压加到 VD1 正极，使 VD1 导通，VD1 导通后其负极也为 +3V（不计 VD1 导通后管压降），使或门电路输出端 F 为 +3V，为高电平（即为 1）。此时，由于 VD2、VD3 正极为 0，而负极为 1（VD1 导通后使 F 端为 1），所以 VD2、VD3 因反向偏置电压而处于截止状态。

（3）设输入端中的其他输入端为 1，可能有两个输入端同时为 1，但有两个或有一个输入端仍然为 0 时，同样的道理或门电路的输出端 F 输出 1。

（4）设 3 个输入端 A、B、C 同时为 1，VD1、VD2、VD3 均导通，或门电路输出 F 也是为 1。

7-5 视频讲解：或逻辑真值表

3 **或逻辑真值表**

或门电路的输入端与输出端之间的逻辑关系为或逻辑，或逻辑可以用真值表来表示各输入端与输出端之间的逻辑关系。表 7-1 所示是有三输入端或门电路真值表。

表 7-1　三输入端或门电路真值表

输入端			输出端
A	B	C	F
0	0	0	0
0	0	1	1
0	1	0	1
0	1	1	1
1	0	0	1
1	0	1	1
1	1	0	1
1	1	1	1

从表中可以看出，只有第一种情况，即各输入端都是 0 时，输出端才输出为 0。只要输入端有一个为 1，则输出端 F 就为 1。为了帮助记忆或门电路的逻辑关系，可将它说成"有 1 出 1"，也就是只要或门电路中的任意一个输入端为 1，不管其他输入端是 0 还是 1，输出端 F 都是 1。

4 **或门电路数学表达式**

 数学表达式提示

电路的输出端与输入端之间的或逻辑关系也可以用数学表达式表示，3 个输入 A、B、C 或门电路的数学表达式如下：

$$F=A+B+C$$

式中，F 为或门电路的输出端，A、B 和 C 分别是或门电路的三个输入端；式中的＋不是算术运算中的＋，而是表示逻辑和。式中的输入端 A、B、C 只有 0、1 两个状态。

关于逻辑和的运算举例如下。

（1）1+1+1 的逻辑和运算结果等于 1，而不是算术运算中的 1+1+1=3，也不是二进制中的加法运算。

（2）1+0+1 的逻辑和运算结果等于 1，而不是算术运算中的 1+0+1=2，也不是二进制中的加法运算。

（3）0+0+0 的逻辑和运算结果等于 0。

⑤　识图小结

关于或门电路的识图主要说明下列几点。

（1）在分析各种门电路时常会出现高电平 1、低电平 0，它们也可以简称为 1、0，注意这里的 1 和 0 不是算术中的 1 和 0，而是逻辑 1 和逻辑 0，可用图 7-8 所示的示意图来说明其具体含义。

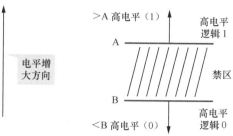

图 7-8　逻辑 1 和 0 示意图

从图中可看出，一个电平区域中，将电平值高于 A 的称为高电平，用 1 表示，显然 1 不是一个具体的电平大小，它只表示了高于电平 A 的电平，它们通称为 1。

对于低电平 0 也是这样，凡是电平低于 B 的电平都称为低电平，它们都用 0 表示。

在 1 和 0 之间还有一段电平区域，即图中 A ～ B 之间的电平，它们不是 1 也不是 0，称为禁区，在禁区的电平不能正确发现逻辑关系，所以逻辑电路中的输入电平或输出电平是不能落入该电平区内的。

（2）对于某一个具体的逻辑电路而言，高电平 1 的电压值是有一个确定区域的，如前面电路中高电平 1 为 +3V 及大于 +3V 的电压，在另一个逻辑电路中高电平可以不是＋ 3V，视具体电路而定。

（3）注意上面介绍的逻辑和运算与二进制数相加是不同的概念，所以运算结果是不同的，如逻辑和 1+1+1=1，而二进制数相加 1+1+1=11。不分清它们之间的区别，电路分析就无法进行。

（4）记住分立元器件或门电路的分析方法，要分别按输入端几种不同的 1 或 0 输入状态进行分析，分别得出输出端 F 的输出状态。但是，在掌握了或门电路的逻辑关系后就不必进行上述步骤的分析，利用"有 1 出 1"的结论，直接得到或门电路的输出状态。

（5）或门电路的输入端至少两个，上面介绍的是三输入端或门电路，或门电路也可以有更多个输入端，但或门电路的输出端只有一个。

（6）真值表和数学表达式都可以表示或门电路的逻辑关系。任何一个门电路都有一个与之相对应且唯一的真值表，通常真值表能够清楚地看出门电路的逻辑关系，所以在进行门电路分析过程中常用到真值表。

7.2.2　与门电路

与门电路的英文名称为 AND gate。

①　与门逻辑

与门电路可以完成与逻辑。图 7-9 所示的开关电路可以说明与逻辑的概念，图中 3 个开关 S1、S2、S3 相串联，如果要让灯泡 DX 亮，必须做 S1、S2 和 S3 同时接通，若三个开关中有一个开关没有接通，灯泡 DX 因电路不成回路而不能点亮。这种满足灯泡亮的条件称之"与"逻辑，与门电路能够实现与逻辑。

7-6 视频讲解：
与门电路

② 与门电路

图 7-10 所示是与门电路图形符号和由二极管构成的与门电路。图 7-10（a）所示为与门图形符号，这是过去的电路图形符号，最新规定的与门图形符号见图 7-10（c），从这一符号中可以知道与门电路中有几个输入端。图 7-10（b）图所示是由二极管构成的具有 3 个输入端的与门电路，当然与门电路可以有更多的输入端，但输入端不能少于两个，图中 A、B、C 为这一与门电路的 3 个输入端，F 为输出端。

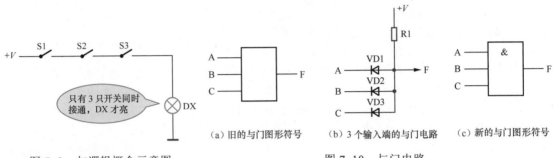

只有 3 只开关同时接通，DX 才亮

图 7-9　与逻辑概念示意图

（a）旧的与门图形符号　　（b）3 个输入端的与门电路　　（c）新的与门图形符号

图 7-10　与门电路

与门电路的工作原理分成下列几种情况进行分析。

（1）设输入端 A、B、C 都是 0，VD1、VD2、VD3 正极通过电阻 R1 接在直流工作电压 +V 上，这样 3 只二极管都具有正向偏置电压，3 只二极管都处于导通状态，因为二极管导通后其管压降均很小，此时与门电路的输出端 F 为低电平，即此时 F=0。

（2）设输入端 A 为 +3V，B、C 端仍然为低电平为 0，此时 VD2、VD3 导通，与门电路输出端 F 仍为 0。此时，因为 VD1 正极为低电平 0，而负极为 +3V，VD1 处于截止状态。

（3）任何一个输入端只要是输入低电平 0 时，即有 1 只二极管导通，与门电路输出端 F=0。

（4）设输入端 A、B、C 都为高电平 1（+3V），VD1、VD2、VD3 都导通，因为直流工作电压 +V 远大于 3V，在不计导通后二极管的管压降情况下，此时与门电路输出端 F 为 +3V，即此时 F=1（为高电平）。

从上述三输入端与门电路的分析可知，只有与门各输入端都为 1 时，与门输出端才为 1。

7-7 视频讲解：
与逻辑真值表

③ 与逻辑真值表

表 7-2 所示是三输入端与门电路真值表。

表 7-2　三输入端与门电路真值表

输入端			输出端
A	B	C	F
0	0	0	0
0	0	1	0
0	1	0	0
0	1	1	0

续表

输入端			输出端
A	B	C	F
1	0	0	0
1	0	1	0
1	1	0	0
1	1	1	1

从表中可以看出，在与门电路中，只有当输入端都为 1 时，输出端才为 1。当输入端有一个为 0 时，输出端为 0。为了便于记忆与门电路的逻辑关系，可说成"全 1 出 1"，即只有与门电路的全部输入端为 1 时，输出端才为 1，否则与门电路输出为 0。

 重要提示

从或门电路和与门电路的真值表中可以看出：对于与门电路而言，对 1 状态而言是与逻辑，而对 0 状态而言是或逻辑。在或门电路真值表中，对于 1 状态而言是或逻辑，而对 0 状态而言是与逻辑。所以，与逻辑、或逻辑是相对的，不是绝对的，是有条件的。

通常，在未加说明时是指 1 状态的逻辑关系，可称为正逻辑。正的或门电路是负的与门电路，而正的与门电路是负的或门电路。正逻辑指输出高电平为 1 状态，负逻辑指输出低电平为 0 状态。

4 与门电路数学表达式

 数学表达式提示

与门电路可以用下列数学式来表示：

$$F = A \cdot B \cdot C \ （或 F = ABC）$$

式中，F 为与门电路的输出端；A、B 和 C 分别是与门电路的 3 个输入端；式中的·是逻辑乘符号，不作算术中的乘法运算，这一"·"在书写中可以省略。式中的输入端 A、B、C 只有 0、1 两个状态。

关于逻辑乘的运算举例如下：
（1）$F = 1 \cdot 1 \cdot 1 = 1$。
（2）$F = 1 \cdot 0 \cdot 1 = 0$。

5 识图小结

 重要提示

记住与逻辑是"全 1 出 1"，也就是只有所有输入端都为 1 时输出端才是 1，只要有 1 个输入端为 0，无论其他输入端是 1 还是 0，输出端都是 0。

关于与门电路的识图主要说明下列几点。
（1）记住与门电路可以实现与逻辑，当数字系统中需要进行与逻辑运算时，可以用与门电路。

（2）与门电路同或门电路一样，一定是有两个或两个以上的输入端，而输出端只有1个。输入端和输出端都是只有1或0两个状态。

（3）二极管与门电路的分析方法与或门电路一样，与门电路也有真值表和数学表达式。

（4）逻辑有正逻辑和负逻辑之分，通常在未加说明时指的是正逻辑。正逻辑是指输出状态为1的逻辑，负逻辑是指输出状态为0的逻辑。根据这一定义，正与门电路就是负或门电路，正或门电路就是负与门电路，从上面的与门电路和或门电路真值表中可看出这一点。

7.2.3 非门电路

7-8 视频讲解：非门电路（1）

非门电路的英文名称为 NOT gate。

1 非逻辑

所谓非逻辑就是相反，如1的非逻辑是0，0的非逻辑是1。数字系统中的非逻辑可以用非门电路来实现。

2 非门电路

非门电路无法用二极管构成，必须使用晶体三极管。图7-11是用晶体三极管构成的最简单非门电路示意图，图7-11（a）所示是由晶体三极管构成的非门电路，图7-11（b）所示是最新规定的非门电路图形符号，在过去的非门电路图形符号中没有"1"标记。

如图7-11（a）所示的电路，它实际上是一个晶体管反相器，三极管 VT1 接成共发射极电路，基极是非门电路的输入端，集电极是非门电路的输出端。当给 VT1 基极输入高电平1时，根据共发射极电路工作原理可知 VT1 集电极 F 输出低电平0。当给 VT1 基极输入低电平0时，VT1 集电极输出高电平1。非门电路中这种输入端 A 与输出端 F 之间的逻辑关系称之为非逻辑。

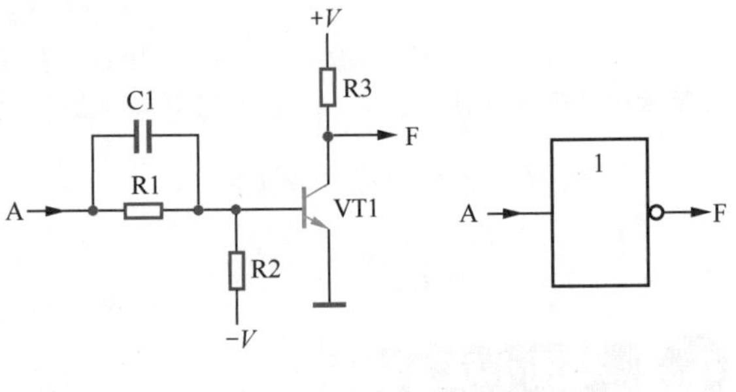

在图7-11（a）所示的非门电路中，电阻 R1 是 VT1 基极限流电路，电容 C1 是加速电容，R2 将 $-V$ 加到 VT1 基极，使 VT1 输入端为0时能够可靠地截止，以保证非逻辑的可靠性。电路中，R3 为 VT1 集电极负载电阻。

从图7-11（b）可以看出，非门电路的电路图形符号中只有一个输入端和输出端，这一点与前面介绍的与门电路和或门电路不同，另外电路图形符号中用一个小圆圈表示非逻辑。

（a）三极管构成的非门电路　（b）非门电路图形符号

图7-11　非门电路

3 真值表

非门电路可以实现非逻辑，表7-3所示是非门电路的输入端与输出端之间逻辑关系。

表 7-3 非门电路的输入端与输出端之间逻辑关系

输入端 A	输出端 F
0	1
1	0

7-9 视频讲解：非门电路（2）

4 非门电路数学表达式

数学表达式提示

非门电路的输入端和输出端之间逻辑关系可用下列数学表达式来表示：

$$F = \overline{A}$$

式中，F 是非门电路的输出端；A 是非门电路的输入端，A 上面横线表示"否"的意思，$\overline{A}$ 读作 A 非。

7-10 视频讲解：非门电路（3）

5 MOS 非门电路

（1）**NMOS 非门电路**。图 7-12 所示是 NMOS 非门电路。图 7-12（a）所示是基本的 NMOS 非门电路，图 7-12（b）所示是性能更好的 NMOS 非门电路。电路中，A 是输入端，为 VT1 栅极；F 为输出端，为 VT1 的漏极；R1 是 VT1 漏极负载电阻。

图 7-12（a）中非门电路的工作原理是：设输入电平 A 为低电平 0，由于 VT1 栅极电压小于开启电压，此时 VT1 内不能形成导电沟道，VT1 处于截止状态，VT1 没有漏极电极流过电阻 R1，在电阻 R1 上没有压降，这样 VT1 漏极为高电平（漏极电压 =+V－R1 上压降，$R1$ 上压降为 0，漏极电压 =+V），即 F=1。

当输入端 A 为高电平时，使 VT1 导通，漏极电流在电阻 R1 上产生压降，使 VT1 漏极为低电平，即 F=0。

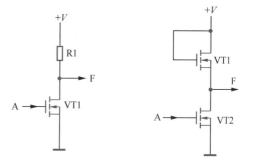

（a）基本的 NMOS 非门电路　（b）性能更好的 NMOS 非门电路

图 7-12　NMOS 非门电路

从上述分析可知，当 A=0 时，F=1；当 A=1 时，F=0。由此可见，这是一个非门电路。

图 7-12（b）所示非门电路的逻辑关系与 7-12（a）所示一样，只是漏极负载电阻 R1 改用了一只 VT1，用 VT1 构成 VT2 有源漏极负载，这样做的目的是为了提高 NMOS 非门电路的工作性能。

图 7-12（b）所示非门电路的工作原理是：当输入端 A=0 时，VT2 处于截止状态，此时由于 VT1 栅极接 +V，VT1 导通，这样 +V 经导通的 VT1 漏极和源极加到输出端 F，所以此时 F=1。

当输入端 A=1 时，这一输入电压使 VT2 导通，此时 VT1 也导通（VT1 无论输入端 A 是 1 还是 0 都导通），由于 VT2 导通后其管压降（漏极与源极之间压降）很小，所以此时 F=0。

在分析图 7-12（b）所示非门电路时，若将 VT1 等效成一个电阻，即 VT2 漏极负载电阻，这时的电路分析就同图 7-12（a）所示电路一样。

（2）CMOS 非门电路。图 7-13 所示是 CMOS 非门电路。图 7-13（a）所示电路中 VT1 和 VT2 都是增强型的 MOS 管，但 VT1 是 P 沟道 MOS 管，VT2 是 N 沟道 MOS 管，不同沟道 MOS 管构成的这种电路称为互补型电路，即 CMOS 非门电路，这一电路中采用负极性直流工作电压。

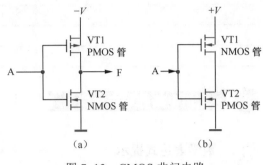

图 7-13　CMOS 非门电路

CMOS 非门电路的工作原理是：VT1 构成有源负载电路，它实际上是 VT2 漏极负载电阻。当输入端 A=0 时，输入电压使 VT1 导通，VT2 截止，此时 F=1。

当输入端 A=1 时，VT1 截止，VT2 导通，所以 F=0。从上述可知，这一电路具有逻辑非功能，所以是一个非门电路。

电路中，VT1 称为负载管，因为它起有源负载电阻的作用。VT2 称为工作管或者称为控制管。

在数字系统电路中，对于 CMOS 门电路时常不标出管子源极的极性，如图 7-13（b）所示，VT1 和 VT2 没有源极的极性，此时是根据直流电极极性来分辨哪只是 NMOS 管，哪只是 PMOS 管。

判断方法：对正极电源供电时，正电源要接在 NMOS 管的漏极；对负电源供电时，负电源要接在 PMOS 管的漏极。由此可知，电路中 VT1 是 NMOS 管，VT2 是 PMOS 管。

这一规律也可以从图 7-13（a）所示电路中 VT1 源极箭头方向来理解记忆，箭头所指方向是电流方向，VT1 箭头方向向外，电流在外电路中的流动方向是流向电源负极的，所以 VT1 漏极要接负电源。

CMOS 门电路具有功耗小、电压传输特性好、工作速度高、适合于大规模集成化的优点，应用广泛。

6　电路小结

非门电路无法用二极管构成，要用晶体三极管来构成非门电路，这一点与前面介绍的或门电路和与门电路不同。

关于非门电路主要说明下列几点。

（1）非门电路只有 1 个输入端，这一点也与同前面介绍的两种门电路不同，输出端为 1 个。

（2）当数字系统中需要进行非逻辑运算时，可以用非门电路来实现。

（3）关于非逻辑要记住：1 的非逻辑是 0，0 的非逻辑是 1。逻辑中只有 1 和 0 两种状态，记住非逻辑就是相反的结论，可方便进行非逻辑运算和分析。

（4）构成非门电路的半导体器件不同，有多种非门电路。其中，MOS 门电路有三大类：一是 NMOS，二是 PMOS，三是 COMS。它们的区别主要是所用的 MOS 管不同和电路结构不同，其中 COMS 门电路应用最为广泛，性能最好。

（5）在分析 MOS 管导通与截止时，有一个简便的方法，要看三个方面：一是判断 MOS 管是增强型还是耗尽型，二是查看 MOS 管箭头方向（即判断是什么沟道），三是确定栅极是高电平 1 还是低电平 0，为方便电路分析将各种情况用如图 7-14 所示来表示，进行电路分析时可根据此图来作出 MOS 管导通和截止的判断。

图 7-14（a）和图 7-14（b）都是耗尽型 MOS 管，它们的导通和截止判断方法与三极管一样。如图 7-14（a）所示，MOS 管箭头向里、栅极为低电平（G=0）时，管子导通，可理解成栅极低电平，箭头向里有利于电流流动，所以管子导通；当 G=1 时，

由于栅极为高电平，不利于电流流动，所以此时管子截止。如图 7-14（b）所示，管子箭头向外，当 G=0 时不利于电流的流动，所以管子截止；当 G=1 时，有利于电流流动，此时管子导通。

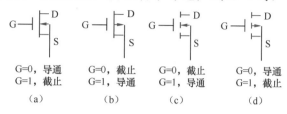

图 7-14　各种情况下 MOS 管导通、截止判断示意图

图 7-14（c）和图 7-14（d）所示是增强型 MOS 管，对它们的导通、截止判断方法与前面正好相反。如 7-14 图（c）所示，当 G=0 时，从箭头上判断是有利于电流流动的，管子应该是导通的，但判断方法同上恰好相反，此时管子应截止。同样的道理，当 G=1 时，管子导通；如图 7-14（d）所示，当 G=0 时，管子导通；当 G=1 时，管子截止。

（6）MOS 门电路的优点是输入端是绝缘的，即直流电阻很大，这样对直流电源的消耗很小，功耗很小。此外，直流工作电压范围较宽，可达 3 ～ 12V。

（7）MOS 门电路都已集成电路化，在使用 MOS 集成电路时要注意几点：输入端不能悬空，因为这样输入端会感应静电，击穿栅极而损坏集成电路，同时也会受到干扰而造成逻辑混乱，对于不使用的引脚根据逻辑功能接高电平（如与非门电路），或是接低电平（如或门电路、或非门电路）。另外，在使用中集成电路的电源切不可接反。

7.2.4　与非门电路

与非门电路的英文名称为 NAND gate。

前面介绍过与门电路和非门电路，与非门电路就是实现先与逻辑再非逻辑的电路。由于与非门电路中存在非逻辑，所以这种电路要使用三极管。

7-11 视频讲解：
与非门

1　电路图形符号

图 7-15 所示是与非门电路图形符号，图 7-15（a）是过去规定的与非门电路的电路图形符号，这是一个具有 3 个输入端的与非门电路。图 7-15（b）所示为最新规定的与非门电路图形符号。

2　与非门电路真值表

表 7-4 所示是三输入端与非门电路真值表。

（a）旧的与非门电路图形符号　（b）新的与非门电路图形符号

图 7-15　与非门电路图形符号

表 7-4　三输入端与非门电路真值表

输入端			输出端
A	B	C	F
0	0	0	1
0	0	1	1

续表

输入端			输出端
A	B	C	F
0	1	0	1
0	1	1	1
1	0	0	1
1	0	1	1
1	1	0	1
1	1	1	0

重要提示

　　从上述与非门电路的真值表中可得出这样一个结论，与非门电路输出端 F 与输入端之间的与非逻辑关系是这样：只有当所有输入端都是 1 时，输出端才是 0，只要输入端中有一个是 0，输出端就是 1。因为与非门就是先与逻辑，然后再非逻辑。而与逻辑只有所有输入端都是 1 时，输出端才 1，1 的非逻辑是 0，所以与非门电路中的所有输入端为 1 时，输出端才是 0。

　　与非门电路能够实现与非逻辑，所以当数字系统中需要进行与非逻辑运算时，可以使用与非门电路。

3　与非门数学表达式

数学表达式提示

　　与非门电路的输出端与输入端之间与非逻辑可以用下列数学表达式来表示：

$$F = \overline{ABC}$$

　　式中，F 为与非门电路的输出端；A、B 和 C 分别是与非门电路的 3 个输入端；$\overline{ABC}$ 表示的意思是先对 ABC 进行与逻辑运算，然后对它们的与逻辑结果再进行非逻辑运算。

　　从上式中也可以看出，横线是在 A、B、C 上面，这表示要先进行与逻辑，再进行非逻辑，并不表示 A、B、C 每一个先进行非逻辑之后再进行与逻辑。

　　如果写作 $\overline{A}\,\overline{B}\,\overline{C}$，这就表示要先对 A、B、C 分别进行非逻辑，然后再对其结果进行与逻辑。

4　TTL 集成与非门电路

　　当逻辑门电路的输入级和输出级都采用三极管时，将这种逻辑门电路称为 TTL（Transistor-Transistor-Logic，晶体管 – 晶体管 – 逻辑）门电路。TTL 与非门目前都是集成电路，图 7-16 所示是多发射极三极管，它设在集成电路内部，这是 3 个发射极的三极管，右边是这种多发射极三极管的等效电路，从图中可看出，这种三极管只有一个基极和集电极，3 个发射结和一个集电结构成一个相当于二极管的三输入端与门电路。这种多发射极三极管一般发射极的数目不多于 5 个，如果需要有 5 个以上的输入端时，可采用一种称之为 TTL 扩展器的电路。

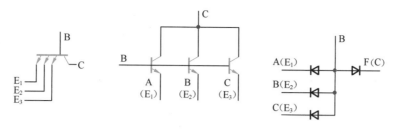

图 7-16　多发射极三极管

图 7-17 是 TTL 集成与非门电路示意图。VT1 构成输入级电路，VT2 构成中间级，VT3 和 VT4 构成输出级电路。

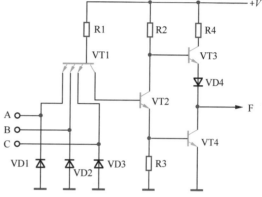

输入级电路是一只 3 个发射极三极管，根据它的等效电路可知，它相当于一个三输入端的与门电路，当 A、B 和 C 都为 1 时，VT1 截止，其集电极为高电平，使 VT2 基极为高电平，VT2 导通，其发射极为高电平，同时使 VT2 集电极为低电平。VT2 发射极高电平加到 VT4 基极，使 VT4 导通。同时，VT2 集电极为低电平，使 VT3 基极为低电平，VT3 截止，这样 VT4 集电极为低电平，门电路输出端 F=0。

图 7-17　TTL 集成与非门电路示意图

只要输入端 A、B、C 中有一个是低电平，VT1 就导通，VT1 的导通就能抽走 VT2 基极电荷，使 VT2 迅速脱离饱和导通状态而转入截止状态。VT2 截止后其发射极为低电平，集电极为高电平，此时 VT3 基极因高电平而导通，直流电压 +V 经 R4、导通管 VT3 集电极和发射极、导通的二极管 VD4 加到 VT4 集电极。由于此时 VT4 的基极为低电平，VT4 处于截止状态，这样 VT4 集电极为高电平，门电路输出端 F=1。

重要提示

通过上述电路可知，只有 A、B、C 三个输入端同时为 1 时，输出端 F=0，只要有一个输入端为 0 时，F=1。由此可知，这一电路是实现的与非逻辑，所以这是一个与非门电路。

电路中，电阻 R4 的作用是在输出端 F 由低电平变为高电平时限制瞬间电流的峰值。输入端的二极管 VD1、VD2 和 VD3 对直流电路没有影响，它们的作用是减小负极性的瞬间干扰，并使输入端电压限制在 0.7V 以内。

5　NMOS 与非门电路

图 7-18 所示是由 NMOS 管构成的与非门电路，这是一个两个输入端的与非门电路。电路中，VT1 接成常导通状态，VT2 和 VT3 串联，F 是与非门的输出端。

电路的工作原理是：当两个输入端 A 和 B 同时为高电平 1 时，VT2 和 VT3 同时导通，此时输出端 F=0。当输入端 A 或 B

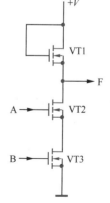

图 7-18　NMOS 管构成的与非门电路

只要有一个为 0 时，如 A=0，VT2 截止，由于 VT2 和 VT3 串联，只要其中一只管截止，输出端 F=1。通过上述分析可知，这一电路可以实现与非逻辑，所以是与非门电路。

6 **COMS 与非门电路**

图 7-19 所示是两个输入端的 COMS 与非门电路，电路中 A 和 B 端分别是两个输入端，F 是门电路的输出，VT1 和 VT2 是 PMOS 管，VT3 和 VT4 是 NMOS 管。

电路的工作原理是：输入端 A 和 B 同时为 1 时，VT3 和 VT4 导通，此时 VT1 和 VT2 截止，所以输出端 F=0。当输入端 A 或 B 中只要有一个为 0，设 A=0，此时 VT3 截止，VT2 导通，此时输出端 F=1。由上述分析可知，这一电路能够实现与非逻辑，所以是一个两个输入端的与非门电路。

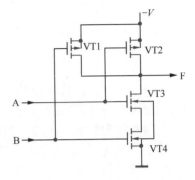

图 7-19　两个输入端的 COMS 与非门电路

7 **识图小结**

关于与非门电路主要说明下列几点。

（1）可以这样记忆与非门的逻辑关系：因为它是先与后非，所以知道与逻辑和非逻辑之后就能够记住与非逻辑了。与逻辑是"全 1 出 1"，再非后就是与非逻辑"全 1 出 0"，只要输入端有一个为 0，输出端就是 1。

（2）与非门有 TTL 与非门和 MOS 与非门，它们的逻辑功能相同，只是构成门电路的器件不同。TTL 与非门和 MOS 与非门都是集成化的电路。

（3）在掌握了前面介绍的 TTL 与非集成电路和集成 MOS 管与非门电路工作原理之后，没有必要对集成电路内电路中的具体与非门电路进行分析，只是要记住门电路的逻辑功能就行。

（4）在 MOS 管与非门电路中，根据所用 MOS 管的不同分为多种，它们的逻辑功能都是实现与非逻辑，只是组成与非门电路的 MOS 器件不同，其中 CMOS 电路应用较为广泛。

（5）要记住 CMOS 就是采用互补型的 MOS 管构成的电路。

7.2.5　或非门电路

或非门电路的英文名称为 NOR gate。

或非门电路的组成：在或门电路之后再接一个非门电路，从逻辑功能上讲这种电路可以实现先或逻辑再非逻辑的功能。

1 **电路图形符号**

图 7-20 所示是或非门电路图形符号。图 7-20（a）是过去规定的或非门电路的电路图形符号，图 7-20（b）所示是最新规定的或非门电路图形符号。从或门电路图形

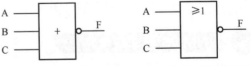

（a）旧的或非门电路图形符号　（b）新的或非门电路图形符号

图 7-20　或非门电路图形符号

符号中可看出，同与非门电路的电路图形符号的相同之处是在右侧有一个小圆圈表示是非门。电路图形符号中的 A、B、C 分别是 3 个输入端，F 是输出端。

2　真值表

表 7-5 所示是三输入端或非门真值表。

表 7-5　三输入端或非门真值表

输入端			输出端
A	B	C	F
0	0	0	1
0	0	1	0
0	1	0	0
0	1	1	0
1	0	0	0
1	0	1	0
1	1	0	0
1	1	1	0

重要提示

从表 7-5 中可看出，或非逻辑是输入端全为 0 时输出 1，输入端只要有 1 输出就是 0。

3　或非门数学表达式

7-12 视频讲解：
或非门

数学表达式提示

或非门输入端与输出端的或非逻辑可以用下列数学表达式来表示：

$$F = \overline{A+B+C}$$

式中，F 为或非门电路的输出端；A、B 和 C 分别是或非门电路的 3 个输入端；$\overline{A+B+C}$ 表示的意思是先对 A、B、C 进行或逻辑运算，然后对它们的或逻辑结果再进行非逻辑运算。

从上式中也可以看出，横线是在 A、B、C 上面，这表示要先进行或逻辑，然后再进行非逻辑，并不表示 A、B、C 每一个先进行非逻辑之后再进行或逻辑。如果是 $\overline{A}+\overline{B}+\overline{C}$，这就表示要先对 A、B、C 分别进行非逻辑，然后再对其结果进行或逻辑。

4　NMOS 集成电路或非门电路

图 7-21 所示是由 NMOS 管构成的或非门电路，这是一个两个输入端的或非门电路。电路中，VT1、VT2 和 VT3 是 NMOS 管，A 和 B 是或非门的输入端，F 是或非门的输出端。

电路的工作原理是：当两个输入端都为高电平 1 时，VT1 和 VT3 导通，由于 VT2 始终导通，这样输出端 F=0。当输入端 A 或 B 为高电平 1 时，VT1 和 VT3 中有一只管处于导通状态，这时输出端 F 也是为 0。

当两个输入端都是低电平 0 时，VT1 和 VT3 处于截止状态，VT2 导通，这样输出端 F=1。

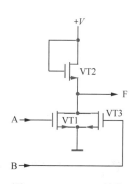

图 7-21　NMOS 管构成的或非门电路

从上述电路分析可知，这一电路可以实现或非逻辑，所以是或非门电路。

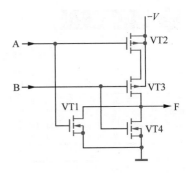

⑤ CMOS 集成或非门电路

图 7-22 所示是由 NMOS 和 PNOS 管构成的两个输入端的 CMOS 或非门电路。电路中，VT1 和 VT4 是 NMOS 管，VT2 和 VT3 是 PMOS 管，A 和 B 是或非门的输入端，F 是或非门的输出端。

电路的工作原理是：当 2 个输入端 A、B 都是低电平 0 时，A=0 使 VT2 导通，VT1 截止；B=0 使 VT3 导通，VT4 截止，这样门电路输出端 F=1。当 A、B 都是或其

图 7-22　NMOS 和 PNOS 管构成的两个输入端 CMOS 或非门电路

中一个为高电平 1 时，使 VT2 和 VT3 截止，VT1 和 VT4 导通，这时输出端 F=1。

通过上述电路分析可知，这一电路能够实现或非逻辑，所以是一个两个输入端的或非门电路。

⑥ 识图小结

关于或非门电路主要说明下列几点。

（1）或非门电路能够实现或非逻辑的运算。或非门电路的输出端只有 1 个，但可以有许多个输入端。或非门电路的输出端与输入端之间的逻辑关系：当所有的输入端都为低电平 0 时，输出端才是 1。只要输入端有一个为高电平 1，输出端就输出 0。

（2）记忆或非逻辑的方法同前面介绍的与非逻辑一样，先进行或逻辑，再将或逻辑结果进行非逻辑。

（3）或非门电路可以采用 TTL 门电路，也可以使用 MOS 门电路，这两种电路都是集成的。

7.2.6　其他 11 种门电路

① TTL 与非门扩展器电路

多发射极三极管受制造工艺的限制，其发射极数目一般不能多于五个，但是数字系统中往往要求有更多输入端的与非门电路，此时可用 TTL 与非门扩展器来解决这一问题。

图 7-23（a）所示是 TTL 与扩展器电路图形符号，图 7-23（b）所示是 TTL 与扩展器和与门电路相连后的电路。从图中可看出，上面是一个与门电路，只有 5 个输入端 A、B、C、D 和 E，在使用了与扩展器后输入端扩展到 10 个。

② 与或非门电路

与或非门电路是两个或两

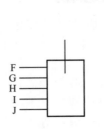

（a）TTL 与扩展器电路图形符号

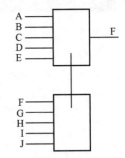

（b）TTL 与扩展器和与门电路相连后电路

图 7-23　TTL 与扩展器电路

个以上与门、一个或门和一个非门串联起来的门电路，图 7-24 是与或非门电路结构示意图和电路图形符号。图 7-24（a）是与或非门电路结构示意图，图 7-24（b）和图 7-24（c）所示是两种与或非门电路图形符号。

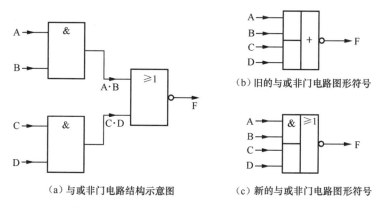

图 7-24　与或非门电路结构和电路图形符号

从图 7-24（a）所示的结构示意图中可以看出，两个与门的输出端分别输出 A·B 和 C·D，加到或非门电路的两个输入端，这样就构成了与或非门电路。显然，4 个输入端 A、B、C、D 先两两进行与逻辑运算，再对结果进行或逻辑运算，最后进行非逻辑运算。

图 7-24（b）所示是过去采用的与或非门电路图形符号，图 7-24（c）所示是最新规定的与或非门电路图形符号。

3　异或门电路

图 7-25 所示是异或门电路图形符号。这种逻辑门电路只有两个输入端，一个输出端。

输出端与输入端之间的逻辑关系：当两个输入端一个为 1，另一个为 0 时，输出端为 1。当两个输入端都为 1 或都为 0 时，输出端为 0。表 7-6 所示是异或门电路真值表。

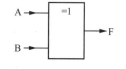

图 7-25　异或门电路图形符号

表 7-6　异或门电路真值表

输入端		输出端
A	B	F
1	1	0
0	0	0
0	1	1
1	0	1

4　OC 门电路

OC（open collector，集电极开路与非门）的逻辑功能同其他与非门电路一样是与逻辑，只是具体的与非门电路结构不同，如图 7-26 所示。图 7-26（a）所示是一个 3 个输入端的 OC 与非门电路，图 7-26（b）所示是这种与非门的电路图形符号。

这种与非门电路同前面介绍的 TTL 与非电路不同之处是，在输出端 VT4 集电极与

电源 +V 之间接有一只集电极电阻 R5。通过这种的电路结构改变，可以用 OC 与非门实现"线与"电路。

所谓线与电路就是不必使用与门电路，而是直接将 OC 与非门电路输出端直接相连，以实现与逻辑的电路。注意，并不是各种逻辑门电路都可以将输出端相连构成线与电路。图 7-27 所示是采用 OC 与非门构成的线与电路。

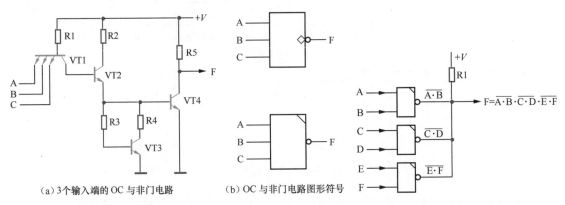

(a) 3个输入端的 OC 与非门电路　　(b) OC 与非门电路图形符号

图 7-26　OC 与非门电路　　　　　图 7-27　OC 与非线与电路

电路的工作原理是：当所有的 OC 与非输出端都是高电平 1 时，线与电路输出端 F=1。只要有一个 OC 与非门电路输出端为低电平 0 时，线与电路输出端 F 即为低电平 0。

在数字系统中，时常需要将几个来自不同电路的数据接到一个公共总线上，此时可以采用 OC 与非门实现线与电路。

⑤ TSL（Tristate Logic，三态门）电路

前面介绍各种门电路的输出端输出状态只有两种：一是高电平 1，二是低电平 0。三态门输出端状态有三种，除高电平 1 和低电平 0 之外，还有一态是高阻状态，或称为禁止状态。

当三态门电路输出端处于 1 或 0 状态时，与前面介绍的门电路相同；当三态门电路处于高阻状态时，门电路的输出级管子处于截止状态，整个三态门电路相当于开路，输入端的输入信息对此时的门电路输出端状态不起作用。三态逻辑门电路也是为了实现线与电路而设计的。

（1）三态门电路的特点。这种门电路是在 OC 门电路基础上发展而来的，它克服了 OC 门工作速度不够快和带负载能力欠佳的缺点，与普通的 TTL 与非门相比，它具有 TTL 与非门的优点，同时还能构成线与电路。

（2）三态门电路的结构。图 7-28 所示是具体的三态门电路。从电路中可看出，三态门电路与 TTL 与非门电路基本相同，只是在电路中多了一只二极管 VD1。电路中，A、B 和 C 都是数据输入端，C 在这里起控制作用，称为控制端。实际参与逻辑功能运算的输入端只有 A 和 B 两个，所以当三态门电路未进入高阻状态时，电路是具有两个输入端的与非门电路。F 是这一与非门电路的输出端。

电路的工作原理是：当电路中的控制端 C 输入高电平 1 时，二极管 VD1 正极接高电平，使 VD1 处于反向偏置而进入截止状态，此时电路与一个两输入端的 TTL 与非门电路相同，门电路可以实现与非逻辑运算。

当控制输入端 C 输入低电平 0 时，由于二极管 VD1 负极接低电平，VD1 导通，导通的 VD1 使 VT3 基极为低电平，VT3 进入截止状态，其发射极为低电平，又使 VT4 基极为低电平，这样 VT4 也截止。

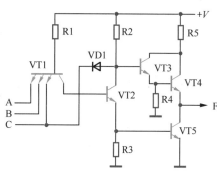

图 7-28　三态门电路

同时，由于 VT2 集电极为低电平，使 VT2 截止，这又导致 VT5 基极为低电平，VT5 也进入截止状态，这样电路中的 VT2 ～ VT5 都为截止状态，此时门电路进入高阻状态，即输出端 F 对地之间的阻抗十分大，相当于 F 端对地开路。门电路进入高阻状态后，无论输入端 A、B 输入高电平还是低电平，输出端 F 都没有响应。

（3）三态门电路图形符号与真值表。图 7-29 所示是三态门电路图形符号。三态门电路控制端对门电路控制状态有两种情况：一是控制端为高电平 1 时，门电路进入高阻状态，此时的三态门电路图形符号如图 7-29（a）所示，控制端 C 上有一个小圆圈。二是控制端为低电平 0 时，门电路进入高阻状态，此时三态门电路图形符号如图 7-29（b）所示，这时的三态门电路图形符号中控制端 C 上没有小圆圈，就是前面介绍的三态门电路。

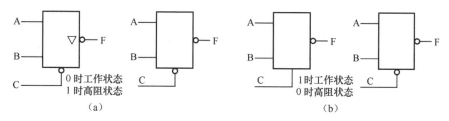

图 7-29　三态门电路图形符号

表 7-7 所示是三态门电路真值表（控制端为 0 时为高阻态）。

表 7-7　三态门电路真值表

控制端	输入端 A	输入端 B	输出端 F
0	1	1	高阻态
	0	0	
	1	0	
	0	1	
1	1	1	0
	0	1	1
	1	0	1
	0	1	1

（4）三态门线与电路。图 7-30 所示是采用三态门构成的线与电路，电路中 DF 是数据总线，即该线是 3 个三态门电路共用的数据传输线，数据传输线与电路要实现的功能：当其中一个三态门通过总线传输数据时，要求其他两个三态门处于关闭状态。电路中的三态门电路在控制端 C 接高电平时，三态门处于高阻状态。

电路的工作原理是：当电路中的 C1、C2 和 C3 轮流为低电平时，总有一个三态门电路与总线相连，另两个三态门电路与总线脱离，这样就能实现轮流按与非逻辑输出到总线 DF 上。例如，控制端 C2 为低电平 0，此时 C1 和 C3 为高电平，此时只有 A2 和 B2 与非运算后结果加到总线 DF 上，另两个门电路由于处于高阻状态而与总线脱离。

6 复合门电路

采用分立元器件二极管和三极管组合而成的门电路称为复合门电路，此门电路在带负载能力、工作速度和可靠性等方面都是比较好的。图 7-31 所示是一种复合门电路，电路实际是一个采用二极管和三极管构成的三输入端与非门电路。

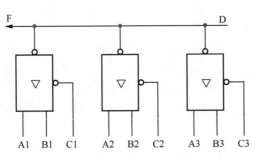

图 7-30　三态门线与电路

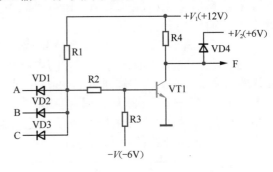

图 7-31　复合门电路（与非门电路）

输入电路中的二极管 VD1、VD2 和 VD3 构成二极管与门电路，VT1 构成三极管非门电路。电路中，负极性直流电压 $-V$ 用来保证 VT1 在应该截止时可以可靠地截止，因为负电压通过电阻 R3 加到 VT1 基极。

电路中的二极管 VD4 称为钳位二极管，它的作用有两个：一是使门电路输出端输出高电平时其最高电压不超过定值，因为当输出端电压大于某一定值时，二极管 VD4 导通，使门电路输出端的电压不能增大。二是加入 VD4 后可使输出电压在一定范围内不受负载变化和管子参数的变化，以保证门电路逻辑的可靠性。当门电路输出端为低电平时，二极管 VD4 截止，此时对门电路没有影响。

7 DTL 门电路

DTL（Diode-Transistor Logic，二极管 - 三极管逻辑门电路）是最简单的集成电路门电路。

图 7-32 所示是 DTL 与非门电路。电路中，A、B、C 是输入端，F 是输出端，这实际上是一个三输入端与非门电路。电路的特点是，在二极管与门电路和三极管非门电路之间接入了两只二极管 VD4 和 VD5，这两只二极管称为电平转移二极管，它的作用是提高二极管与门电路输出端（即 VD1 正极）与非门电路输入端（即 VT1 基极）之间电平差，使与门电路输入端的干扰电平不容易影响到 VT1 基极电平，达到提高门电路抗干扰能力的目的。

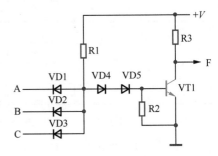

图 7-32　DTL 与非门电路

8 STTL 门电路

STTL（SBD TTL，抗饱和 TTL）门电路，又称为肖特基钳位 TTL 门电路，这种门电路传输速度很快，是 TTL 门电路的改良型门电路，电路中采用了肖特基势垒二极管。

（1）肖特基势垒二极管特性。肖特基势垒二极管的主要特性：一是具有普通 PN 结的单向导电性。二是它导通后正向电压比普通 PN 结要小（一般为 0.4 ～ 0.5V），比硅 PN 结的压降小 0.2V 左右。三是这种二极管的导电机构是多数载流子，所以电荷存储效应很小。

（2）带有肖特基势垒二极管钳位的三极管。图 7-33 所示是带有肖特基势垒二极管钳位的三极管示意图，图 7-33（a）是这种三极管的结构示意图，图 7-33（b）所示这种三极管的电路图形符号。

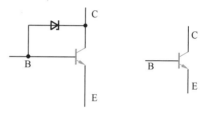

普通三极管在饱和时，其集电结和发射结都处于饱和导通状态，数字电路中的三极管工作在饱和、截止两个状态，要求三极管在这两种状态之间转换时速度越快越好。三极管饱和导通时，集电结正向偏置电压越大，其饱和程度越深。为了提高三极管的饱和、截止的转换速度，可以采取降低三极管饱和时的集电结正

（a）三极管结构示意图　（b）三极管电路图形符号

图 7-33　带有肖特基势垒二极管钳位的三极管示意图

向偏置电压的措施，带有肖特基势垒二极管的三极管就具有这种特性。

从图 7-33（a）中可看出，当普通三极管的集电极与基极之间接上肖特基势垒二极管后，三极管处于饱和状态，集电结正向偏置电压大到一定程度，肖特基势垒二极管

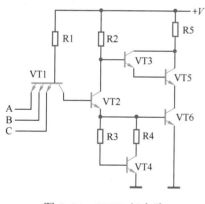

图 7-34　STTL 门电路

将正向导通，使一部分流入集电结的电流通过肖特基势垒二极管流向集电极，这样可以使三极管的饱和程度减轻，所以称之为抗饱和电路。

（3）STTL 门电路。图 7-34 所示是 STTL 门电路。电路实际是一个具有 3 个输入端的 TTL 与非门电路，不同的是电路中的 VT1、VT2 和 VT6 采用了带有肖特基势垒二极管的三极管，使这 3 只三极管在饱和时饱和深度受到限制，从而提高了门电路的传输速度，所以称这种门电路为抗饱和 TTL 门电路。这一门电路的输出端与 3 个输入端之间的逻辑关系同普通 3 个输入端与非门电路一样。

9 ECL 门电路

ECL（Emitter Coupled Logic，射极耦合逻辑门电路）又称为电流开关型电路，即 CML（Current Mode Logic）逻辑门电路。

ECL 门电路也是 TTL 门电路的改良型电路，TTL 门电路中的三极管都要工作在饱和状态，为了提高开关速度（三极管导通与截止转换速度），只有通过改变电路工作状态，将三极管的饱和型工作改变成非饱和型工作，才能从根本上提高门电路的开关速度，

ECL 门电路就是一种非饱和型高速数字集成电路，它是双极型门电路中工作速度最快的一种门电路。

图 7-35 所示是 ECL 门电路的基本结构电路，电路中 VT1、VT2 和 VT3 构成发射极耦合电路（差分电路），A、B 是 ECL 门电路的两个输入端，VT3 基极接一个固定的基准电压（+1V），F1 和 F2 是两个输出端，对 F1 而言为或输出端，对 F2 而言为与非输出端。

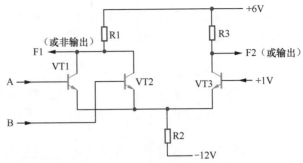

图 7-35　ECL 门电路的基本结构电路

电路的工作原理是：当输入端 A、B 有一个为高电平 1 时，这里设 A=1，这时 VT1 因为基极为高电平而导通但不处于饱和状态，根据差分电路工作原理可知，此时 VT3 截止。这样，VT1 集电极（即门电路输出端 F1）输出低电平 0，VT3 集电极（即门电路输出 F2）输出高电平 1。由于 VT1 和 VT2 发射极并联，只要输入端 A、B 中有一个输入高电平 1，该门电路的输出状态同上述分析的结果相同。

当输入端 A、B 都是低电平 0 时，使 VT1 和 VT2 处于截止状态。此时 VT3 导通，由于此时 VT3 集电极电压仍然高于其基极电压，所以 VT3 没有进入饱和状态，只是进入了导通状态。这时，该门电路的输出端 F1=1，F2=0。

从上述分析可知，电路中的各只三极管并没有进入饱和工作状态，而是工作在截止与放大状态（且在饱和区的边缘），所以三极管从放大状态进入截止状态的转换速度很快，从而提高了开关转换速度。

另外，从上述电路分析还可知，这种门电路具有两种逻辑功能：一是对输出端 F1 而言是或非逻辑门，即 F1=$\overline{A+B}$；二是对于 F2 而言是或逻辑门，即 F2=A+B。

⑩　I²L 门

I²L（Integrated Injection，集成注入逻辑门）是一种高集成度的双极型逻辑电路。I²L 门电路的基本结构如图 7-36（a）所示，图 7-36（b）所示是 I²L 门电路的电路图形符号。

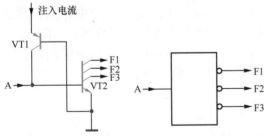

（a）I²L 门电路的基本结构　　（b）I²L 门电路的图形符号

图 7-36　I²L 门结构和电路图形符号

从图 7-36（a）所示的门电路结构中可看出，这种门电路主要由两只三极管构成：1 只 PNP 型三极管和 1 只多集电极的 NPN 型三极管。这两只三极管构成一个有源反相器电路，其中 PNP 型三极管是有源负载，多集电极 NPN 型三极管是工作管。前面介绍了多发射极三极管，在 I²L 门电路中使用的是多集电极三极管，各集电极都是门电路的输出端，所以 I²L 门电路的输出端不是一个而是有多个。

在电路结构上，PNP 型三极管的基极与 NPN 型三极管的发射极相连，PNP 型三极管的集电极与 NPN 型三极管的基极相连，整个逻辑单元电路中不需要电阻，它们合并成一个特定的逻辑单元，称之为合并三极管，所以由这种三极管构成的门电路又称之为合并晶体管逻辑门电路（MTL）。合并三极管体积很小，这样集成度就能很高。由于 I^2L 门电路中的驱动电流是从 PNP 型三极管发射极注入的，所以这种逻辑门又称为集成注入逻辑。

虽然基本的 I^2L 门电路是一个反相器电路，但是运用这种基本门电路可以组成或非门等各种逻辑门电路。

11 CMOS 传输门

CMOS 传输门就是用 CMOS 电路构成的传输门。传输门就是一种可控开关电路，它接近于一个理想的电子开关，其导通时电阻只有几百欧，截止时的电阻高达 MΩ 级。传输门用 TG（Transmission gate）表示，图 7-37（a）是 CMOS 传输门的电路结构示意图，图 7-37（b）所示是 CMOS 传输门电路的电路图形符号。电路中，A 是传输门的输入端，F 是它的输出端，$\overline{C}$是它的两个控制端之一，C 是它的另一个控制端。CMOS 传输门电路主要由 1 只 NMOS 管和 1 只 PMOS 管并联组成。

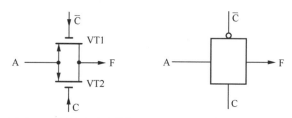

（a）CMOS 传输门的电路结构　　（b）CMOS 传输门电路的图形符号

图 7-37　CMOS 传输门

CMOS 传输门电路的工作原理是：当控制端$\overline{C}$为低电平 0 时，VT1 导通，此时输入端 A 的输入信号可通过导通的 VT1 从 F 端输出。

当控制端 C 为高电平 1 时，VT2 导通，此时输入端 A 的输入信号可通过导通的 VT2 从 F 端输出。

当控制端$\overline{C}$为 1 时，VT1 截止；当控制端 C 为 0 时，VT2 截止，这时传输门处于截止状态，输出端无法输出 A 端的信号。

$\overline{C}$、C 是传输门的两个控制端，这两个控制端的控制作用是相同的，只是一个高电平控制，即 C 端；另一个是低电平控制，即$\overline{C}$。在数字系统电路中像这样一个高电平控制，一个低电平控制的电路有许多。

7.2.7　逻辑门电路识图小结

最基本的逻辑门电路主要有 5 种：与门电路、或门电路、非门电路、与非门电路和或非门电路。此外，还有异或门、与或非门。

1 逻辑门电路

逻辑门电路有分立元器件和集成门电路两大类，目前在数字系统中主要使用集成门电路。在集成门电路中按照各种方式划分，种类如图 7-38 所示。

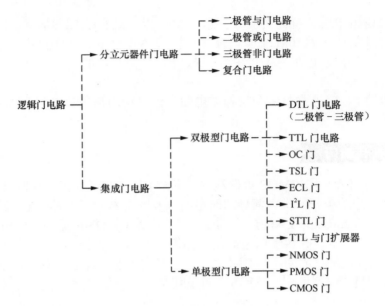

图 7-38　逻辑门电路分类

2　门电路逻辑功能

表 7-8 所示是最基本的几种逻辑门电路的逻辑功能，以便于识图。

表 7-8　最基本的几种逻辑门电路的逻辑功能

门电路名称	逻辑功能数学式	说明
或门	$F=A+B+C$	有 1 出 1
与门	$F=A \cdot B \cdot C$	全 1 出 1
非门	$F=\overline{A}$	反相，输入 1 输出 0，输入 0 输出 1
与非门	$F=\overline{ABC}$	全 1 出 0，有 0 出 1
或非门	$F=\overline{A+B+C}$	全 0 出 1，有 1 出 0
与或非门	–	先与，后或，再非（三门串联）
异或门	–	该门只有两个输入端，全为 1 或全为 0 时，输出 0；一个为 0 一个为 1 时，输出 1

3　门电路名称说明

在进行数字系统电路识图时，时常会遇到各种名称的门电路，还时常采用英文名称来说明，表 7-9 所示是各种门电路的中、英文名称对照表。

表 7-9　各种门电路的中、英文名称对照表

中文名称	英文名称	其他名称
或门	OR gate	
与门	AND gate	
非门	NOT gate	
与非门	NAND gate	

续表

中文名称	英文名称	其他名称
或非门	NOR gate	
晶体管–晶体管–逻辑门	TTL 门 Transistor–Transistor–Logic	
二极管–三极管逻辑门	DTL Diode–Transistor Logic	
集电极开路与非门	OC 门 Open Collector	
三态门	TSL（Tristate Logic）	
抗饱和 TTL 门	STTL 门（SBD　TTL）	肖特基钳位 TTL 门
射极耦合逻辑门	ECL Emitter Coupled Logic	电流开关型电路，即 CML 逻辑门（Current Mode Logic）
集成注入逻辑门	I^2L Integrated Injection	IIL
CMOS 传输门	TG Transmission gate